大学生のための　力学入門

小宮山　進　竹川　敦
共著

裳華房

INTRODUCTION TO NEWTONIAN MECHANICS

by

Susumu KOMIYAMA

Atsushi TAKEKAWA

SHOKABO

TOKYO

まえがき

本書は，私が所属する大学の初年級の理工系学生に対し，ほぼ30年間にわたって行なってきた，ニュートン力学の講義内容が基になっています．講義では，約15回の授業（90分）のうち最後の3回で解析力学を扱いましたが，本書では紙数の関係で残念ながら解析力学の部分を含めることができませんでした．

ニュートン力学は150年以上前に完成した学問体系であるため，たいていの講義では，すでに完成された体系を教師が初学者に解説する，という形になりがちです．しかし私は，それとは別の方向を心掛けてきました．それは，学生自身が授業の中で力学上の問題に直面し，自分で考え，自ら法則を発見するように導く（ことを目指す），というやり方です．

詩人の宮沢賢治は農学校の教師時代，授業中に雷雨が来ると，生徒たちを校舎から畑に連れ出し，稲光の中で太陽と地球のダイナミクスについて論じ，雷雨発生の機構を説明して，それが農作物にどう影響するかを説いたそうです．理想は，このような講義でした．

教師の力量は，講義で学生たちにどれだけ自分で考えさせ，どれだけの体験を与えることができるのかということで測られるように思います．この意味で，良い講義をすることは大変難しいことです．また一方で，研究活動に主力を置きつつも，私にとって毎週の授業とその準備は，独特の緊張感がともなうもので，研究とは別に，30年間続いた真剣勝負の場でもありました．私の意図がどれだけ成功したかはわかりませんが，授業で毎回集計した延べ1万人以上の学生からの授業アンケートの結果を見る限り，失敗ではなかったように思います．

本書の内容は，私の講義に対するこうした考えが反映しています．実際の講義では，2重振り子によるカオスのデモンストレーションや，角運動量の不思議な振る舞いを自転車の車輪やターンテーブルを使って学生に体験してもらうなど，かなり多くの実演を取り入れました．残念ながら，書物ではそれを再現することはできないのですが，そこは言葉による説明で補足しています．

物理学は，できるだけ少数の法則によって，できるだけ多くの現象を説明しようとする学問です．だからといって，便利な法則を覚えておけば，早わかりのように機械的にすべてが説明できる，というわけではありません．基本法則の意味を理解するためだけにも物理的洞察が必要です．また，基本法則から導かれる中間的な法則が数多く存在します．法則の間の相互の関連も，また極めて重要です．本書では，法則の導出方法を丁寧に示すことで，より基本的な法則との関連を常にはっきり示すように心掛けました．

各章や節の末尾には法則の「まとめ」のコーナーを多数設けましたが，決して「まとめ」のコーナーの式を暗記しようとしないでください．それらはすべて重要なのですが，それらの導出の際に辿った（陽には書かれていない）考え方こそが重要で，理解を通して頭にしみ込ませるべきはそちらなのです．「まとめ」のコーナーは重要な埋蔵物がそこに埋まっている，ということを示す指標にすぎません．

共著者の竹川氏は，自身，大学院で物性理論を学んだ後，現在，高校生の物理教育に携わっています．そのため，大学初年級の物理教育に対して，授業を受ける学生側からの目線で強い関心と意見を持っておられます．その竹川氏が学生時代の私の講義を覚えておられ，今回，私の授業を再度受講した上で，内容を本にするように強く薦めてくれました．同氏の熱心な説得と協力がなければ，この本は生まれませんでした．本書の原稿作りは，すべて同氏との共同作業によります．

本書の出版に当たって，裳華房の小野達也 氏に大変お世話になりました．ここにお礼申し上げます．

2013年9月

小宮山 進

仕事柄，多くの高校生，大学生と話す機会に恵まれているのですが，学生たちを見ていて思うことは，大学に合格した後から入学式までの間が，学問に対するやる気が最も高いのではないかということです．「大学生になったら学問を極めたい」という話とか,「いまから大学の勉強の準備として何をしたらよいか」という相談も非常によく受けます．受験勉強には合格か否かの大きなプレッシャーがあり，大変なものではあるのですが，そのような状況の中でも学問そのものに面白みを見つけてくれたのだと思い，そういった話を聞く度に私は非常に嬉しくなります．しかし学生たちの多くが，大学入学した後，そのやる気が減衰していき，3ヶ月ぐらい経過した後に会うと，大学の授業に全く興味がもてない状態になっていることも数多く見られました．

もちろん，これには周囲の誘惑の多さや本人の怠惰にも原因はあるのでしょうが,大学の授業がより魅力的なものになれば,学生たちのやる気はもっと上がるのではないだろうかとも思います．実際,「ボソボソ喋っていて何を言っているのか聞き取れない」とか,「未定義用語を連発している」といった,教える側の基本的なプレゼンテーション技術に対する愚痴もしばしば聞きます．もちろん一方で,「素晴らしい先生に出会った」と目を輝かせて話をしてくれる学生も（稀ですが）います．察するに，（学生たちにとって）当たり外れがあり，外れの方が多いのでしょう．

私はと言いますと，幸運にも大学の授業および先生に非常に恵まれていたと思います（もちろん，自分に合わない授業もありましたが）．身を乗り出して聞いた面白い授業，面白い先生に数えきれないほど多く出会えました．小宮山先生は，その中でも特に面白い授業をして頂いた方の一人です．本書を通じて，私が感じた小宮山先生の授業の面白さがなるべく多くの人に伝わることを願っています．

本書を執筆するのに当たり，清水 明 先生，福島孝治 先生，山本裕康 先生をはじめ，非常に多くの方々に助言やアドバイスを頂きました．裳華房の小野達也 氏，久米大郎 氏から貴重な見解を数多く頂きました．ありがとうございました．また，この場を借りて，私をいつも支えてくれている家族と亡くなった祖母，竹川 琴に感謝します．

2013 年 9 月

竹川 敦

目　　次

第1章　力学の法則

1.1　速度と加速度 · 1
1.2　力学の3法則 · 3
1.3　時間反転対称性と現象の不可逆性 · · · · · · · · · · · · · · · · · · · 13
1.4　決定論とカオス · 15
章末問題 · 17

第2章　極座標による運動の記述

2.1　極座標系 · 19
2.2　極座標表示による運動方程式 · 21
章末問題 · 27

第3章　いろいろな運動

3.1　円運動，惑星の運動，放物運動 · 29
3.2　単振動と単振り子 · 39
章末問題 · 43

第4章　強制振動と線形微分方程式の一般的な解法

4.1　線形微分方程式 · 46
4.2　線形微分方程式の一般的な解法 · 48
4.3　いろいろな振動への解法の適用 · 54
章末問題 · 63

第5章　加速度系

5.1　慣性系に対して並進運動をしている座標系 · · · · · · · · · · · · · · · 67
5.2　慣性系に対して回転運動をしている座標系（回転座標系）· · · · · · · 71
章末問題 · 81

第6章　エネルギーの保存

6.1　運動方程式の積分と仕事 · 84
6.2　束縛力 · 88

6.3 保存力 · 90
6.4 エネルギーの保存 · 95
6.5 位置エネルギーと力の関係 · · · · · · · · · · · · · · · · · · 97
章末問題 · 101

第7章 質 点 系

7.1 2体問題 · 105
7.2 質点系の運動量 · 109
7.3 角運動量 · 112
7.4 運動エネルギー · 132
章末問題 · 134

第8章 剛体の力学

8.1 剛体の運動の記述 · 138
8.2 固定軸の周りの剛体の回転 · · · · · · · · · · · · · · · · · · 140
8.3 角運動量の回転軸方向の成分 L_z と慣性モーメント I · · · · · · · · 143
8.4 角運動量の3つの方向成分 · · · · · · · · · · · · · · · · · · 151
8.5 軸が固定されない回転 · 158
8.6 運動エネルギー · 161
8.7 斜面を転がる円板の運動 · · · · · · · · · · · · · · · · · · · 164
章末問題 · 166

付録 補 足 事 項

A.1 複素指数関数 · 170
A.2 線形微分方程式の解法 (特性方程式が重解をもつ場合) · · · · · · 172
A.3 保存力についての補足の議論 · · · · · · · · · · · · · · · · · 173
A.4 偏微分 (位置エネルギーと力) · · · · · · · · · · · · · · · · · 174

章末問題解答 · 178
索　引 · 206

第 1 章

力学の法則

力学とは，力による物体の位置や速度の変化を記述する理論である．物体に力がはたらくと，物体の位置とともに，その速度も変化する．その際，力も，物体の位置・速度・加速度（速度の時間変化）もすべて，大きさだけでなく，空間の中である向きをもったベクトルを用いて表される．そのため，力学の法則としてベクトルの間に成り立つ関係式を考えることになる．なお，本書で扱うのは「古典力学」である．原子や分子またはそれより小さな物質の構造を記述するのに必要な理論は「量子力学」とよばれ，異なる体系で記述される．

1.1　速度と加速度

質量をもっているが変形も回転も考える必要がない，点と見なせる小さな物体のことを質点とよぶ．そのような質点の運動について考えよう．大きさや形をもつ物体は複数の質点の集まり（質点系とよぶ）および剛体として扱うことができ，これについては第 7 章と第 8 章で扱うことにする．

図 1.1 のように，質点の時刻 t における位置 P を，空間の原点 O からその点に張ったベクトル $\vec{r}$ によって表し，

$$\vec{r} = \vec{r}(t) = \boldsymbol{r}(t) \tag{1.1}$$

これを位置ベクトル（または単に位置）とよぶ．（以下，本書では，ベクトルは矢印を使わずに $\boldsymbol{r}(t)$ のように太字で表すことにする．）原点 O は，考える座標系の固定点であれば任意に選んでよい．また，この位置ベクトル $\boldsymbol{r}$ を直交座標の x，y，z 成分で表せば

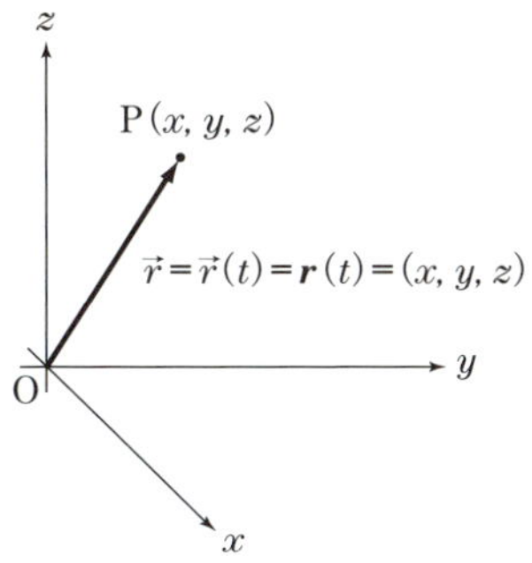

図 1.1

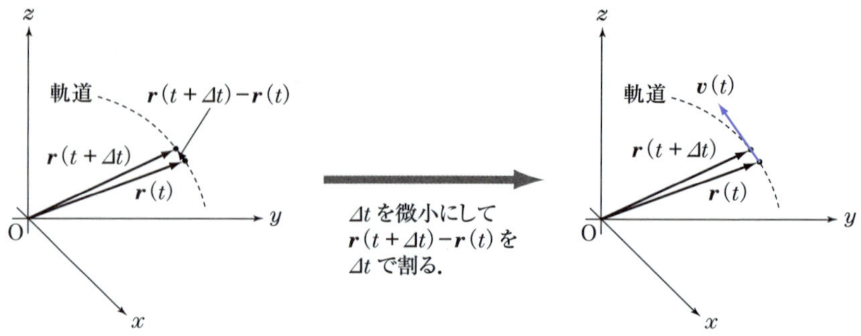

図 1.2

$$\boldsymbol{r} = (x,\ y,\ z) \tag{1.2}$$

となる．なお，(1.2) ではベクトルの各成分を横に並べて表したが，本書では表記の都合上 $\boldsymbol{r} = \begin{pmatrix} x \\ y \\ z \end{pmatrix}$ と縦に成分を並べて表すこともある．

図 1.2 のように，質点が運動しており，位置 $\boldsymbol{r}(t)$ が微小時間 Δt 後に $\boldsymbol{r}(t+\Delta t)$ へと変化したとき，位置ベクトルの微小変化 $\boldsymbol{r}(t+\Delta t) - \boldsymbol{r}(t)$ を微小時間 Δt で割って，その Δt を限りなくゼロに近づけた

$$\boldsymbol{v}(t) = \lim_{\Delta t \to 0} \frac{\boldsymbol{r}(t+\Delta t) - \boldsymbol{r}(t)}{\Delta t} = \frac{d\boldsymbol{r}}{dt} \tag{1.3}$$

を，この質点の時刻 t における速度ベクトル（または単に速度）といい，記号 $\boldsymbol{v}$ で表す．(1.3) はベクトルの微分 $d\boldsymbol{r}/dt$ の定義を与えている．また，ベクトル $\boldsymbol{r}$ の成分が (1.2) のように $(x,\ y,\ z)$ で与えられるなら，(1.3) は各成分の微分を成分とするベクトル

$$\boldsymbol{v} = (v_x,\ v_y,\ v_z) = \left(\frac{dx}{dt},\ \frac{dy}{dt},\ \frac{dz}{dt}\right) \tag{1.4}$$

となる．なお，表記を簡単にするために，時間による1階微分*は単に「・」を文字の上に付けて，$\boldsymbol{v} = \dot{\boldsymbol{r}}(t) = (\dot{x},\ \dot{y},\ \dot{z})$ と表すことも多い．（$\dot{\boldsymbol{r}}(t)$ は「アールティードット」，$\dot{x}$ は「エックスドット」などと読む．）

* 何回微分したのかを表すために，「回」ではなく「階」という文字を用いる．

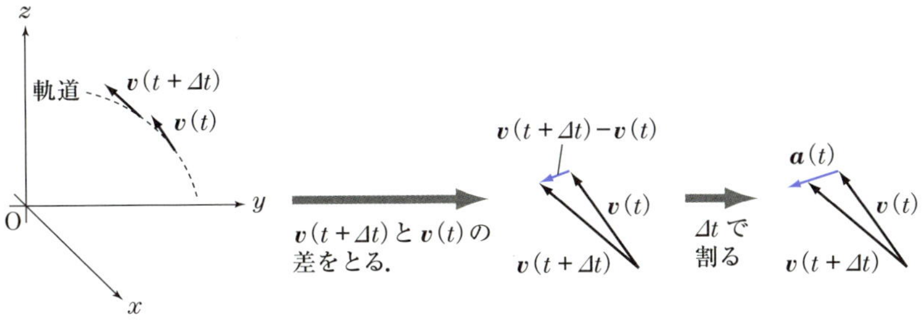

図 1.3

一般に，速度 $\boldsymbol{v}$ も時間とともに変化する（図 1.3）．位置ベクトル $\boldsymbol{r}$ から速度ベクトル $\boldsymbol{v}$ を導いたのと同様に，微小時間 $\varDelta t$ の間の速度ベクトルの変化量 $\boldsymbol{v}(t+\varDelta t)-\boldsymbol{v}(t)$ を $\varDelta t$ で割って，$\varDelta t$ を限りなくゼロに近づけた

$$\boldsymbol{a}(t)=\lim_{\varDelta t\to 0}\frac{\boldsymbol{v}(t+\varDelta t)-\boldsymbol{v}(t)}{\varDelta t}=\frac{d\boldsymbol{v}}{dt}=\frac{d^2\boldsymbol{r}}{dt^2} \tag{1.5}$$

を，時刻 t における物体の加速度ベクトル（または単に加速度）といい，記号 $\boldsymbol{a}$ で表す．(1.5) の最後の等号は $\dfrac{d^2\boldsymbol{r}}{dt^2}$ の定義である．$\boldsymbol{a}$ を x, y, z 成分で表せば，(1.4) と (1.5) より，

$$\boldsymbol{a}=(a_x, a_y, a_z)=\left(\frac{dv_x}{dt}, \frac{dv_y}{dt}, \frac{dv_z}{dt}\right)=\left(\frac{d^2x}{dt^2}, \frac{d^2y}{dt^2}, \frac{d^2z}{dt^2}\right) \tag{1.6}$$

となる．なお，簡略な表記法として，時間による 2 階微分は「・」を 2 つ文字の上に付けて $\boldsymbol{a}=\ddot{\boldsymbol{r}}(t)=(\ddot{x}, \ddot{y}, \ddot{z})$ と表すことも多い．（$\ddot{\boldsymbol{r}}(t)$ は「アールティーツードット」，$\ddot{x}$ は「エックスツードット」などと読む．）

1.2　力学の 3 法則

物体の運動を記述するためには座標系が必要である．加速度をともなって動いている座標系，例えばカーブを走行中の自動車や離陸のために加速中の飛行機の中では，観察される物体の運動が自動車や飛行機の動きによって異なるため，座標系と独立の法則を導くことができない．そこで，「静止した座標系」または「静止した座標系に対して等速直線運動している座標系」で運動を記述しよう．先程の話に戻って，仮に自動車や飛行機が地表で止まっているとしても，地球自身が太陽に対して自転かつ公転しているので本当に静止しているとはいえず，厳密な記述はできないだろう．したがって，地球に固定した座標系より太陽に固定した座標系の方がよいのだが，太陽といえども銀河系の中で動いており，さらには我々の銀河系自体が宇宙全体の恒星系に対して運動している．

この考えを続けると，結局，宇宙全体（全恒星系）の重心（質量中心）に固定した座標系が一番よいと想像できる．しかし，宇宙には暗黒物質（ダークマター）とよばれる未解明の質量の担い手も大量にあり，“宇宙全体の質量中心に対して相対的な運動や回転のない座標系”といってみても，かなり抽象的である．そこで，思い悩むのはやめ，力学の法則が厳密に成立する「静止した座標系」がきっと存在する，と信じることにしよう．そのような座標系，およびその座標系に対して等速直線運動している座標系をまとめて**慣性系**とよぶ．

地球に固定した座標系が厳密な慣性系ではないといっても，例えばビリヤードの玉突きなど，近距離や短時間で問題となる多くの運動では，地球の自転運動や公転運動の影響は無視でき，慣性系と見なして差し支えない．一方，人工衛星の打ち上げには自転運動の考慮が本質的に重要であり，さらに惑星探査衛星では公転運動が重要になる．本章で記述する力学は「慣性系」での法則であり，「慣性系」から外れた座標系（加速度系）での力学の記述の例については第5章で述べる．

本書で学ぶ力学のすべては，ニュートンによってまとめられた以下の**運動の第1法則**，**第2法則**，**第3法則**から導かれ，これらの3つの法則が力学のすべてといってよい．

第 1 法則（慣性の法則）

物体が力を受けない場合，物体が最初に静止しているならば静止したままであり，速度 $\boldsymbol{v}$ で運動しているならばその速度に変化はない（等速直線運動を行なう）．つまり，力がゼロ ($\boldsymbol{F} = \boldsymbol{0}$) ならば加速度もゼロ ($\boldsymbol{a} = \boldsymbol{0}$) である．

（注）　運動の第 1 法則は慣性系の存在を宣言していると解釈することもできる．

第 2 法則（運動方程式）

物体は慣性質量とよばれる量 m で特徴づけられ，力 $\boldsymbol{F}$ を受けるとその物体の速度 $\boldsymbol{v}$ は，変化する．その際，慣性質量 m と速度 $\boldsymbol{v}$ の積の時間変化率が力に等しい．

$$\frac{d}{dt}(m\boldsymbol{v}) = \boldsymbol{F} \tag{1.7}$$

慣性質量と速度の積 $m\boldsymbol{v}$ を**運動量**とよび，文字 $\boldsymbol{p}$ で表すことが多い．

$$\boldsymbol{p} = m\boldsymbol{v} \tag{1.8}$$

第 3 法則（作用・反作用の法則）

2 つの物体 1, 2 が力を及ぼし合うとき，物体 1 が物体 2 に及ぼす力と，物体 2 が物体 1 に及ぼす力は互いに逆向きで大きさが等しく，かつ同一直線上にある．

Point 1　物体 1 が物体 2 に及ぼす力を $\boldsymbol{F}_{21}$，物体 2 が物体 1 に及ぼす力を $\boldsymbol{F}_{12}$ と表すと，$\boldsymbol{F}_{12} = -\boldsymbol{F}_{21}$．

Point 2　$\boldsymbol{F}_{21}$ と $\boldsymbol{F}_{12}$ が同一直線上にあるので，図示すると 図 1.4 のようになる．

図 1.4

発展　作用・反作用の力が同一直線上にあること

互いに運動する2つの荷電粒子のように，見かけ上互いの力が同一直線上にない場合がある．これは電磁気的な力（ローレンツ力）を遠隔場として考えた場合である．実際には力が空間の場を界して伝達するため，場との相互作用まで考えると，「同一直線上」にあると考えるべきことがわかる．

2つの物体間の力 $\boldsymbol{F}_{21}$，$\boldsymbol{F}_{12}$ が同一直線上にないとしても，合力がゼロ（$\boldsymbol{F}_{21}+\boldsymbol{F}_{12}=\boldsymbol{0}$）ならば以下に述べる運動量保存則は成立する．しかし，「同一直線上」にないとすると，たとえ合力がゼロでも7.3節で述べる力のモーメントはゼロではない．そのために，自発的に角運動量が増大（または減少）することになって，角運動量の保存則が成立しないことになる（7.3節を参照）．

すでに記したように，本書で学ぶ力学のすべては，ここに記した3つの法則から導かれる．以下に，注意すべき事項や，法則から直ちに導かれる重要な帰結をいくつか記しておく．

(a) 力の合成

力は向きと大きさをもつ量だが，ベクトルの合成則に従うかどうかは本来自明ではない．しかし，実験事実として，ある物体に複数の力 $\boldsymbol{F}_1, \boldsymbol{F}_2, \cdots, \boldsymbol{F}_n$ をはたらかせてみると，ベクトルとして足し合わせた $\boldsymbol{F}=\sum_{i=1}^{n}\boldsymbol{F}_i$ で表されるただ1つの力をはたらかせた場合と全く同じ現象が起こることが観察される．この観測事実が確立しているために，力がベクトルで表せるのである．つまり，図1.5のように，物体に $\boldsymbol{F}_1$，$\boldsymbol{F}_2$ という2つの力がはたらくことは，$\boldsymbol{F}_1+\boldsymbol{F}_2$ という1つの力がはたらくことと全く同じことである．

図1.5

(b)　運動量保存則

物体 1 と物体 2 が互いに力 $\boldsymbol{F}_{21}$ と $\boldsymbol{F}_{12}$ を及ぼし合うと，運動の第 2 法則によってそれぞれの運動量が $\dfrac{d\boldsymbol{p}_1}{dt} = \boldsymbol{F}_{12}$，$\dfrac{d\boldsymbol{p}_2}{dt} = \boldsymbol{F}_{21}$ で変化する．その際，第 3 法則によって $\boldsymbol{F}_{12} = -\boldsymbol{F}_{21}$ であるため，それぞれの運動量は互いに向きが反対で大きさが等しい．つまり，2 つの物体の運動量の和 $\boldsymbol{p}_1 + \boldsymbol{p}_2$（全運動量）は不変に保たれ，$\dfrac{d(\boldsymbol{p}_1 + \boldsymbol{p}_2)}{dt} = 0$ が成り立つ．これが運動量保存則の最も簡単な例である．なお，より一般的な条件下での運動量保存則については第 7 章で述べる．

例題 1.1

図のように，滑らかな水平面上に x 軸，y 軸をとり，その原点 O に質量 m_2 の小球 B を置く．その小球 B に，質量 m_1 の小球 A を x 軸に平行に速さ v_0 で衝突させたところ，衝突後，小球 A，B はそれぞれ x 軸と θ_1，θ_2 の角をなす向きに，速さ v_1，v_2 で運動した．このとき，全運動量が保存することを用いて，v_1，v_2 を求めよ．

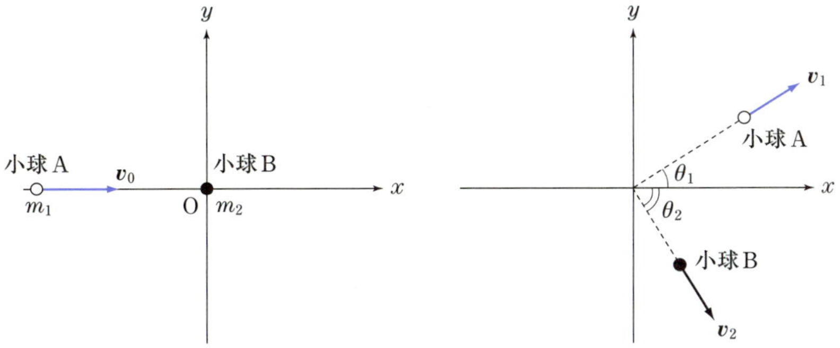

【解】　衝突前後の全運動量 $\boldsymbol{p}_1$，$\boldsymbol{p}_2$ はそれぞれ $\boldsymbol{p}_1 = m_1\boldsymbol{v}_0 = (m_1v_0, 0, 0)$，$\boldsymbol{p}_2 = m_1\boldsymbol{v}_1 + m_2\boldsymbol{v}_2 = (m_1v_1\cos\theta_1 + m_2v_2\cos\theta_2, m_1v_1\sin\theta_1 - m_2v_2\sin\theta_2, 0)$ と書ける．$\boldsymbol{p}_1 = \boldsymbol{p}_2$ より，$v_1 = \{\sin\theta_2/\sin(\theta_1 + \theta_2)\}v_0$，$v_2 = (m_1/m_2)\{\sin\theta_1/\sin(\theta_1 + \theta_2)\}v_0$ を得る．

例題 1.2

図のように，滑らかな水平面上で速度 $\boldsymbol{v} = (v_x,\ v_y,\ 0)$ の小球 A（質量 m_1）と速度 $\boldsymbol{V} = (V_x,\ V_y,\ 0)$ の小球 B（質量 m_2）が衝突したところ，小球 A は速度が $\boldsymbol{v}' = (v_x',\ v_y',\ 0)$ に，小球 B は速度が $\boldsymbol{V}' = (V_x',\ V_y',\ 0)$ になった．このとき，運動量保存則を運動量ベクトルの x 成分，y 成分についてそれぞれ書け．

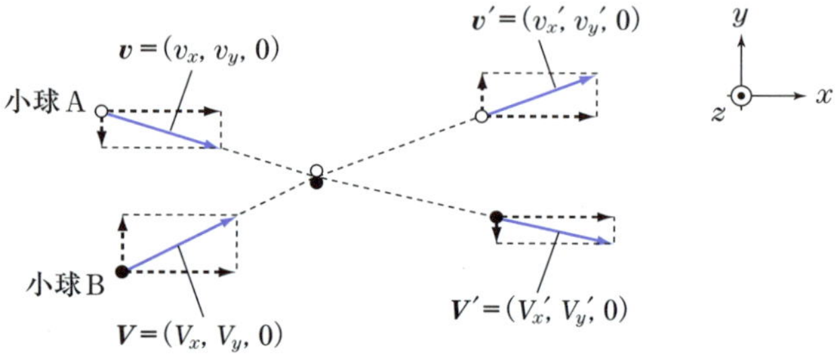

【解】 運動量保存則より，

$$x\text{ 成分：}\quad m_1 v_x + m_2 V_x = m_1 v_x' + m_2 V_x'$$

$$y\text{ 成分：}\quad m_1 v_y + m_2 V_y = m_1 v_y' + m_2 V_y'$$

となる．

例題 1.3

地面に静止している自動車はアクセルを吹かして走り出すことが可能である．この場合，自動車の運動量はゼロから有限に変化したように見えるが，このとき運動量保存則はどのようになっているのか．

【解】 自動車が走り出す際，自動車の車輪は地面に対して発進方向と逆向きに力を及ぼしており，そのため，地面（地球）は自動車と反対向きに，等しい大きさの運動量を獲得する．したがって，運動量保存則はこの場合も厳密に成立する．しかし，

地球の質量が極めて大きいために，この運動量の変化による地球の速さの変化は極めて小さく，それを知覚するのは難しい．

(c) 慣性質量

運動の第2法則に現れる慣性質量 m は，物体の速度 $\boldsymbol{v}$ が光の速度に比べてずっと小さい場合は，個々の物体に固有の定数と考えてよい．その場合は，(1.7) 式は m を微分の外に出して

$$\boxed{m\frac{d\boldsymbol{v}}{dt} = \boldsymbol{F} \qquad \text{または} \qquad m\boldsymbol{a} = \boldsymbol{F}} \tag{1.9}$$

となる．つまり，力 $\boldsymbol{F}$ によって生ずる加速度 $\boldsymbol{a}$ が力に比例し，その比例定数が慣性質量 m の逆数 $1/m$ で与えられる．我々が日常で経験する運動は光速よりずっと遅いので m は事実上定数であり，(1.9) を正しいと考えて何ら差し支えない．そこで本書では，以下で運動を考える際には，特に断らない限り (1.9) を用いる．

発展　相対論的質量

厳密には，慣性質量は物体の速度（の大きさ）の関数であり，$m = m_0/\sqrt{1-(v/c)^2}$ と表されることがアインシュタインの特殊相対性理論によってわかっている．つまり，m_0 を物体が静止しているときの慣性質量（これを静止質量という），c を光速とすると，速さ v の物体の質量 m は物体が速く運動するほど大きくなり，特に光速に近づくとそれが顕著になる．そのため，力 $\boldsymbol{F}$ によって速度 $\boldsymbol{v}$ が変化するので質量 m も時間によって変化し，(1.7) の m は微分の外には出せない．

本書で基礎にする (1.9) は，$v \ll c$ の場合によく成り立つ近似であり，「非相対論的（古典）力学」とよばれる．一方，粒子の速度が光速に近い場合を含む古典力学は「相対論的（古典）力学」とよばれる．ちなみに，量子力学にも同様に「非相対論的量子力学」と「相対論的量子力学」の区別がある．

(d) 力の種類

基本的な力として知られているものには，以下の4種類がある．

① 重力相互作用（重力）

質量をもつあらゆる物体同士の間にはたらく万有引力のもとである．物体同士の間にはたらく万有引力は互いに引き合う向きをもち，その大きさ F は，質量 m_1，m_2 に比例し，G を重力定数（万有引力定数），r を物体同士の（中心間の）距離として

$$F = G\frac{m_1 m_2}{r^2} \tag{1.10}$$

で表される．

(1.10) に現れる質量は特に**重力質量**とよばれ，太陽を含む恒星の運動や太陽の周りの地球の公転運動などを考える際に重要である．我々が地球の自転や公転運動によって振り飛ばされることなく，地表で生活できるのは，地球が万有引力によって我々を中心に向けて引き付けてくれているからである．

発展　慣性質量と重力質量

力によって物体に生ずる加速度を決める慣性質量と，物体に起因する万有引力の大きさを決める重力質量は，物理的な意味が異なる．しかし，これらの2つが同一の物理量であることがアインシュタインの一般相対性理論で示されている．また，慣性質量と重力質量を比較する測定も行なわれ，確かに同一（差異があるとしても測定誤差以下）であることが実験的に確かめられている．

② 電磁相互作用（電磁気力）

電荷に起因する力である．電荷 q_1，q_2 の間にはたらく力は**クーロン力**とよばれ，電荷が同一符号か異符号かによって互いに反発し合うか，引き付け合う向きをもち，その大きさ F は，r を電荷間の距離として，

$$F = \frac{q_1 q_2}{4\pi\varepsilon_0 r^2} \tag{1.11}$$

で表される．ただし，ε_0 は真空の誘電率とよばれる定数である．また，電場 $\boldsymbol{E}$，磁場 $\boldsymbol{B}$ の中を速度 $\boldsymbol{v}$ で運動する粒子（電荷 q）が受ける力 $\boldsymbol{F}$ は

$$\boldsymbol{F} = q(\boldsymbol{E} + \boldsymbol{v} \times \boldsymbol{B}) \tag{1.12}$$

と表され，ローレンツ力とよばれる．なお，(1.12) の中の「×」は外積とよばれ，$\boldsymbol{v} \times \boldsymbol{B}$ は $\boldsymbol{v}$ と $\boldsymbol{B}$ の双方向に垂直で大きさが $\boldsymbol{v}$ と $\boldsymbol{B}$ の張る平行四辺形の面積で与えられるベクトルを表す．（詳しくは7.3節を参照）．

原子の存在には，プラスの電荷をもった原子核とマイナスの電荷をもった電子との間にはたらくクーロン力が本質的役割を果たしており，さらに，原子が集まって分子や固体や液体を構成するのも，主にこれらの電磁気力が原因である．およそ我々が目にするスケールの物体は，主に電磁気力によってその形を保っていると考えてよい．

③　強い相互作用

原子核が構成されるもとになる相互作用である．陽子や中性子の間に強い引力 (核力) を生じて原子核を構成する．（電磁気力では複数の陽子や中性子の間に引力は生じないし，また万有引力は弱すぎて無視できる．）

④　弱い相互作用

強い相互作用と同様に素粒子の間にはたらく相互作用だが，強い相互作用や電磁相互作用に比べてずっと弱い．中性子 (陽子) が陽子 (中性子) にベータ崩壊する際に関与する力である．

以上の基本的な4つの相互作用のすべてが，我々を取り巻く世界を存在させるために必須であり，どれか一つが欠けても，我々の宇宙がこのような形で存在することはなかったはずである．ただし，本書で学ぶ「古典力学」に登場するのは，主に①と②の力や，「バネの力」のように②が組み合わさって生じる力である．なお，③と④は原子核の内部に関する相互作用であり，古典力学で扱う範囲からは外れるものである．

発展　力を統一的に説明する試み

電磁相互作用と弱い相互作用は，すでに統一的に説明されている．現在では，強い相互作用まで含めた理解が進んで「標準理論」とよばれる体系ができており，さらに，電磁相互作用，弱い相互作用，強い相互作用を統一的に説明する試みがなされ，「大統一理論」とよばれている．

以上で，力学を展開するための材料がすべて出揃(でそろ)った．ここで，力学の法則がほとんど信じられないくらいに単純な枠組みをもっていることに気づいて欲しい．力学が扱う対象は様々である．電子や陽子のように微小な粒子を古典力学で扱ってもよいし，テニスボールのような物体でも，太陽のような巨大な物体でもよい．それらは全く異なる物質であるにも関わらず，力がはたらいたときにそれらが示す応答は，「慣性質量 m」というたった1つのパラメーターで特徴づけられ，質量以外には物質の個性が現れる余地がないのである．

一方，力はどうか．力の原因にもいろいろある．基本的な力①，②，それらが組み合わさって生ずるバネの力，あなたの筋肉が出す力，電気モーターやガソリンエンジンが出す力，等々．それらは全く性質が違う力だと思われるのだが，驚くべきことに，どんな力であれ，それが物体の運動に及ぼす効果は，大きさと方向をもった1個のベクトル $\boldsymbol{F}$ で表されてしまうのである．力の素性の違いが力学的効果に微妙な影響を与える，というようなことはないのである．

さらに，質量 m の物体に力 $\boldsymbol{F}$ を作用させるとどんな運動が生ずるのか，そのルールを定める運動方程式 (1.7)，特に (1.9) が極めて単純である．つまり，位置ベクトルの時間変化率$\left(\text{速度 } \boldsymbol{v} = \dfrac{d\boldsymbol{r}}{dt}\right)$と，速度の時間変化率$\left(\text{加速度 } \boldsymbol{a} = \dfrac{d^2\boldsymbol{r}}{dt^2}\right)$だけを用いて規則が書き表されるのである．それ以上の，例えば加速度の時間変化率$\left(\dfrac{d\boldsymbol{a}}{dt} = \dfrac{d^3\boldsymbol{r}}{dt^3}\right)$等は，運動方程式に姿を現さない．(1.9) は力 $\boldsymbol{F}$ による効果が加速度 $\boldsymbol{a}$ だけに現れ，その効果の大きさは $\boldsymbol{F}$ の大きさに比例し，向きが $\boldsymbol{F}$ と同一であることを示している．そして，その比例定数が $1/m$ である．考え得る限り最も単純な形といってよいだろう．力学の法則がなぜこんなにも単純な形にまとめられるのか，その説明を力学に求めるのは筋違いである．自然はそのようにできているのであり，ニュートンをはじめ偉大な先人たちが苦労の末に，そのルールを見出したのである．

原理が単純に記述されるからといって，どんな現象が現れるかを我々が簡単に想像できるわけではない．例えば，惑星と流星の軌道の区別や，コマの歳差運動を (1.9) と (1.10) の組み合わせから直観的に想像することは，誰にとっても不可能だと思われる．ステップを踏んで１つ１つ考察を進める必要があり，それこそ，まさにこれから本書で行なうことである．

1.3 時間反転対称性と現象の不可逆性

運動方程式 (1.9) の時間 t の符号を反転させて $t \to -t$ としても，(1.9) の左辺は時間の２階微分しか現れないので不変である．(運動方程式 (1.7) でも同様である．$t \to -t$ によって $\boldsymbol{v} \to -\boldsymbol{v}$ となり，それによって m が変化するが，m は v^2 の関数なので不変である．) このように運動の基本法則は時間反転に対して不変であり，これを時間反転対称性という．これは，力学的現象を動画に記録した上で時間を逆向きに再生したとすると，そのとき観察される逆向きの現象も力学の法則にのっとった実現可能な現象であることを意味する．より具体的にいえば，時刻 t_0 に位置 $\boldsymbol{r}_0$ を速度 $\boldsymbol{v}_0$ で出発した粒子が時刻 t_{n} に位置 $\boldsymbol{r}_n$ に達し，そのときの速度が $\boldsymbol{v}_n$ だったとしよう．このときに粒子の速度を反転 ($\boldsymbol{v}_n \to -\boldsymbol{v}_n$) させると，その粒子はやって来た経路を正確に逆向きに辿り，やって来たときに要したのと同じ時間で出発点の $\boldsymbol{r}_0$ に戻り，そのときの速度は最初と大きさが等しく反対向きの $-\boldsymbol{v}_0$ になっている．つまり，動画を逆さまに回したときの現象が実現するのである．

上に記したことは，我々の日常体験に矛盾するように思われる．２つの例を考えよう．最初に，瓶の下半分に白ゴマ，上半分に黒ゴマを入れて勢いよく振ることを考えよう．ほどなく，白ゴマと黒ゴマは均等に混ざるだろう．この様子を動画に撮り，逆回ししたときに観察される現象が実現するだろうか．つまり，白と黒の混ざったゴマの入った瓶を上手に (つまり混ぜたときとは逆方向に）振ることで，白ゴマと黒ゴマを上下に分離できるだろうか．もし多数の粒子（ゴマ）の運動の向きを，ある瞬間一斉に，しかも誤差なく正確に逆転させることができ，かつ，その後それぞれのゴマに正確に逆向きの力が加わるように瓶を振ることができるなら，これは可能なはずである．なぜなら，個々の粒子は時間反転対称性をもつ運動方程式（1.9）に従うからである．ところが，“ある瞬間にすべての粒子の運動を正確に逆転させる”ことや，“その後，それぞれのゴマに正確に逆向きの力が加わるように瓶を振る”ことは事実上不可能である．そのため，ほんの少しの誤差でも，逆向きの運動からずれてしまって，元の分離した状態に戻すことはできず，日常経験でよく知っているように混ざったままの状態に留まるのである．

分離した状態から混ざった状態に移行するのは簡単（適当に勢いよく瓶を振るだけ）なのに，混ざった状態から分離した状態に移行するためには実現不可能なほど厳密な条件が必要で，そのため実際には実現しないのはなぜか．その理由は，無数に存在するすべてのゴマの個々の配置を考えたとき，“混ざった状態”が“分離した状態”に比べて圧倒的に多数の可能な配置を含んでいるからであり，それをきちんと定量的に議論するために統計力学という学問がある．

第２の例は摩擦である．物体を床の上で滑らせると，空気抵抗や床との摩擦で減速し，ついには静止する．床の上に止まっていた物体がひとりでにゆっくり動き出し，速度を増して滑っていくようなことは決して起こらない．したがってこの現象も逆向きには起こらない．その理由は，抵抗や摩擦にはおびただしい数の空気分子や床を構成する分子・原子の運動が関わっているためである．すなわち，物体が床を滑ることで，無数の分子・原子が揺さぶられ，衝突し，それらの運動に複雑な変化が引き起こされる．そして，その変化は“熱”として周りに広がっていく．もし，運動に影響を受けるすべての粒子（原子・分子）の運動の方向を，ある瞬間に一斉に反転させることができ，かつその後，全粒子が受ける力を最初の過程のときと正確に逆方向にできるなら，止まっている物体が（床や空気の原子・分子の運動の結果）ひとりでに動き出すという手品のような現象を引き起こすことができるだろう．しかし，実際にそのような条件を整えることはできないので，逆向きの現象を起こすことはできないのである．

このように，個々の粒子を支配する運動法則は時間反転対称性をもっているにも関わらず，多数の粒子が関わると現象は一般に時間に対して不可逆になる．このような問題を定量的に扱うのが統計力学であり，上に記したように，現象が決まった方向にしか起こらない事実はエントロピーの増大とよばれる法則に結びつけられる．

1.4 決定論とカオス

運動方程式 (1.7) または (1.9) の帰結をもう一つ述べておこう．これらの式は運動の変化が力で与えられることを示している．そのため，ある時刻における粒子の位置と速度が与えられたとき，粒子がその後どんな運動をするかは力 $\boldsymbol{F}$ によって決まる．この際，どんな力がはたらくにせよ，粒子の初期条件（最初の時刻 $t = t_0$ での位置 $\boldsymbol{r}(t_0)$ と速度 $\boldsymbol{v}(t_0)$）が決まれば，その後の運動は曖昧(あいまい)さなく未来永劫(みらいえいごう)に決まってしまうのである．このことを力学の法則が決定論であるというのだが，それを以下で確認しておこう．

力は一般に粒子の位置 $\boldsymbol{r}$ と速度 $\boldsymbol{v}$ の関数 $\boldsymbol{F}(\boldsymbol{r}, \boldsymbol{v})$ で表せるとしてよい．$t = t_0$ での位置が $\boldsymbol{r}(t_0)$，速度が $\boldsymbol{v}(t_0)$ であるとすると，その後の微小時間 Δt の間に，この粒子は $\boldsymbol{v}(t_0)\Delta t$ だけ移動する．$t = t_0$ での加速度が $\boldsymbol{a}(t_0)$ であるなら，速度は $\boldsymbol{a}(t_0)\Delta t$ だけ変化する．加速度 $\boldsymbol{a}(t_0)$ は初期条件では与えられていないが，$\boldsymbol{r}(t_0)$ と $\boldsymbol{v}(t_0)$ の値と運動方程式 (1.9) によって $\boldsymbol{a}(t_0) = \dfrac{\boldsymbol{F}(\boldsymbol{r}(t_0), \boldsymbol{v}(t_0))}{m}$ と求まる．したがって，時刻 $t = t_0 + \Delta t$ での位置と速度が，近似的に

$$\begin{cases} \boldsymbol{r}(t_0 + \varDelta t) = \boldsymbol{r}(t_0) + \boldsymbol{v}(t_0)\,\varDelta t \\ \boldsymbol{v}(t_0 + \varDelta t) = \boldsymbol{v}(t_0) + \boldsymbol{a}(t_0)\,\varDelta t = \boldsymbol{v}(t_0) + \dfrac{\boldsymbol{F}(\boldsymbol{r}(t_0),\,\boldsymbol{v}(t_0))}{m}\varDelta t \end{cases} \tag{1.13}$$

と求められる．つまり，時刻 t における位置 $\boldsymbol{r}(t_0)$，速度 $\boldsymbol{v}(t_0)$，力 $\boldsymbol{F}(t_0)$ から，微小時間 $\varDelta t$ 経過した後の位置 $\boldsymbol{r}(t_0 + \varDelta t)$，速度 $\boldsymbol{v}(t_0 + \varDelta t)$ を求めることができたわけである．ここで，$\varDelta t$ 経過した後に粒子に加わる力

$$\boldsymbol{F}(\boldsymbol{r}(t_0 + \varDelta t),\,\boldsymbol{v}(t_0 + \varDelta t))$$

も (1.13) から決まってしまうことが重要であり，そのため，このステップを次々に繰り返すことができる．つまり，さらに $\varDelta t$ 経過した時刻 $t = t_0 + 2\varDelta t$ では，$t = t_0 + \varDelta t$ での位置から $\boldsymbol{v}(t_0 + \varDelta t)\varDelta t$ だけ移動し，速度は $\boldsymbol{a}(t_0 + \varDelta t)\varDelta t$ だけ変化するだろう，そこで $t = t_0 + 2\varDelta t$ での位置と速度が

$$\begin{cases} \boldsymbol{r}(t_0 + 2\varDelta t) = \boldsymbol{r}(t_0 + \varDelta t) + \boldsymbol{v}(t_0 + \varDelta t)\,\varDelta t \\ \boldsymbol{v}(t_0 + 2\varDelta t) = \boldsymbol{v}(t_0 + \varDelta t) + \dfrac{\boldsymbol{F}(\boldsymbol{r}(t_0 + \varDelta t),\,\boldsymbol{v}(t_0 + \varDelta t))}{m}\varDelta t \end{cases} \tag{1.14}$$

と求まる．このような計算を多数回（n 回）にわたって繰り返すことで，任意の時刻 $t = t_0 + n\,\varDelta t$ における位置と速度を予言できるのである．

これは逐次近似とよばれる方法である．近似にすぎないという心配はいらない．計算の誤差は時間の刻み $\varDelta t$ を小さくすることでいくらでも小さくすることができ，無限に小さな時間刻み（$\varDelta t \to 0$）で計算を無限回（$n \to \infty$）繰り返すことによって，遠い未来の任意の時刻の位置と速度を，いくらでも正確に予言できるのである．このことを力学の法則が決定論であるという．

しかし，このことを拡大解釈してはいけない．例えば，葉はヒラヒラ，ユラユラ揺れながらゆっくり地面に落ちる．その葉を拾い上げて，枝についていたときとできるだけ同じ条件から落下させてみよう．やはりヒラヒラ，ユラユラしながら落下するだろうが，その運動は毎回異なり，決して同一の

ヒラヒラやユラユラは再現せず，また落下地点も大きく異なるはずだ．葉っぱの落下がリンゴの実の落下と違うのは，「初期条件がほんのわずかに異なるだけでも，その後の運動に大きな違いが生じてしまう」という点である．リンゴの実の場合は，初期条件（最初の位置，速度，およびリンゴの向き）が少々違っても結果に大差はないのだが，葉っぱの場合は，無限小のずれが時間の経過にともなって指数関数的に増大してしまい，事実上，予測不可能な運動になるという事情があるのである．

このような例は広く我々の身の回りに存在する．このように，たとえ基本原理は決定論であっても，初期条件を「誤差のない精度」で決めることが決してできないために，事実上，予測不可能な現象が多数存在する．そのため，ほとんど同じ条件から出発したにも関わらず，驚くほど多彩な現象が現れ得るのである．このような運動は**カオス**とよばれ，その重要性は比較的最近になってから認識されるようになった．前節1.3の時間反転に対する現象の不可逆性は，多数の粒子が関与することが原因で生ずるが，カオスは単一ないし少数の粒子でも起こる．

章 末 問 題

［**1.1**］　運動している質量 m の質点の時刻 t における位置ベクトル $\boldsymbol{r}(t)$ を直交座標系（xyz 座標系）で計測したところ，$\boldsymbol{r}(t) = (x, y, z) = (bt, ct, dt - et^2)$ と書けた．その質点の時刻 t における速度 $\boldsymbol{v}(t)$ と加速度 $\boldsymbol{a}(t)$，および，加えられた力 $\boldsymbol{F}(t)$ をそれぞれ求めよ．ただし，$b \sim e$ は定数である．

［**1.2**］　スカラー c とベクトル $\boldsymbol{h} = (h_x, h_y, h_z)$ がそれぞれ時刻 t に依存するとき，$\dfrac{d}{dt}(c\boldsymbol{h}) = \dfrac{dc}{dt}\boldsymbol{h} + c\dfrac{d\boldsymbol{h}}{dt}$ が成り立つことを示せ．

［**1.3**］　ベクトル $\boldsymbol{a}, \boldsymbol{b}$ がそれぞれ時刻 t に依存するとき，$\dfrac{d}{dt}(\boldsymbol{a}\cdot\boldsymbol{b}) = \boldsymbol{a}\cdot\dfrac{d\boldsymbol{b}}{dt} + \dfrac{d\boldsymbol{a}}{dt}\cdot\boldsymbol{b}$ が成り立つことを示せ．

［**1.4**］　$\boldsymbol{r}$ を位置ベクトル，$\boldsymbol{v}$ を速度，$|\boldsymbol{v}| = v$ を速さ（速度の大きさ），t を時刻と

するとき，$\dfrac{d}{dt}(v^2) = 2\boldsymbol{v}\cdot\dfrac{d\boldsymbol{v}}{dt}$ が成り立つことを示せ.

［**1.5**］［1.4］における式 $\dfrac{d}{dt}(v^2)$ 中の v は速度 $\boldsymbol{v}$ の大きさ（スカラー）なので，$\dfrac{d}{dt}(v^2) = 2\,v\dot{v}$ と変形できる．したがって，［1.4］の結果と合わせると

$$v\frac{dv}{dt} = \boldsymbol{v}\cdot\frac{d\boldsymbol{v}}{dt}$$

が一般に成り立つことがわかる．ここで速度ベクトル $\boldsymbol{v}$ と加速度ベクトル $\boldsymbol{a} = \dfrac{d\boldsymbol{v}}{dt}$ がつくる角度を θ とすると，$\boldsymbol{v}\cdot\dfrac{d\boldsymbol{v}}{dt} = v\left|\dfrac{d\boldsymbol{v}}{dt}\right|\cos\theta$ となるので，上の等式は

$$\frac{dv}{dt} = \left|\frac{d\boldsymbol{v}}{dt}\right|\cos\theta$$

に変形される．この式の意味を図を用いて説明せよ．

第2章

極座標による運動の記述

質点の位置や速度を表すために最もなじみ深いのは，互いに直交した xyz 座標軸を用いるデカルト座標系である．しかし，惑星の運動や，固定した糸の先におもりを付けて振り回すといった，回転に関わる運動を扱う場合には，デカルト座標系ではなく，極座標系とよばれる座標系を用いる方がスッキリと簡単に記述できる．そこで本章では，極座標とは何か，またそれを用いて運動方程式がどのように表されるかについて述べる．

3次元空間での物体の運動を記述するためには，デカルト座標系のように3つの変数 (x, y, z) が必要で，極座標系の場合も3つの変数 (r, θ, φ) が必要なのだが，それは少々複雑なので，本質を理解するために，本章では平面上の運動を考えることにし，2次元のデカルト座標 (x, y) から2次元の極座標 (r, θ) への変換について述べる．

2.1 極座標系

デカルト座標系での点 (x, y) は，図2.1のように原点Oからの距離 r と，位置ベクトル $\boldsymbol{r}$ と x 軸のなす角度 θ を用いて，(r, θ) と表すことができる．これが位置の極座標による表示であり，(x, y) と (r, θ) は

$$\begin{cases} x = r\cos\theta \\ y = r\sin\theta \end{cases} \tag{2.1}$$

の関係で結び付けられる．位置ベクトル $\boldsymbol{r}$ を表すのにデカルト座標系の (x, y) を採用してもよいし，極座標系の (r, θ) を採用してもよい．デカルト座標系で質点の運動を考えるときにその x 座標と

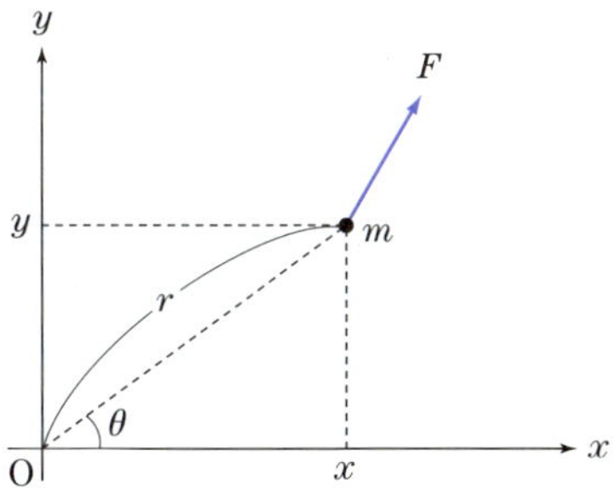

図2.1

y 座標の時間変化 $x(t)$，$y(t)$ が問題となるように，極座標系の場合は $r(t)$ と $\theta(t)$ を知ることが必要となる．

質量 m の質点に力 $\boldsymbol{F}$ がはたらく際，加速度 $\boldsymbol{a}$ と力 $\boldsymbol{F}$ の各座標成分に対して運動方程式 $m\boldsymbol{a} = \boldsymbol{F}$ が成り立つ．デカルト座標系なら，

$$\begin{cases} ma_x = F_x \\ ma_y = F_y \end{cases} \tag{2.2}$$

を意味する．a_x，a_y，F_x，F_y は，図 2.2(a) に示すように，それぞれ加速度 $\boldsymbol{a}$ と力 $\boldsymbol{F}$ の x 方向と y 方向の各成分である．

極座標 (r, θ) で表す場合はもちろん，加速度 $\boldsymbol{a}$ と力 $\boldsymbol{F}$ を r 方向の成分 a_r，F_r と θ 方向の成分 a_θ，F_θ に分解して，

$$\begin{cases} ma_r = F_r \\ ma_\theta = F_\theta \end{cases} \tag{2.3}$$

となる．なお，r 方向の成分とは，図 2.2(b) に示すように，r が増大するときに点 (r, θ) が動く方向（**動径方向**）の成分であり，θ 方向成分とは，θ が増大するときに点が動く方向（**円周方向**）の成分である．

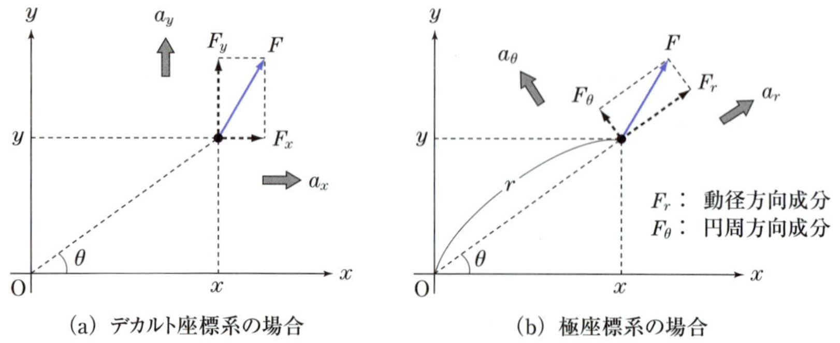

図 2.2

2.2　極座標表示による運動方程式

極座標表示による運動方程式 (2.3) を解いて $r(t)$，$\theta(t)$ を求めるためには，加速度 $\boldsymbol{a}$ と力 $\boldsymbol{F}$ の r 方向の成分と θ 方向の成分 (a_r, a_θ) と (F_r, F_θ) を，r，θ や $\dot{r}$，$\dot{\theta}$，$\ddot{r}$，$\ddot{\theta}$ の関数として表す必要がある．力に関しては，(F_r, F_θ) がもともと r，θ の関数として与えられている場合は当然問題ないし，もし x と y の関数として与えられている場合には，(2.1) を使って r，θ の関数に変換すればよい．

ここで考えなければいけないのは，加速度 (a_r, a_θ) をどのようにして r，θ を用いて表すかである．デカルト座標系の場合，(a_x, a_y) を x，y を用いて表すのは単純で，それぞれ x と y の時間による 2 階微分係数

$$a_x = \frac{d^2x}{dt^2} = \ddot{x}, \qquad a_y = \frac{d^2y}{dt^2} = \ddot{y}$$

であった．しかし，極座標系の場合，$a_r = \ddot{r}$，$a_\theta = \ddot{\theta}$ とはならないのである．(そもそも，$a_\theta = \ddot{\theta}$ は加速度の次元 $[\mathrm{m/s^2}]$ をもっていないから明らかにおかしいことがわかるだろう．)

そこで，これから順序を追って a_r と a_θ の表式を求めよう．その際，「ベクトル表示の変換」という数学上の立場に徹して結果を導くのが最も手っ取り早いのだが，それでは物理的な意味が隠れてしまうので，少し遠回りにはなるが，まずは直観的に考えてみよう．

(a)　直観的な考察

まず速度を考えよう．速度の r 方向の成分 v_r は速度 $\boldsymbol{v}$ の動径方向成分だから，$v_r = \dfrac{dr}{dt} = \dot{r}$ のはずである．一方，θ 方向の成分 v_θ は θ が増える向きの円周方向成分なので $v_\theta = r\dfrac{d\theta}{dt} = r\dot{\theta}$ のはずである．(円孤の長さが $r\theta$ で与えられることを思い出そう．ここから速度の円周方向成分は $v_\theta = r\dfrac{d\theta}{dt}$ となる．)

このことから，加速度成分 a_r，a_θ はそれぞれの速度成分 v_r，v_θ の時間で微分して，

$$a_r = \frac{d}{dt}\left(\frac{dr}{dt}\right) = \frac{d^2r}{dt^2} = \ddot{r}$$

$$a_\theta = \frac{d}{dt}\left(r\frac{d\theta}{dt}\right) = \frac{dr}{dt}\frac{d\theta}{dt} + r\frac{d^2\theta}{dt^2} = \dot{r}\dot{\theta} + r\ddot{\theta}$$

となるのではないだろうか.

後で確かめるように，ここで求めた速度の成分 $v_r = \dot{r}$ と $v_\theta = r\dot{\theta}$（図 2.3）は確かに正しい．しかし，驚くことに，加速度の成分 a_r と a_θ は両方とも間違っているのだ．速度成分は両方とも正しいのに，それを時間微分したものがなぜ加速度の成分にならないのだろうか．その理由は，極座標系の場合，粒子の位置の変化にともなって極座標の向き（r 方向と θ 方向）が時間とともに変化してしまうからである（図 2.4）．時間微分をする際には，速度の変化のみならず，座標軸の変化も考慮する必要がある．にも関わらず，上記の直観的な考察では後者の効果を見落としたのである．（このことを，後で正しい結果を導出してから考え直してみよう.）

極座標表示では，物体の運動にともなって r 方向と θ 方向の向きが変化するため，たとえ等速直線運動であっても，v_r も v_θ も時間とともに変化する.

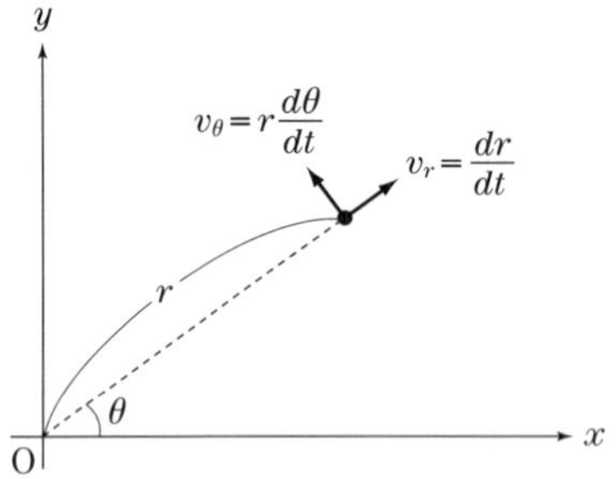

図 2.3

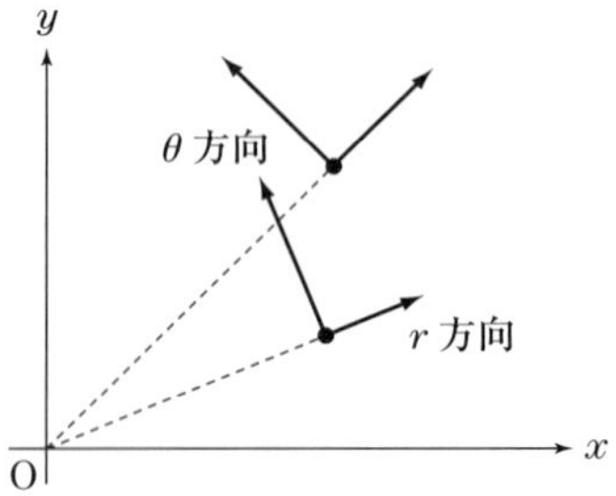

図 2.4

(b) 正しい導出

曖昧(あいまい)さのない正しい導出へ進もう．ある瞬間の質点の位置を $\boldsymbol{r}$，その質点に関係するベクトル量を一般に $\boldsymbol{A}$ とし，$\boldsymbol{A}$ の x，y 成分 A_x，A_y（図 2.5(a)）と，極座標成分 A_r，A_θ（図 2.5(b)）の関係を求めよう．$\boldsymbol{A}$ は速度，加速度，力のいずれかだが，以下の議論ではどれでもよい．

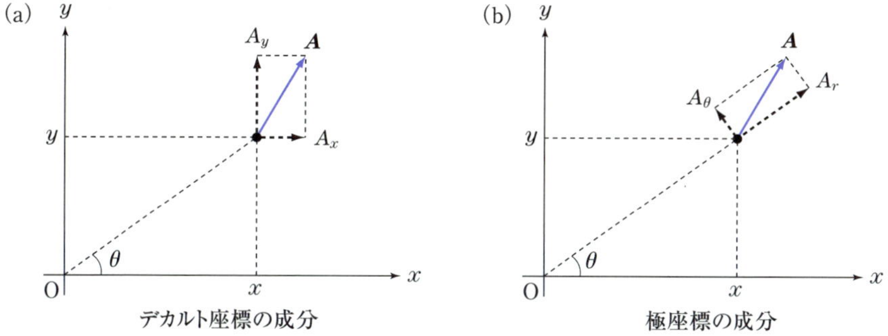

図 2.5

まず，図 2.6 から

$$A_r = A_x \cos\theta + A_y \sin\theta \tag{2.4}$$

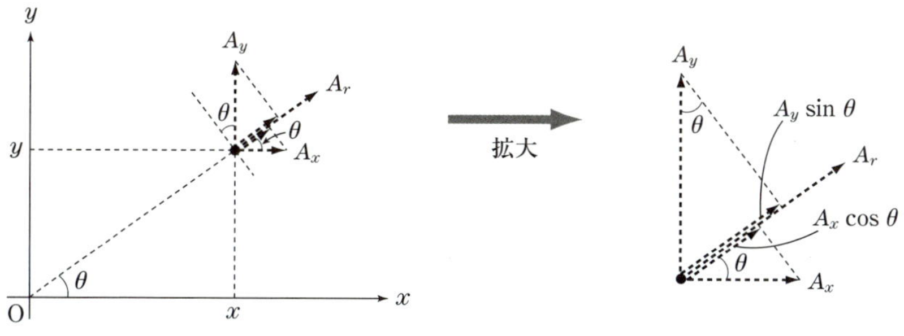

図 2.6

となり，図 2.7 より

$$A_\theta = -A_x \sin\theta + A_y \cos\theta \tag{2.5}$$

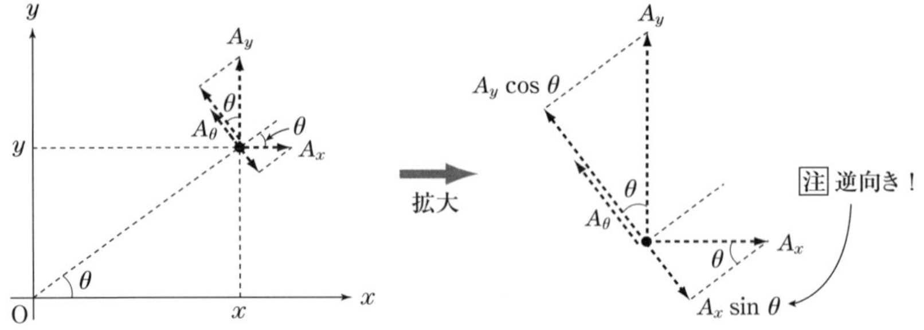

図 2.7

となることがわかる．

A が速度 $\boldsymbol{v}$ の場合には，(2.4) と (2.5) より，

$$\begin{cases} v_r = v_x \cos\theta + v_y \sin\theta \\ v_\theta = -v_x \sin\theta + v_y \cos\theta \end{cases} \tag{2.6}$$

となる．ここで (2.1) の $x = r\cos\theta$, $y = r\sin\theta$ を時間 t で1階微分すると，

$$\begin{cases} v_x \equiv \dfrac{dx}{dt} = \dfrac{dr}{dt}\cos\theta - r\dfrac{d\theta}{dt}\sin\theta \\ v_y \equiv \dfrac{dy}{dt} = \dfrac{dr}{dt}\sin\theta + r\dfrac{d\theta}{dt}\cos\theta \end{cases} \tag{2.7}$$

となるので，これを (2.6) に代入して整理すると，

$$\begin{cases} v_r = \dfrac{dr}{dt} \\ v_\theta = r\dfrac{d\theta}{dt} \end{cases} \tag{2.8}$$

が得られる．これは，直観的に導出した結果と等しい．

次に，**A** が加速度 $\boldsymbol{a}$ の場合は，ベクトルの成分の関係式は，

$$\begin{cases} a_r = a_x \cos\theta + a_y \sin\theta \\ a_\theta = -a_x \sin\theta + a_y \cos\theta \end{cases} \tag{2.9}$$

となるが，これに (2.7) を時間 t で1階微分して得られる加速度の x, y 成分，

$$
\begin{cases}
a_x \equiv \dfrac{dv_x}{dt} \\
\quad = \dfrac{d^2r}{dt^2}\cos\theta - \dfrac{dr}{dt}\dfrac{d\theta}{dt}\sin\theta - \dfrac{dr}{dt}\dfrac{d\theta}{dt}\sin\theta - r\dfrac{d^2\theta}{dt^2}\sin\theta \\
\qquad - r\left(\dfrac{d\theta}{dt}\right)^2\cos\theta \\
a_y \equiv \dfrac{dv_y}{dt} \\
\quad = \dfrac{d^2r}{dt^2}\sin\theta + \dfrac{dr}{dt}\dfrac{d\theta}{dt}\cos\theta + \dfrac{dr}{dt}\dfrac{d\theta}{dt}\cos\theta + r\dfrac{d^2\theta}{dt^2}\cos\theta \\
\qquad - r\left(\dfrac{d\theta}{dt}\right)^2\sin\theta
\end{cases}
\tag{2.10}
$$

を代入して少し整理すると，

$$
\begin{cases}
a_r = \dfrac{d^2r}{dt^2} - r\left(\dfrac{d\theta}{dt}\right)^2 \\
a_\theta = 2\dfrac{dr}{dt}\dfrac{d\theta}{dt} + r\dfrac{d^2\theta}{dt^2}
\end{cases}
\tag{2.11}
$$

が得られる．なお，a_θ はさらに $a_\theta = 2\dfrac{dr}{dt}\dfrac{d\theta}{dt} + r\dfrac{d^2\theta}{dt^2} = \dfrac{1}{r}\dfrac{d}{dt}\left(r^2\dfrac{d\theta}{dt}\right)$ と書くこともでき，この形の方が便利な場合もある．

さて，これで欲しい結果がすべて得られた．(2.11) を見ると，先ほどの直観から導いた a_r に $-r\left(\dfrac{d\theta}{dt}\right)^2$ が追加されており，a_θ には $\dfrac{dr}{dt}\dfrac{d\theta}{dt}$ の項が1つ余分に追加されていることがわかる．これらが，「座標軸の向きが粒子とともに変化する」ために生じた項である．

以上により，極座標表示における運動方程式が導出された．

極座標表示による運動方程式

$$\begin{cases} \text{動径方向}(r\text{ 方向})\text{の成分：} \quad m\left\{\dfrac{d^2r}{dt^2} - r\left(\dfrac{d\theta}{dt}\right)^2\right\} = F_r & (2.12) \\ \text{円周方向}(\theta\text{ 方向})\text{の成分：} \quad m\left(2\dfrac{dr}{dt}\dfrac{d\theta}{dt} + r\dfrac{d^2\theta}{dt^2}\right) = F_\theta \end{cases}$$

$$\text{または} \quad m\frac{1}{r}\frac{d}{dt}\left(r^2\frac{d\theta}{dt}\right) = F_\theta \qquad (2.13)$$

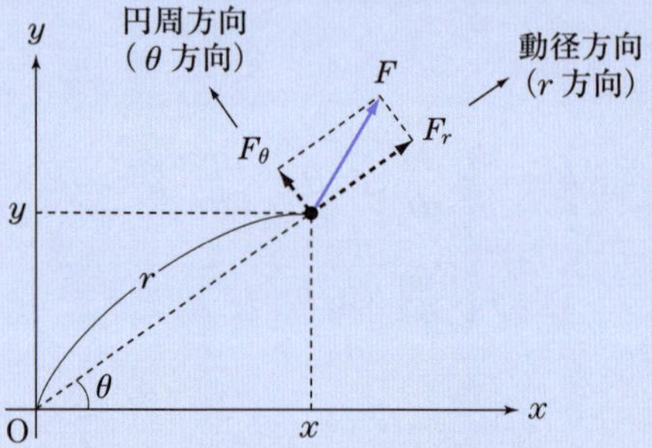

Point F_r, F_θ が r, θ の関数で与えられている場合，(2.12)，(2.13) は2つの未知数 r, θ に対する連立微分方程式であり，これを初期条件 $\left(r(0),\ \theta(0),\ \dfrac{dr(0)}{dt},\ \dfrac{d\theta(0)}{dt}\right)$ のもとで解けば $r(t)$, $\theta(t)$ が求まる．

極座標表示での速度 (v_r, v_θ)，加速度 (a_r, a_θ) のまとめ

$$\begin{cases} v_r = \dfrac{dr}{dt} = \dot{r} \\ v_\theta = r\dfrac{d\theta}{dt} = r\dot{\theta} \end{cases} \qquad \begin{cases} a_r = \dfrac{d^2r}{dt^2} - r\left(\dfrac{d\theta}{dt}\right)^2 = \ddot{r} - r\dot{\theta}^2 \\ a_\theta = 2\dfrac{dr}{dt}\dfrac{d\theta}{dt} + r\dfrac{d^2\theta}{dt^2} = 2\dot{r}\dot{\theta} + r\ddot{\theta} \end{cases} \qquad (2.14)$$

$$\text{または} \quad a_\theta = \frac{1}{r}\frac{d}{dt}\left(r^2\frac{d\theta}{dt}\right) = \frac{1}{r}\frac{d}{dt}(r^2\dot{\theta})$$

章末問題

［**2.1**］　長さ l の伸び縮みしない糸の一端に質量 m の小球を付け，他端を天井に固定し，鉛直方向に対して糸の傾きを θ に保って小球を水平面内で等速円運動させた．以下の問いに答えよ．ただし，重力加速度の大きさを g とし，糸の質量，小球の大きさ，空気抵抗は無視する．

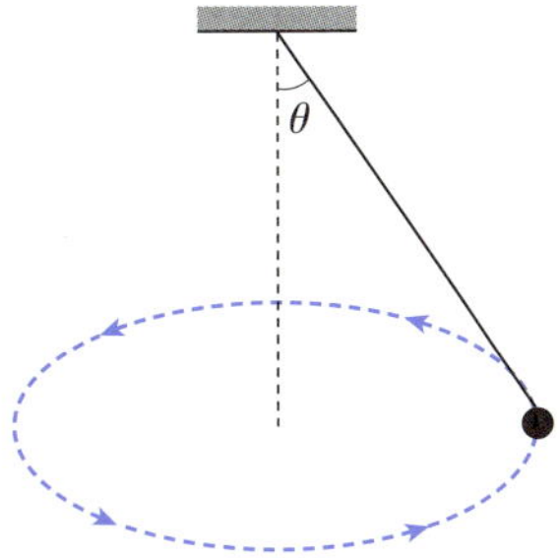

（1）　糸の張力の大きさ S を求めよ．

（2）　小球の速さ v を求めよ．

（3）　回転周期 T を求めよ．

［**2.2**］　地球は太陽の周りを真円に近い楕円軌道で公転している．公転運動を半径 $r = 1.5 \times 10^{11}$ m，周期 $T = 3.2 \times 10^{7}$ s の等速円運動として，太陽の質量 M の値を求めよ．ただし，万有引力定数を $G = 6.7 \times 10^{-11}$ N･m/kg^2 とする．

［**2.3**］　質量 m の粒子が xy 平面上で $x = A\cos(\omega t + \theta_0)$，$y = B\sin(\omega t + \theta_0)$ に従って運動している．この粒子が受ける力 (F_x, F_y) を求めよ．ただし，A, B, ω, θ_0 は定数とする．

［**2.4**］　xy 平面上で時刻 $t = 0$ に点 P$(b, 0)$ を通過して y 軸の正の向きに速さ v で等速直線運動する質量 m の粒子を考える．

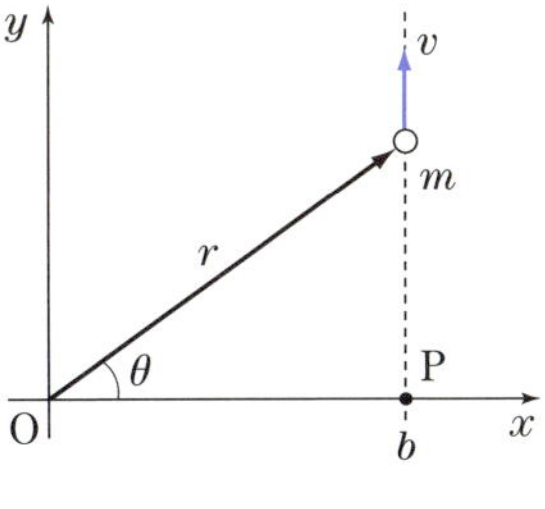

（1）　粒子の時刻 t における位置を極座標表示 (r, θ) で表せ．

（2）　極座標の運動方程式から，粒子に加わる力 (F_r, F_θ) を求めよ．

［**2.5**］　平面上の軌跡が極座標表示によって $r = f(\theta)$ で与えられる質点の運動を考える．この質点の速度の x 成分，y 成分，および大きさ（速さ）を，$f(\theta)$，$f'(\theta)\left(= \dfrac{df(\theta)}{d\theta}\right)$，$\dfrac{d\theta}{dt}$ の関数として表せ．

［**2.6**］ 質量 m の小球が入ったパイプが水平面上を一定の角速度 ω で回転している．$t=0$ でパイプの角度が x 軸に対して $\theta=0$，パイプ内の小球の位置と速さがそれぞれ $r=L$，$\dfrac{dr}{dt}=0$ とする．

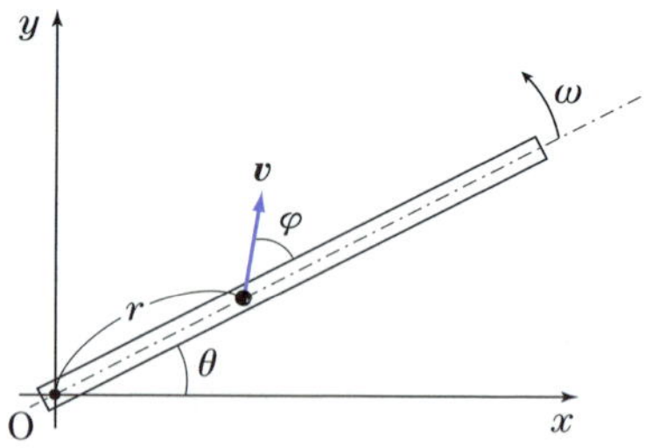

（1） パイプは十分長いとして，時刻 t における小球の位置 $\boldsymbol{r}=(r,\theta)$，速度 $\boldsymbol{v}=(v_r, v_\theta)$，および速度ベクトルとパイプのなす角 φ を求めよ．パイプの内部に摩擦はないとする．ただし，時間の関数 $f(t)$ が微分方程式 $\dfrac{d^2f}{dt^2}=\omega^2 f$ を満たすとき，一般解が $f(t)=f_+e^{\omega t}+f_-e^{-\omega t}$（$f_+, f_-$：初期条件で決まる実数のパラメーター）で与えられることを用いよ．

（2） 小球はどのような運動をするか，軌跡のあらましを図示せよ．また，パイプの長さが有限の場合，何が起こるか．

第 3 章

いろいろな運動

第 2 章までに学んだ運動の表し方を用いて，いくつかの基本的な運動について考察を進めよう．数学的な解法については第 4 章で学ぶことにし，本章では，いろいろな運動の物理的な性格に焦点を絞って考える．

3.1　円運動，惑星の運動，放物運動

(a)　円 運 動

図 3.1 のように，中心からの距離 r と単位時間当たりの回転角 θ の変化率（これを**角速度**とよび，ω で表す）を一定に保って速さ v で等速円運動している質量 m の質点を考えよう．

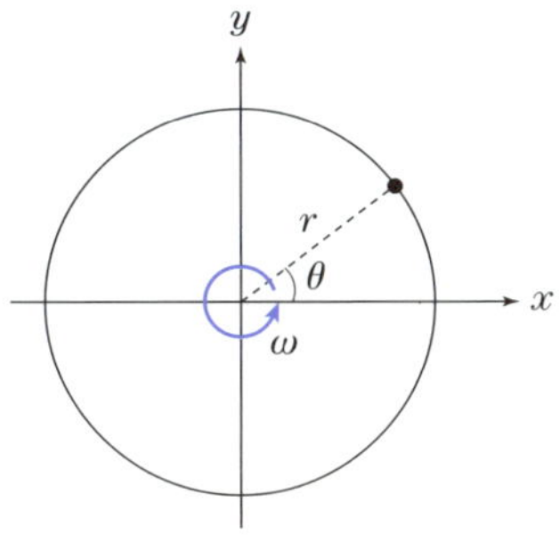

図 3.1

もし質点に力がはたらいていないなら，運動の第 1 法則により等速直線運動をするはずだから，等速円運動をしているということは，この質点には何らかの力がはたらいていることを意味する．いま，極座標表示で考えることにし，(2.14) に等速円運動の条件

$$r = 一定, \qquad \frac{d\theta}{dt} \equiv \omega = 一定 \tag{3.1}$$

を代入すると，速度の動径方向の成分と円周方向の成分として

$$v_r = \frac{dr}{dt} = 0, \qquad v_\theta = r\frac{d\theta}{dt} = r\omega \tag{3.2}$$

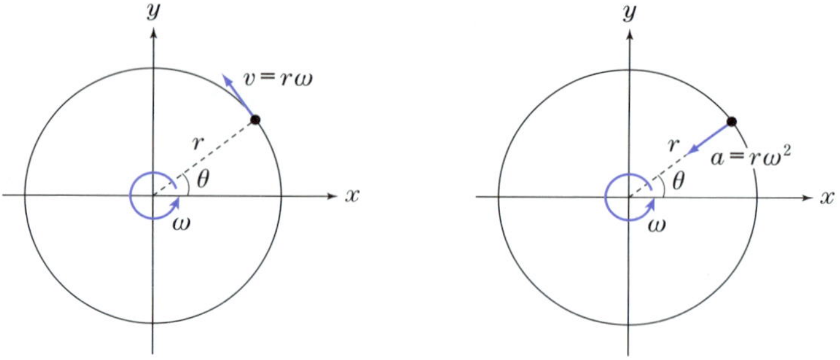

図 3.2

加速度として

$$a_r = \frac{d^2r}{dt^2} - r\left(\frac{d\theta}{dt}\right)^2 = -r\omega^2, \qquad a_\theta = \frac{1}{r}\frac{d}{dt}\left(r^2\frac{d\theta}{dt}\right) = 0 \quad (3.3)$$

が得られる.

(3.2) と (3.3) から，図 3.2 に示すように速さは $v = r\omega$ で円の接線方向を向き，加速度の大きさは $a = r\omega^2 = \frac{v^2}{r}$ で $-r$ 方向（向心方向）を向くことがわかる．このことは，運動方程式 (2.3) より，r 方向（動径方向）に $-mr\omega^2$ の力がはたらき，円周方向には力がはたらかないことを示している．つまり，

$$F_r = -mr\omega^2, \qquad F_\theta = 0 \qquad (3.4)$$

である．この力 $F_r = -mr\omega^2 = -m\frac{v^2}{r}$ を**向心力**とよぶ.

例題 3.1

速さ v で動いている質量 m の質点に対し，常に進行方向に対し直角の向きに一定の大きさ F の力を加え続けると，質点はどんな運動をするか.

【解】 質点の進行方向には力がはたらいていないので，速度の進行方向成分は一定であり，垂直方向成分だけが変化して加速度 $\frac{F}{m}$ をもつ．このことから，質点が $\frac{F}{m} = a = r\omega^2 = \frac{v^2}{r}$ を満たす等速円運動をすることがわかる．その半径は $r =$

$\dfrac{mv^2}{F}$，角速度は $\omega = \dfrac{v}{r} = \dfrac{F}{mv}$ となる． ✎

(b) 惑星の運動

中心に向かって大きさ $m\dfrac{v^2}{r}$ の向心力がはたらくと，物体は等速円運動をすることがわかった．物体をひもの先に結び，そのひもをもって回転させれば，任意の半径と角速度をもった等速円運動を実現できるが，それは，ひもが長さを一定に保つために，物体の速さに応じてちょうど $m\dfrac{v^2}{r}$ に等しい張力を発生するからである．もし，より大きな向心力がはたらけば物体は中心に引き寄せられていくし，逆に，より小さな向心力しかはたらかなければ物体は中心から遠ざかっていくだろう．

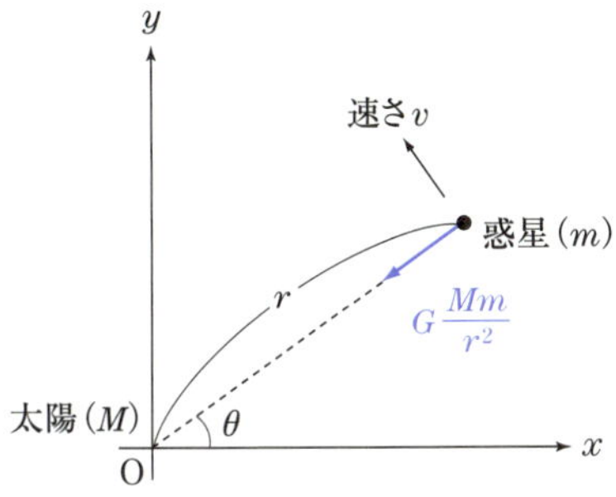

図 3.3

向心力がひもの張力ではなく万有引力だったらどうなるだろうか．その具体例が，太陽の周りの惑星の運動で与えられている．図 3.3 のように，原点 O に質量 M の太陽があり，極座標系で (r, θ) の位置に太陽に比べてずっと小さな質量 $m(m \ll M)$ の惑星があるとする．（$M \gg m$ なので，太陽は原点 O に固定していると考えてよい．また，太陽も惑星も有限の大きさをもつが，p. 34 の補足で述べるように，ここでの考察ではそれぞれ中心に質量が集中した質点と考えて差し支えない．）

図 3.3 のように惑星の運動方向が円周方向を向いていて $\left(\dfrac{dr}{dt} = 0\right)$，速さが v のとき，その運動が等速円運動になるためには向心力の大きさが $m\dfrac{v^2}{r}$ でなければならない．ところが万有引力の大きさ $G\dfrac{Mm}{r^2}$ は一般にそれとは異なる．偶然等しくなるのは，$G\dfrac{Mm}{r^2} = m\dfrac{v^2}{r}$ の場合，つまり速さが $v = \sqrt{GM/r}$ のときに限られる．このように，惑星の運動は引力の大きさが $m\dfrac{v^2}{r}$ とは限らない例を与える．その場合にはどんな運動になるのだろうか．

運動方程式を立てて考えてみよう．惑星の運動方程式を極座標表示 (2.12)，(2.13) で表すと，

$$m\left\{\frac{d^2r}{dt^2}-r\left(\frac{d\theta}{dt}\right)^2\right\}=-G\frac{Mm}{r^2} \tag{3.5}$$

$$m\frac{1}{r}\frac{d}{dt}\left(r^2\frac{d\theta}{dt}\right)=0 \tag{3.6}$$

となる．この (3.5) に等速円運動の条件式 (3.1) を代入すると $\dfrac{d^2r}{dt^2}=0$ より $mr\omega^2=\dfrac{GMm}{r^2}$ が得られ，(3.5) を満たしている．したがって，等速円運動は確かに (3.5)，(3.6) の解の 1 つであることがわかる．だが，それとは異なる解が無数に存在する．

特定の条件を付けずに，(3.5)，(3.6) が許すすべての解を考えよう．まず，(3.6) より $r^2\dfrac{d\theta}{dt}$ は時間に対して変化せず，一定値をとることを意味するので，その一定値を h として

$$r^2\frac{d\theta}{dt}=h\ (=一定) \tag{3.7}$$

とおこう．(3.7) の両辺に $\dfrac{1}{2}$ を掛け，(3.2) の $v_\theta=r\dfrac{d\theta}{dt}$ を用いて整理すると，

$$\frac{1}{2}rv_\theta=\frac{h}{2}\ (=一定) \tag{3.8}$$

が得られる．この関係式は，惑星の公転運動において面積速度が一定であるという，**ケプラーの第 2 法則**とよばれるものである．また，(3.7) を用いて (3.5) の中の $\dfrac{d\theta}{dt}$ の項を消去して整理すると，

$$\frac{d^2r}{dt^2}=\frac{h^2}{r^3}-\frac{GM}{r^2} \tag{3.9}$$

となって r だけの式になるので，これから $r(t)$ が求まる．さらに，その $r(t)$ を (3.7) に代入して $\dfrac{d\theta}{dt}$ が求まり，それを積分することによって $\theta(t)$ が求まる．

$r(t)$ と $\theta(t)$ から t を消去して r と θ の関係を導くと，惑星が描く円軌道以外を含む一般の軌道の形がわかる．その計算は初等的だが少し面倒なので，

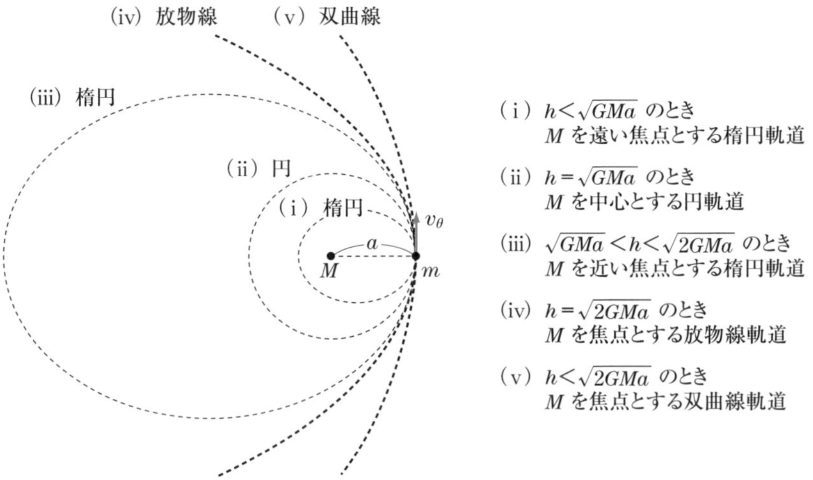

図 3.4

図 3.4 に結果だけを図示することにする．h の大きさによって楕円軌道や双曲線軌道になるのだが，ここではその物理的意味を吟味することにしよう．

図 3.4 での惑星の位置は，速度が円周方向成分 v_θ だけをもつ瞬間を示しており，そのときの太陽－惑星間の距離を $r = a$ とする．まず，円軌道となるためには $v_\theta = \sqrt{GM/a}$ が必要だが，これは (3.8) で $r = a$ として，$av_\theta = h$ と書けることより

$$h = \sqrt{GMa} \tag{3.10}$$

の場合である．この値より h が小さい場合 ($v_\theta < \sqrt{GM/a}$) は惑星が引力によって太陽に近づいていき，太陽を遠い焦点とする楕円軌道を描く．逆に，大きい場合 ($v_\theta > \sqrt{GM/a}$) は引力に勝って太陽から遠ざかっていき，太陽を近い焦点とする楕円軌道を描く．

このように，一般に惑星は太陽に近づいたり遠ざかったりし，結局，楕円軌道を描いて元の位置に戻ってくる．その際，h（または v_θ）が大きいほど楕円軌道は大きくなり，惑星はより遠くの地点にまで到達してから戻ってくる

ことになる．さらに，h（または v_θ）がある値を超えると，もはや惑星は2度と戻ってこなくなって楕円軌道ではなくなり，無限遠方に飛び去ってしまう．これが彗星とよばれるものである．

h がどの値に達したときにそうなるかを考えるために，惑星が太陽から遠ざかる際に（引力に逆らうため）速さが減少することを考慮しよう．無限に遠ざかったときにまだ有限の速さをもっているなら，その惑星は戻ってこないはずである．距離とともに速さがどのように減少するかは，第6章で述べる力学的エネルギー保存則から導ける．つまり，（運動エネルギー）＋（位置エネルギー）$= \frac{1}{2}mv^2 - G\frac{Mm}{r}$ が不変であることから，図3.4に描いてある瞬間（$r = a,\ v = v_\theta$）の値 $\frac{1}{2}m{v_\theta}^2 - G\frac{Mm}{a}$ は無限遠方（$r = \infty,\ v = v_\infty$）における値 $\frac{1}{2}m{v_\infty}^2$ に等しいはずであり，もし無限遠方に到達する軌道なら，v_∞ が実数として求まるはずである．その条件は $\frac{1}{2}m{v_\theta}^2 - G\frac{Mm}{a} > 0$ で与えられるので，$v_\theta > \sqrt{2GM/a}$，つまり

$$h > \sqrt{2GMa} \tag{3.11}$$

の場合に惑星（彗星）は戻ってこなくなる．

このように，$h > \sqrt{2GMa}$ は無限遠に飛び去る非周回軌道を与える．実際の軌道は双曲線軌道であり，楕円軌道との境目（$h = \sqrt{2GMa}$）は放物線軌道になることがわかっている．

〈補足〉 一様な球体による万有引力

ここまで，太陽（または惑星）による引力を，質量がその中心に集中していると仮定してきた．惑星が太陽の半径に比べてずっと遠くに離れている場合はそれでよいかもしれないが，距離が近い場合は自明でない．特に，人工衛星を考える場合，地球の半径よりずっと小さな高度で，地表すれすれに周回するものがある．そのような場合，人工衛星は地表近くの近接領域からは強い引力を受けるが，地球の反対側の領域からはずっと弱い引力しか受けない．引力は地球のすべての部分からの寄与の和であり，その結果がどうなるかは具体的に計算してみなければわからないだろう．そこで計算してみると，驚くべきことに，質量が一様に分布した球体が球外の点に及ぼす引力は，中心からの距離に関わらず，全質量がその中心にあるとした場合に厳密に等しいのである．つまり，我々の仮定は距離によらずに厳密に正しい

のである．

それを以下で示そう．まず，図のように球の代わりに半径 a，質量 $m_{殻}$ の薄い一様な球殻が中心 O から距離 L 隔たった点 P に置かれた質点 m に及ぼす引力を求めよう．z と $z + dz$ の平面で切り取られるリングによる引力 ΔF は，対称性から，引力の x 成分と y 成分は打ち消し合って z 成分だけが残り，

$$\Delta F_z = -\frac{Gm\sigma 2\pi a\sin\theta\, ds}{r^2}\,\frac{L-z}{r}$$

となる．ただし，$\sigma = m_{殻}/4\pi a^2$ は球殻の質量の面密度である．ここで，$ds = -dz/\sin\theta$ および

$$r^2 = x^2 + (L-z)^2 = x^2 + z^2 + L^2 - 2Lz = a^2 + L^2 - 2Lz$$

さらに，これを微分して得られる $r\,dr = -L\,dz$ に注意して z と θ を消去すると

$$\Delta F_z = -\frac{Gm\sigma 2\pi a}{2L^2}\left(1 + \frac{L^2 - a^2}{r^2}\right)dr$$

が得られる．これを積分して球殻全体からの引力が

$$F_z = -\frac{Gm\sigma 2\pi a}{2L^2}\int_{L-a}^{L+a}\left(1 + \frac{L^2 - a^2}{r^2}\right)dr$$
$$= -\frac{Gm\sigma 4\pi a^2}{L^2} = -\frac{Gmm_{殻}}{L^2}$$

と求まる．このように，球殻の中心に全質量が集中している場合の引力に等しいのである．

球体は球殻が何枚も積み重なったものであり，各々の球殻による引力は中心に質量が集まったときと同じである．各球殻の質量の合計が球体の全質量になるのだから，球体による引力は中心に全質量が集まった場合に等しいと結論できる．

ここで導いた結果と同じ帰結が，電磁気学ではもっと一般的で優雅な形で示されることを述べておく．点電荷の間にはたらくクーロン力と重ね合わせの原理から，「ガウスの法則」とよばれる一般的な静電気の規則が導かれるのだが，この一般則によれば，“帯電した一様な球が球の外部に及ぼすクーロン力は，全電荷がその中心にある場合に等しい”といえるのである．万有引力はクーロン力と同じ形をしている．つまり，中心力であり，かつその大きさが距離の 2 乗に反比例する．そのため，クーロン力による結果をそのまま万有引力の場合に適用できるのである．

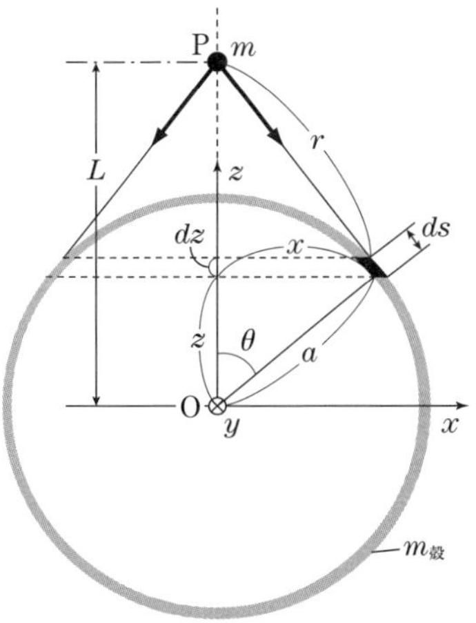

(c)　放物運動と人工衛星，宇宙速度

これまでに述べた事柄を使って，人工衛星の運動を考察しよう．そのため，図3.5のように水平方向の右向きに x 軸を，鉛直方向の上向きに y 軸をとり，地表の高さ H の点 $(y=H)$ から水平方向の右向きに小球を初速 v_0 で放出するとき，小球が地表に達する際のの水平方向の到達距離を考えよう．

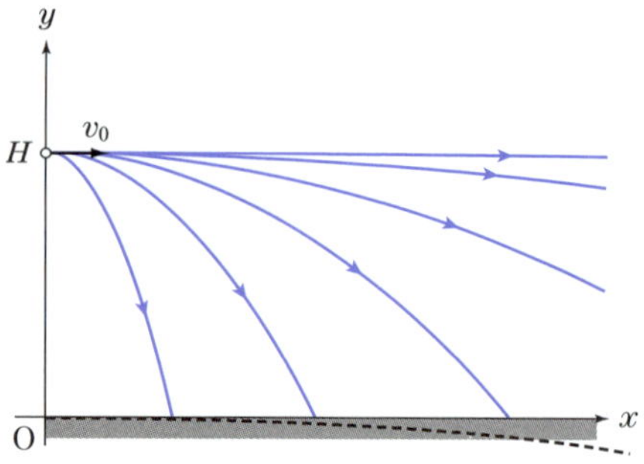

図3.5

重力加速度の大きさを一定値 g とし，空気抵抗を無視すれば，小球は地面に達するまでの間，x 方向には v_0 の等速直線運動をし，y 方向には初期座標 H，初速度0，加速度 $-g$ の等加速度運動をするので，投げてから時間 t 経過した後の位置は $x=v_0t$，$y=H-\dfrac{1}{2}gt^2$ となる．この2つの式より t を消去すると $y=H-\dfrac{g}{2{v_0}^2}x^2$ となり，小球は放物線軌道（2次曲線）を描くことがわかる．ここから $y=0$ とおくことで，小球の水平方向の到達距離は

$$x=v_0\sqrt{\frac{2H}{g}} \tag{3.12}$$

となる．到達距離 x が初速 v_0 に比例することから，いくら大きな初速で放出しても，小球は必ずどこかで地表に落ちることになる．これが，高等学校の教科書で学んだ放物運動である．

第1宇宙速度

実際には初速が十分大きければ人工衛星の軌道に乗せることができ，(3.12) は一般には正しくない．(3.12) を導く際の近似がいけなかったのである．つまり，① 地球の表面が水平 $(y=0)$ と仮定したが，図3.5の点線で示すように実際には湾曲（わんきょく）しており，そのため，より遠くへ届くことが考慮されていなかった．また，② 重力加速度の大きさ g が一定で，向きが常に鉛直

下向きとしたが，実際には大きさが地球の中心からの距離 r の 2 乗に反比例し $\left(\frac{GM}{r^2}\right)$，方向は地球の中心を向くので，大きさも向きも，位置 $(x,\ y)$ の関数として変化することを考慮しなければならなかった．初速が十分小さく，落下までの到達距離が地球の半径に比べて無視できる場合は，①，② の近似が有効なのだが，v_0 が大きくなると破綻するのである．

地表で水平に放出した物体が地表に落下することなく地球を周回することができる最小の速さは第 1 宇宙速度とよばれる．それを求めよう．図 3.6 のように，放出された物体は地球の中心を遠い焦点とする楕円軌道をとる（はずなの）のだが，途中で地表に邪魔されるのである．（地表と衝突するまでの楕円の一部分（図 3.6 の実線部分）は放物線で良く近似される．）

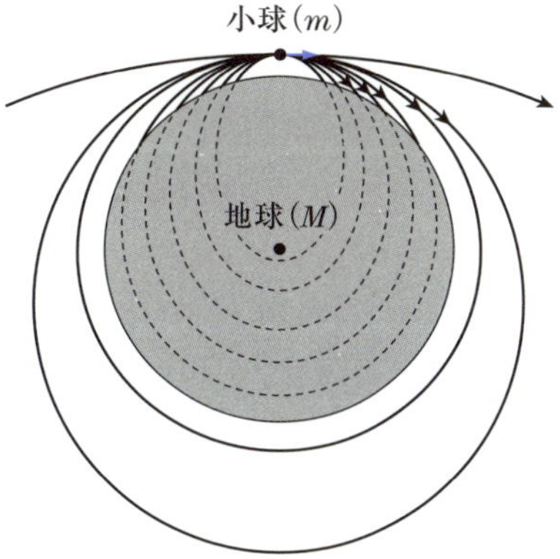

図 3.6

図 3.6 のように，初速を大きくしていくと落下地点が遠くなり，ついに物体は地表に接することなく地球を周回することになるが，それは (3.10) で与えられる円軌道に移行するときに起こる．つまり，(3.10) または $v_\theta = \sqrt{GM/a}$ で $a = R$ とすることで，

$$v_\theta = \sqrt{\frac{GM}{R}} \qquad \text{（第 1 宇宙速度）} \qquad (3.13)$$

が得られる．（ただし，放出する際の地表からの高さ H は地球の半径よりずっと小さいとする．）地球の半径と質量の値，$R = 6.4 \times 10^6\ \mathrm{m}$，$M = 6.0 \times 10^{24}\ \mathrm{kg}$，および重力定数の値 $G = 6.7 \times 10^{-11}\ \mathrm{m^3/(s^2 kg)}$ を代入すると，円軌道になるのに必要な初速度（第 1 宇宙速度）は $v_\theta \fallingdotseq 7.9\ \mathrm{km/s}$ となる．

例題 3.2

地球の自転に合わせて1日1回転することで，地上から見て直上の1点に止まる衛星を静止衛星という．静止衛星が可能なのは赤道上に限られ，また，楕円軌道ではなく円軌道に限られるが，それはなぜか．また，そのときに必要な地表からの高さ H は地球の半径 R の何倍か．地球の質量を M，万有引力定数を G とする．

【解】 赤道上に限られる理由： 衛星の軌道は地球の中心を通る平面上になければいけないが，赤道上以外の上空に止まる点が自転でつくる軌道面は，地球の中心を通らないから．

高さ H： 円軌道の条件 $v=\sqrt{GM/a}$ に $a=R+H$ を代入して，$v=\sqrt{GM/(R+H)}$．また，1日で半径 $R+H$ の円周上を1回転するので $v=\dfrac{2\pi(R+H)}{1日}$．これらの2つの式から v を消去して，

$$\frac{H}{R}=\left(\frac{1\,日}{2\pi}\right)^{\frac{2}{3}}\frac{(GM)^{\frac{1}{3}}}{R}-1$$

を得る．実際の G，M，R の値を代入すると，H/R は約5.6となる．なお，よく知られた「国際宇宙ステーション」は約90分で1周し，地上約400 km ($H/R \approx 0.062$) という比較的地表近くを周回するが，それに比べてゆっくり周回する静止衛星は，このように非常に高い高度の軌道を必要とするのである．

第2宇宙速度

地球以外の惑星を調べる“すばる”のような惑星探査衛星は，地球の引力圏から脱して周回軌道から外れる必要がある．その臨界の初速は脱出速度または第2宇宙速度とよばれる．この速度は無限遠まで到達可能な臨界の初速で与えられるので，(3.11) と (3.8) より，$a=R$，$r=R$ とおいて，

$$v_\theta=\sqrt{\frac{2GM}{R}} \qquad (第2宇宙速度) \qquad (3.14)$$

が得られる．これに R, M, G の数値を代入すると，約 11 km/s となる．

3.2　単振動と単振り子

(a)　単 振 動

現実の世界では，様々な局面で振動が重要な役割を果たしている．そして，ほとんどの振動の原型は**単振動**とよばれる振動である．その例を図 3.7 に示す．

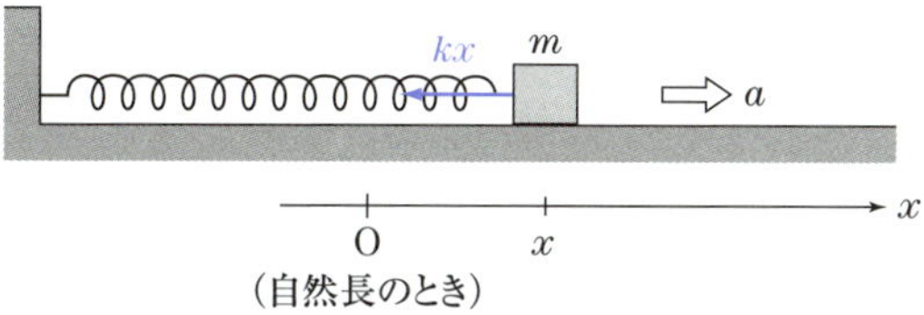

図 3.7

水平で滑らかな床の上に，一端を固定したバネ定数 k のバネがあり，他端に質量 m の物体がとり付けられている．物体の位置を表すために水平右向きに x 軸をとり，バネが自然長のときの位置を原点 ($x = 0$) とする．物体が原点から $x \neq 0$ の位置にずれれば，ずれ x に比例した原点 ($x = 0$) に引き戻す**復元力** $F = -kx$ がはたらくので，運動方程式 (1.9) は a を物体の加速度として $ma = -kx$，つまり，

$$m\frac{d^2x}{dt^2} + kx = 0 \tag{3.15}$$

となる．

この式は位置 $x = x(t)$ に関する「2 階線形微分方程式」とよばれる．その一般的解法については第 4 章で述べることにし，ここでは，解が

$$x(t) = A\cos(\omega t + \alpha) \tag{3.16}$$

の形で与えられることだけを記しておこう．この $x(t)$ を (3.15) の運動方程式に代入することで，角振動数 ω が

$$\omega = \sqrt{\frac{k}{m}} \tag{3.17}$$

のときに，確かに運動方程式を満たすことが確かめられる．ここで $A\ (\geqq 0)$ と $\alpha\ (0 \leqq \alpha < 2\pi)$ はそれぞれ**振幅**，および**初期位相**とよばれる量であり，運動方程式だけでは決まらない任意定数である．これらは初期条件によって決まり，時刻 $t = 0$ における位置 $x(0) = x_0$ と速度 $v(0) = \dfrac{dx(0)}{dt} = v_0$ が与えられると，(3.16) から

$$x_0 = A\cos\alpha \tag{3.18}$$

が得られ，また(3.16)の両辺を時間で微分した式 $v(t) = -A\omega\sin(\omega t + \alpha)$ から

$$v_0 = -A\omega\sin\omega t \tag{3.19}$$

となるので，(3.18) と (3.19) の連立方程式を解くことで A と α が定まる．

このように，時間に関して2階線形微分方程式の解には一般に2つの任意定数が含まれ，それらは，ある時刻における変数（位置）の値とその時刻における1階微分係数（速度）の値を与えることで決まる．

例題 3.3

次の初期条件のもとで，上述のバネにつながれたおもりの時刻 t における位置 $x(t)$ と速度 $v(t)$ を求めよ．

（1）　初期位置 $x(0) = d(>0)$，初速度 $v(0) = 0$

（2）　初期位置 $x(0) = 0$，初速度 $v(0) = v_0(>0)$

【解】（1）　初期条件を (3.18) と (3.19) に代入して，$d = A\cos\alpha, 0 = -A\omega\sin\alpha$ より，$A = d$，$\alpha = 0$ と求まる．(3.16) と $v(t) = \dfrac{dx}{dt} = -A\omega\sin(\omega t + \alpha)$ に代入して整理すると，

$$x(t) = d\cos\left(\sqrt{\frac{k}{m}}t\right), \qquad v(t) = -d\sqrt{\frac{k}{m}}\sin\left(\sqrt{\frac{k}{m}}t\right)$$

を得る．

（2）（1）と同様にして，$0 = A\cos\alpha$，$v_0 = -A\omega\sin\alpha$ より，$A = \dfrac{v_0}{\omega}$，$\alpha = \dfrac{3}{2}\pi$ と求まり，

$$x(t) = v_0\sqrt{\frac{m}{k}}\sin\left(\sqrt{\frac{k}{m}}t\right), \qquad v(t) = v_0\cos\left(\sqrt{\frac{k}{m}}t\right)$$

が得られる.

(b) 単振り子

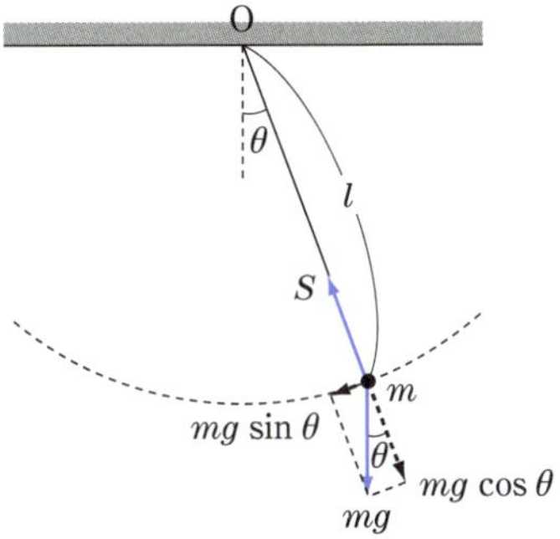

図 3.8

バネによる振動とともになじみの深い振り子の運動を考えよう. 図3.8のように長さ l のひもの先に質量 m のおもりが付いており, おもりには鉛直下向きに重力 mg がはたらいている.

ひもの支点を原点とする極座標を考え, 鉛直方向下向きからのひもの角度を θ とすると, (2.12) と (2.13) の運動方程式は $r = l(=$ 一定) が時間変化しないために簡単になり,

$$-ml\left(\frac{d\theta}{dt}\right)^2 = F_r, \qquad ml\frac{d^2\theta}{dt^2} = F_\theta$$

と書ける. ただし, 空気抵抗は無視している. ここで, 力 F_r と F_θ が問題になるが, おもりには重力に加えてひもによる張力 S が加わることに注意する. ただし, 張力は向心方向 ($-r$ 方向) にはたらくために $-S$ と書くことにし, また, F_θ には影響を与えない. したがって, 運動方程式は

$$m\left\{-l\left(\frac{d\theta}{dt}\right)^2\right\} = mg\cos\theta - S \tag{3.20}$$

および

$$ml\frac{d^2\theta}{dt^2} = -mg\sin\theta \tag{3.21}$$

となる.

(3.21) の変数は θ だけである．この式を解くことで $\theta(t)$ が求まり，それを (3.20) に代入することで $S(t)$ が求まる（張力 S も時間とともに変化する）．(3.21) は式としてはとても簡単だが，解析的に解くのは少々ややこしい（解析的な解は，「楕円関数」とよばれる関数を用いて書ける）．ここでは，厳密な解析的解を示さないが，物理的な見通しを得るために，まず近似的な解を導き，次に厳密な解がそれとどんなふうに違うかを定性的に考察しよう．なお，(3.21) は $\theta > 0$ ならば $-mg\sin\theta < 0$ となり，θ をゼロに引き戻す向きに力がはたらき，$\theta < 0$ ならば $-mg\sin\theta > 0$ となって，やはり θ をゼロに引き戻す向きに力がはたらくことを意味する．そのために，バネの場合と同様，復元力によって振動が起こるのである．

振り子の振幅が小さい（すなわち $|\theta| \ll 1$）の場合は近似的に解くことができる．この場合には $\sin\theta \fallingdotseq \theta$, $\cos\theta \fallingdotseq 1$ と近似できるので，(3.20), (3.21) は

$$-ml\left(\frac{d\theta}{dt}\right)^2 = mg - S \tag{3.22}$$

$$ml\frac{d^2\theta}{dt^2} = -mg\theta \tag{3.23}$$

と表せる．(3.23) は $l\dfrac{d^2\theta}{dt^2} + g\theta = 0$ を意味するので，(3.15) と同じ形の2階線形微分方程式であり，(3.16) と同様に

$$\theta(t) = A\cos(\omega t + \alpha) \tag{3.24}$$

の解をもつ．ただし，角振動数は

$$\omega = \sqrt{\frac{g}{l}} \tag{3.25}$$

となり，A と α は初期条件で決まる定数である．

このように，振り子の振動は，振幅が小さいときには単振動を行なうので，その意味で単振り子とよばれる．また，角振動数 ω や振動の周期 $T = \dfrac{2\pi}{\omega}$ がおもりの質量 m に依存しないことがわかる．

ここまでの話は，振り子の振幅が小さい（すなわち，$|\theta| \ll 1$）場合に成り

立つ近似である．振幅が大きい場合はどうだろうか．θ に対する本当の復元力 $mg\sin\theta$ は，θ が小さい領域 ($|\theta| \ll \pi/2$) では，図 3.9 のように確かに θ に比例して増大し，$mg\theta$ が良い近似となるが，θ が大きくなると増大が鈍って $mg\theta$ より小さくなる．そのため，重力 mg が減るのと同様な効果が生じ，振動がゆっくりになる．つまり，振動はもはや (3.24) のような単振動では表せず，おもりが振動の過程で $|\theta|$ の大きな領域を通過するときだけ動きがゆっくりになる．そのため，振幅を大きくすると，一般に単振り子の振動の周期は長くなるのである．なお，以上は $|\theta|$ が $\pi/2$ を超えない場合の話であることを断わっておく．

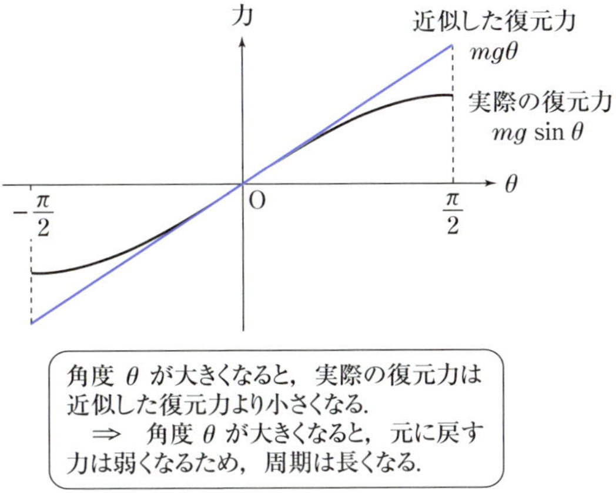

図 3.9

章末問題

[**3.1**]　x を実数として，何回でも微分可能な関数 $f(x)$ は，

$$f(x) = f(0) + \frac{f'(0)}{1!}x + \frac{f''(0)}{2!}x^2 + \cdots + \frac{f^{(n)}(0)}{n!}x^n + \cdots$$

のようにマクローリン展開できる．ただし，$f^{(n)}(x) \equiv \dfrac{d^n f}{dx^n}$ とする．この関係式に従って以下の関数をマクローリン展開せよ．

（1） $\sin x$　　（2） $\cos x$　　（3） e^x

[**3.2**]　傾斜角 α の滑らかな斜面上で長さ l の糸を用意し，一端を固定し，他端

におもりを付けて単振り子にする．重力加速度を g として，この単振り子の周期を求めよ．ただし，空気抵抗や斜面との摩擦は無視する．

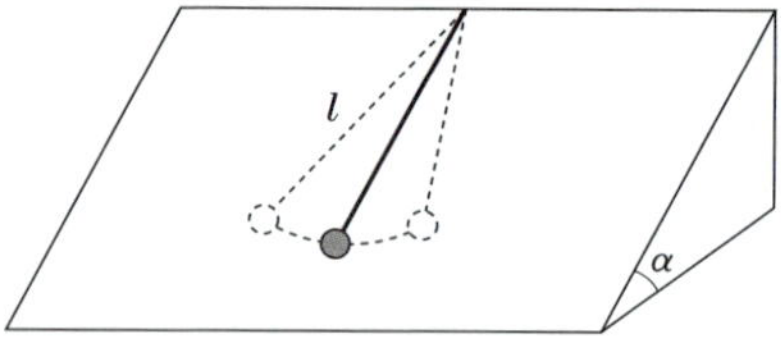

［**3.3**］ 円板が平面上を直線（x 軸）に沿って滑ることなく回転するとき，円板の円周上の1点が描く軌跡をサイクロイド曲線という．

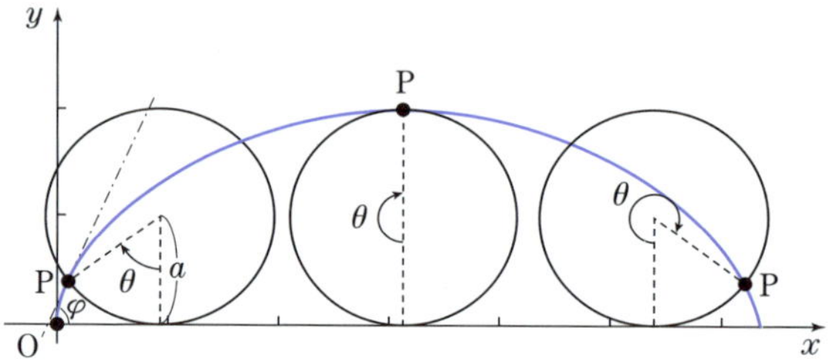

（1） 半径 a の円板の円周上の点Pの軌跡を考える．ただし，点Pは円板の中心が $x=0$（y 軸上）にあるときに原点 O(0, 0) で床と接している．円板が角度 θ 回転したときの点Pの位置 (x, y) を求めよ．

（2） 円板が角度 θ 回転するときに点Pが軌跡に沿って動く距離 s を求めよ．

（3） サイクロイド曲線の点 $P(x, y)$ における接線が x 軸となす角度を φ とするとき，$\tan\varphi$ を θ を用いて表せ．

次に，このサイクロイド曲線の形をした針金を上下（y 軸）逆にし，小球（質量 m）を突き刺して自由に運動させたら往復運動をした．重力加速度を g，空気抵抗，針金と小球との摩擦を無視して以下の問いに答えよ．

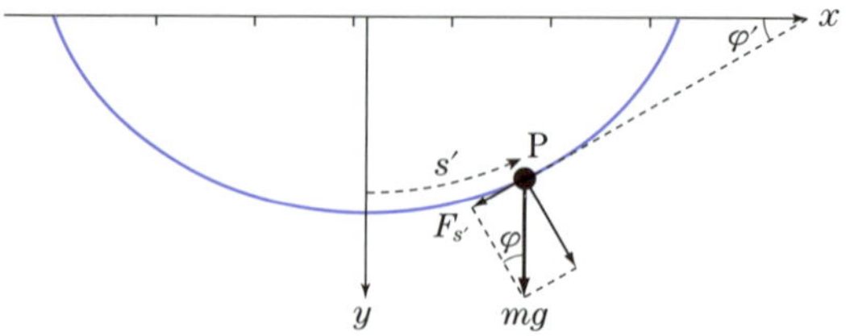

（4） 小球の位置を曲線の最下点から曲線に沿って測った距離 s' で表す．重力の曲線に沿う方向成分 $F_{s'}$ を s' の関数として表せ．

（5） 曲線に沿う小球の運動方程式を書き下せ．

（6） 小球の往復運動の周期が振幅によらず一定値をとる．その理由を説明せよ（これを“完全な等時性”という）．

［**3.4**］ 一様な磁場（磁束密度）$\boldsymbol{B} = (0, 0, B)$ 内に，質量 m，電気量 q の電荷がある．このとき，電荷がローレンツ力 $\boldsymbol{F} = q\boldsymbol{v} \times \boldsymbol{B}$（$\boldsymbol{v}$：電荷の速度）を受けて描く軌跡の概形を求めよ．ただし，重力の影響は無視する．

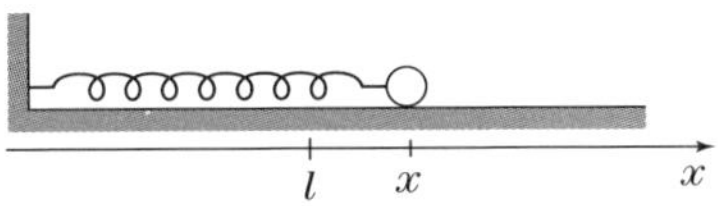

［**3.5**］ 図のように，水平で滑らかな床の上で一端を固定したバネ定数 k のバネを用意し，その他端に質量 m の小物体を取り付ける．水平右向きに x 軸をとり，バネが自然長のときの小物体の位置を $x = l$ とする．時刻 $t = 0$ に小物体を $x = l + d$ の位置から静かに離したとして，以下の問いに答えよ．小物体の大きさや空気抵抗，バネの質量は無視する．

（1） 小物体の座標を x として運動方程式を書き下し，x を時間 t の関数として表せ．

（2） 第6章で述べるように，物体に力が加わって移動すると，力による位置が物体の位置エネルギーとして蓄えられる．バネの自然長からの変位が x のとき，小物体の位置エネルギーは $U = \dfrac{1}{2}kx^2$ で与えられる．小物体の運動エネルギー K，位置エネルギー U を時間の関数として表し，その和が一定であることを示せ．

第 4 章

強制振動と線形微分方程式の一般的な解法

第 3 章で学んだ単振動が関係する現象は我々の身の回りに多数見られる．ただし，ほとんどの場合，振動を励起する何らかの外力が加わっていたり，さらにまた，摩擦のように運動を妨げる抵抗力がはたらいている．そのため，現実の現象をよりよく理解するためには，外力や摩擦力も考慮した，より現実的な運動を記述する方程式を解く必要がある．その際，運動方程式は線形微分方程式とよばれる形をとる場合が多く，幸いにも，それを解くための方法は確立している．

線形微分方程式は，力学的な運動以外にも，電気回路の共振現象を含めた多くの現象を記述する際に現れる．そこで本章では，まず線形微分方程式を解くための数学的手法について述べ，次にその応用例として，単振動に外力が加わった強制振動や，抵抗力がはたらいて生じる減衰振動等の具体例を述べる．なお，本章の前半は数学的手法の解説に多くのページを割くので，読者は他の章とは独立に本章を勉強することができる．あるいはまた，本章を飛ばして第 5 章へと進み，その後に本章に戻ってもよい．

4.1　線形微分方程式

線形微分方程式とは，以下に示すように，未知数 $x(t)$ の時間 t に関する微分係数 $\dfrac{d^k x}{dt^k}$ $(k = 0, 1, 2, \cdots, n)$ の 1 次の項しか含まず，かつその和が時間の関数 $g(t)$ で与えられるような式である．特に，時間の n 階微分係数 $\dfrac{d^n x}{dt^n}$ まで含む式を n 階線形微分方程式とよぶ．その中でさらに，$g(t) = 0$ の式を同次の n 階線形微分方程式とよび，$g(t) \neq 0$ の式を非同次の n 階線形微分方程式とよんで区別する．

n 階線形微分方程式

$x = x(t)$ が次式を満たすとき，これを n 階線形微分方程式という．

$$C_n \frac{d^n x}{dt^n} + C_{n-1}\frac{d^{n-1}x}{dt^{n-1}} + \cdots + C_1\frac{dx}{dt} + C_0 x = g(t) \tag{4.1}$$

$C_0, C_1, \cdots, C_n$：時間に依存しない実数の定数

$g(t)$：時間 t の実数の関数

(4.1) を満たす解 $x = x(t)$ は一般に複数あり，すべての解を含む解を特に一般解とよぶ．n 階線形微分方程式の一般解には n 個の未知定数が含まれており，一般解の中から，物理として求める条件に合う解が一つだけ定まるが，それは初期条件（時刻 $t = 0$ における n 個の値 $x(0)$, $\dfrac{dx(0)}{dt}$, $\dfrac{d^2x(0)}{dt^2}$, $\cdots$, $\dfrac{d^{n-1}x(0)}{dt^{n-1}}$）を与えることで決まる．つまり，初期条件が決まると，任意の時刻 t における $x(t)$ の値が一意的に定まる．（このことは，1.3 節で示した (1.9) に対する逐次近似の方法を適用することでも同様に示せる．なお，初期条件の中に $\dfrac{d^n x(0)}{dt^n}$ の値は含まれないが，実際には (4.1) を通して $\dfrac{d^n x(0)}{dt^n}$ が定まってしまうことに注意せよ.）

例題 4.1

質点の自由運動（すなわち，力が加わらない場合の運動），および，単振動を記述する運動方程式が線形微分方程式であることを説明せよ．

【解】　自由運動の場合は，質点の質量を m とすると，力が加わらないことから運動方程式は $m\dfrac{d^2x}{dt^2} = 0$ となるので，これは，(4.1) で $C_2 = m$，$C_1 = C_0 = 0$，$g(t) = 0$ の場合に相当する 2 階線形微分方程式である．

単振動の場合は，質点の質量を m，バネ定数を k，バネの自然長からの変位を x とすると，運動方程式は $m\dfrac{d^2x}{dt^2} + kx = 0$ となるので，これは，(4.1) で $C_2 = m$，$C_1 = 0$, $C_0 = k$, $g(t) = 0$ の場合に相当する 2 階線形微分方程式である．

例題 4.2

振り子の運動を表す (3.21) の $ml\dfrac{d^2\theta}{dt^2} = -mg\sin\theta$ は $\theta(t)$ に対する 2 階微分方程式だが，線形微分方程式ではないことを説明せよ．

【解】 マクローリン展開（章末問題 [3.1] を参照）により $\sin\theta$ は θ の無限級数で展開され，$\sin\theta = \theta - \dfrac{1}{3!}\theta^3 + \dfrac{1}{5!}\theta^5 - \cdots$ と書くことができ，θ の 1 次の項だけでなく無限次の項まで含むため，線形微分方程式ではない．ただし，$\sin\theta \fallingdotseq \theta$ として 1 次の項のみにして，高次の項を無視（これを**線形近似**という）すれば，(4.1) で $C_2 = ml$, $C_1 = 0$, $C_0 = mg$, $g(t) = 0$ に相当する 2 階線形微分方程式になる．

次節で，(4.1) の一般的な解法を述べる．すでに述べたように，(4.1) で $g(t) = 0$ の場合を特に**同次**（または**斉次**（せいじ））とよび，$g(t) \neq 0$ の場合を**非同次**（または**非斉次**）とよぶ．

また，本書では，解を示すときそれが一般解であることを強調する際には，同次方程式 (4.2) の場合は $x_{G0}(t)$ で表し，非同次方程式まで含めた線形微分方程式 (4.1) の場合は $x_G(t)$ で表すことにする．

4.2　線形微分方程式の一般的な解法

(a)　同次方程式 ($g(t) = 0$) の場合

まず最初に，以下の同次方程式の解法から始めよう．

$$C_n\frac{d^n x}{dt^n} + C_{n-1}\frac{d^{n-1}x}{dt^{n-1}} + \cdots + C_1\frac{dx}{dt} + C_0 x = 0 \tag{4.2}$$

これから示すように，(4.2) には一般的な解法が存在する．そして，同次方程式 (4.2) の解を得ることが非同次方程式 (4.1) の一般解を得る上で必須事項なので，これから記す (4.2) の解法は非常に大切である．

まず，(4.2) が以下の重要な性質をもつことに注意しよう．

同次の線形微分方程式の一般的な性質

$\alpha, \alpha_1, \alpha_2, \cdots, \alpha_l, \alpha_n$ を任意定数として，(4.2) は次の①～④の性質をもつ．

①　$x_1(t)$ が解なら，それを定数倍した $\alpha x_1(t)$ もまた解である．

②　$x_1(t)$，$x_2(t)$ が解なら，和 $x_1(t) + x_2(t)$ もまた解である．

③　$x_1(t), x_2(t), \cdots, x_l(t)$ のそれぞれが解なら，$\alpha_1 x_1(t) + \alpha_2 x_2(t) + \cdots + \alpha_l x_l(t)$ もまた解である．これを，$x_1(t), x_2(t), \cdots, x_l(t)$ の**線形結合**（または**1次結合**）という．

④　同次の n 階線形微分方程式には，n 個の独立な解がある．$x_1(t), x_2(t), \cdots, x_n(t)$ を独立な解としたとき，一般解は $x_{G0}(t) = \alpha_1 x_1(t) + \alpha_2 x_2(t) + \cdots + \alpha_n x_n(t)$ で表される．

性質①～④の説明：

①　$x_1(t)$ が解なので，

$$C_n \frac{d^n x_1}{dt^n} + C_{n-1}\frac{d^{n-1}x_1}{dt^{n-1}} + \cdots + C_1 \frac{dx_1}{dt} + C_0 x_1 = 0$$

が成立する．任意の n に対して $\dfrac{d^n(\alpha x)}{dt^n} = \alpha \dfrac{d^n x}{dt^n}$ が成立するので，

$$C_n \frac{d^n(\alpha x_1)}{dt^n} + C_{n-1}\frac{d^{n-1}(\alpha x_1)}{dt^{n-1}} + \cdots + C_1 \frac{d(\alpha x_1)}{dt} + C_0(\alpha x_1) = 0$$

となる．したがって，$\alpha x_1(t)$ は解である．

②　①と同様に，$\dfrac{d^n(x_1(t) + x_2(t))}{dt^n} = \dfrac{d^n x_1(t)}{dt^n} + \dfrac{d^n x_2(t)}{dt^n}$ より明らか．

③　①と②を組み合わせて得られる．

④　(4.1) の直後に記したように，n 個の初期条件 $x(0), \dfrac{dx(0)}{dt}, \dfrac{d^2x(0)}{dt^2}, \cdots, \dfrac{d^{n-1}x(0)}{dt^{n-1}}$ で，解 $x(t)$ が一意的に決まることを思い出す．逆に，ある解 $x(t)$ が与えられたとき，$x(t)$ は初期条件を表す n 個の連立方程式を満たさなければならないが，これには，独立な解が n 個あり，一般解が $x_{G0}(t) = \alpha_1 x_1(t) + \alpha_2 x_2(t) + \cdots + \alpha_n x_n(t)$ で表される場合に限られる．この場合，初期条件は n 個の未知数 $\alpha_1, \alpha_2, \cdots, \alpha_n$ に対する n 個の連立1次方程式になるからである（独立な解の数が n より少なくても多くてもこうはいかない）．

基本的な性質①〜④を理解すると，直ちに素晴らしい事実に気づく．試しに

$$x(t) = e^{\lambda t} \qquad (\lambda \text{ は定数}) \tag{4.3}$$

を (4.2) に代入すると，$\dfrac{dx}{dt} = \lambda e^{\lambda t}$, $\dfrac{d^2x}{dt^2} = \lambda^2 e^{\lambda t}$, $\cdots$, $\dfrac{d^nx}{dt^n} = \lambda^n e^{\lambda t}$ より，

$$C_n \lambda^n + C_{n-1} \lambda^{n-1} + \cdots C_1 \lambda + C_0 = 0 \tag{4.4}$$

が得られる（ただし，各項に共通に現れる $e^{\lambda t}$ は消去した）．(4.4) は特性方程式とよばれる λ に対する n 次方程式であり，これを解けば，一般に n 個の解 $\lambda_1, \lambda_2, \cdots, \lambda_n$ が得られる．このことから，$e^{\lambda_1 t}, e^{\lambda_2 t}, \cdots, e^{\lambda_n t}$ が (4.2) の n 個の独立な解であり，したがって，

$$x_{G0}(t) = \alpha_1 e^{\lambda_1 t} + \alpha_2 e^{\lambda_2 t} + \cdots + \alpha_n e^{\lambda_n t} \qquad (\alpha_1, \alpha_2, \cdots, \alpha_n \text{：任意定数}) \tag{4.5}$$

が一般解を与えることがわかる．

このように一般解が求まることは実に素晴らしいことなのだが，困ることがある．それは (4.4) の解の $\lambda_1, \lambda_2, \cdots, \lambda_n$ が<u>一般には実数とは限らず複素数</u>になってしまうことである．つまり，$x(t)$ が実数ではなくなってしまうのである．要するに，(4.5) は確かに (4.2) の数学的な解なのだが，虚数を含むために物理としては意味のない解が混じることになり，n 個の独立な実数解をもつことを保証できないのである．

ところが，この窮地（きゅうち）を見事に救ってくれる数学的な手法がある．実数の解を保証するために，あえて (4.2) の未知数を実部が $x(t)$ に等しい複素数

$$z(t) = x(t) + i\,y(t) \qquad (x(t),\ y(t)\text{：実数}) \tag{4.6}$$

に拡張するのである．さし当たって，虚部の $y(t)$ は t のどんな関数でもよい．(4.2) と同様に，$C_0, C_1, \cdots, C_n$ は時間に依存しない実数の定数として

$$C_n \frac{d^nz}{dt^n} + C_{n-1} \frac{d^{n-1}z}{dt^{n-1}} + \cdots + C_1 \frac{dz}{dt} + C_0 z = 0 \tag{4.7}$$

を考えよう．

(4.6) で与えられる z は時間 t で何回微分しても実数と虚数は分離したまま混じらない．つまり，$\dfrac{d^nz}{dt^n} = \dfrac{d^nx}{dt^n} + i\dfrac{d^ny}{dt^n}$ である．したがって，(4.7) の実

部は (4.2) そのものであり，虚部は (4.2) で $x(t)$ が $y(t)$ に置き換わったものに過ぎない．このことから，もし (4.7) の複素変数の解 $z(t)$ が求まれば，その解の実数部が求める解 $x(t)$ であることがわかる．では，(4.7) の複素数の解 $z(t)$ をどうやって求めるのか．その一般的な方法が，指数関数を複素変数に拡張することで得られる．

実数の指数関数にならって，任意の複素数 $\zeta = a + ib$ (a, b：実数，i：純虚数) に対する複素指数関数 e^{ζ} を

$$e^{\zeta} = 1 + \zeta + \frac{1}{2!}\zeta^2 + \frac{1}{3!}\zeta^3 + \cdots + \frac{1}{n!}\zeta^n + \cdots = \sum_{n=0}^{\infty}\frac{1}{n!}\zeta^n$$

で定義する．複素指数関数の重要な性質は付録 A.1 (p. 170) で解説するが，その中でここでの議論に最も重要なのは，この複素指数関数が実数の指数関数と同じように

$$e^{\zeta_1} \cdot e^{\zeta_2} = e^{\zeta_1 + \zeta_2} \qquad \text{(付録の性質 ①，②)}$$

を満たし，かつ微分すると元の関数が得られることである．

$$\frac{de^{\zeta}}{d\zeta} = e^{\zeta} \qquad \text{(付録の性質 ⑥)} \tag{4.8}$$

複素変数に拡張した同次方程式 (4.7) の解は，(4.3) にならって

$$z(t) = e^{\lambda t} \tag{4.9}$$

を (4.7) に代入することで得られる．ただし，今度は λ が複素数をとることを許している．$\zeta = \lambda t$ として z を t で微分すると $\dfrac{dz}{dt} = \dfrac{dz}{d\zeta}\dfrac{d\zeta}{dt}$ となるが，(4.8) より $\dfrac{dz}{d\zeta} = e^{\lambda t}$，また $\dfrac{d\zeta}{dt} = \lambda$ なので，λ が実数の場合と同様に $\dfrac{dz}{dt} = \lambda e^{\lambda t}$ を得る．さらに，t で何回微分しても実数の場合と同様，

$$\frac{dz}{dt} = \lambda e^{\lambda t}, \qquad \frac{d^2 z}{dt^2} = \lambda^2 e^{\lambda t}, \qquad \cdots, \qquad \frac{d^n z}{dt^n} = \lambda^n e^{\lambda t}$$

となり，結局，(4.4) と同様に

$$C_n \lambda^n + C_{n-1}\lambda^{n-1} + \cdots + C_1 \lambda + C_0 = 0 \tag{4.10}$$

が得られる．

すでに述べたように，(4.9)から n 個の複素数の解 $\lambda_1, \lambda_2, \cdots, \lambda_n$ が得られ，

$$z_k(t) = e^{\lambda_k t} \qquad (k = 1, 2, \cdots, n) \tag{4.11}$$

がそれぞれ (4.7) の解を与える．ここで，線形微分方程式のすべての性質①～④が複素数の解に対しても成り立つので，一般解は

$$z_{G0}(t) = \alpha_1 e^{\lambda_1 t} + \alpha_2 e^{\lambda_2 t} + \cdots + \alpha_n e^{\lambda_n t} \tag{4.12}$$

で与えられることがわかる（同次方程式の一般解であることを示すために下付の添字 $G0$ を付す）．ただし，(4.12) の $\alpha_1, \alpha_2, \cdots, \alpha_n$ は時間に依存しない任意の複素数であり，初期条件で決まる．そして，$z_{G0}(t)$ の実部が，求めるべき (4.2) の一般解 $x_{G0}(t)$ となる．

$$x_{G0}(t) = \mathrm{Re}\{z_{G0}(t)\} \qquad (k = 1, 2, \cdots, n) \tag{4.13}$$

($\mathrm{Re}\{z(t)\}$ は｛　｝の中身の実部を表し，$z(t)$ の複素共役を $z^*(t)$ とすれば，$\mathrm{Re}\{z(t)\} = \dfrac{z(t) + z^*(t)}{2}$ と書ける．)

(b) 非同次方程式 ($g(t) \neq 0$) の場合

(4.1) で表される非同次方程式

$$C_n \frac{d^n x}{dt^n} + C_{n-1} \frac{d^{n-1} x}{dt^{n-1}} + \cdots + C_1 \frac{dx}{dt} + C_0 x = g(t) \qquad (g(t) \neq 0)$$

の解き方を考えよう．まず，解が1つ見つかったとしよう．

$$x(t) = x_S(t)$$

この解を特解とよぶ．ここで，(4.1) 式の右辺の $g(t)$ をゼロで置き換えて得られる同次方程式の一般解 $x_{G0}(t)$ を $x_S(t)$ に加えて得られる

$$x_G(t) = x_S(t) + x_{G0}(t) \tag{4.14}$$

も (4.1) の解となることに注意しよう．($x_{G0}(t)$ を加えても (4.1) の右辺の値を変化させないからである)．しかも，(4.14) は n 個の独立な解と n 個の未知定数を含むので，これが非同次方程式 (4.1) の一般解となる．

つまり，非同次方程式を解くためには，特解を1つ求め，かつ，$g(t) = 0$ とした同次方程式の一般解をすでに示した解法に従って求めればよいのであ

る．ただし，特解 $x_S(t)$ を体系的に求める一般的な方法はなく，その度に工夫して求める必要がある．

線形微分方程式（4.1）の解法

［**step 1**］ まず，$g(t)=0$ とおいて得られる同次の線形微分方程式を解く．

$$C_n\frac{d^nx}{dt^n}+C_{n-1}\frac{d^{n-1}x}{dt^{n-1}}+\cdots+C_1\frac{dx}{dt}+C_0x=0 \qquad (4.2)$$

そのために，変数 x を複素変数 z へ拡張する．

$$C_n\frac{d^nz}{dt^n}+C_{n-1}\frac{d^{n-1}z}{dt^{n-1}}+\cdots+C_1\frac{dz}{dt}+C_0z=0 \qquad (4.7)$$

［**step 2**］ (4.7) の n 個の独立な解が，複素指数関数を用いて，

$$z_k(t)=e^{\lambda_k t} \qquad (k=1,2,\cdots,n) \qquad (4.11)$$

で与えられ，一般解が

$$z_{G0}(t)=\alpha_1e^{\lambda_1 t}+\alpha_2e^{\lambda_2 t}+\cdots+\alpha_ne^{\lambda_n t} \qquad (4.12)$$

で与えられる．ただし，$\lambda_1,\lambda_2,\cdots,\lambda_n$ は以下の特性方程式から決まる(注)．

$$C_n\lambda^n+C_{n-1}\lambda^{n-1}+\cdots+C_1\lambda+C_0=0 \qquad (4.10)$$

［**step 3**］ (4.2) の一般解は，(4.12) の実部である．

$$x_{G0}(t)=\mathrm{Re}\{z_{G0}(t)\} \qquad (4.13)$$

［**step 4**］ (4.1) の一般解は，(4.13) と特解 $x_S(t)$ の和である．

$$x_G(t)=x_S(t)+x_{G0}(t) \qquad (4.14)$$

ただし，(4.12) の定数 $\alpha_1,\alpha_2,\cdots,\alpha_n$ は複素数であり初期条件で決まる．

（注） 特性方程式 (4.12) が重根をもつ場合は若干修正が必要であり，巻末の付録 A.2 (p.172，線形微分方程式の解法：特性方程式が重根をもつ場合) で解説する．手短に結果のみ記すと，特性方程式が $n-k$ 個の異なる解 $\lambda_1,\lambda_2,\cdots,\lambda_{n-k}$ に加えて $\lambda=a$ の k 重根をもつ場合，線形微分方程式は $z=e^{\lambda_1 t}, e^{\lambda_2 t},\cdots,e^{\lambda_{n-k}t}$ ($n-k$ 個) に加えて，$z_l=t^le^{at}$ (k 個：$l=0,1,2,\cdots,k-1$) の独立な解をもつ．このように独立な解は，やはり n 個である．

この節で，**変数 x を複素変数 z に拡張して方程式を解き，その実部を解として採用すればよい**ことがわかった．もしそうならば，(4.4) を解いて複素数の解が得られたとき，単純にその実部を採用して

$$x(t) = e^{\mathrm{Re}\{\lambda\}t}$$

を解とすればよかったのだろうか．いや，それは違う．この $x(t) = e^{\mathrm{Re}\{\lambda\}t}$ は微分方程式 (4.2) を満たさない！ 方程式を満たすのは

$$x(t) = \mathrm{Re}\{e^{\lambda t}\}$$

であり，この解を得るために複素指数関数を導入する必要があったのである．

4.3　いろいろな振動への解法の適用

本章で学んだ解法をいくつかの重要で基礎的な問題に適用してみよう．

(a)　単 振 動

3.2節で単振動（図3.7）についてすでに述べたが，解の (3.16) 式の $x(t) = A\cos(\omega t + \alpha)$ を天下り的に与えた．ここでは，本章で述べた解法に従ってこれを導出しよう．

運動方程式

$$m\frac{d^2x}{dt^2} + kx = 0 \tag{4.15}$$

は2階同次線形微分方程式である．x を複素変数 z に拡張した $m\dfrac{d^2z}{dt^2} + kz = 0$ に $z = e^{\lambda t}$ を代入し，λ に対する特性方程式 $m\lambda^2 + k = 0$ から2つの解 $\lambda_+ = i\sqrt{k/m}$，$\lambda_- = -i\sqrt{k/m}$ を得る．そこで，微分方程式の一般解が

$$z_{G0} = A_+e^{\lambda_+ t} + A_-e^{\lambda_- t}$$

と求まる．

ここで2つの定数（複素数）A_+，A_- に対して，$A_+ = a_+ + ib_+$，$A_- = a_- + ib_-$（i：純虚数）とおき，また

$$\omega_0 = \sqrt{\frac{k}{m}} \tag{4.16}$$

とおくことで，

$$z_{G0} = (a_+ + ib_+)e^{i\omega_0 t} + (a_- + ib_-)e^{-i\omega_0 t}$$

となり，この実部から解が

$$x_{G0}(t) = \mathrm{Re}\{z_{G0}(t)\} = (a_+ + a_-)\cos\omega_0 t - (b_+ + b_-)\sin\omega_0 t$$

となる．これを三角関数の合成を使って整理することで，すでに述べた単振動の解

$$x = A\cos(\omega_0 t + \alpha) \tag{4.17}$$

が得られる．バネに付いた物体は角振動数 ω_0 で振動するが，この振動は固有振動とよばれ，ω_0 は固有角振動数とよばれる．

(b)　強 制 振 動

図 4.1 に示すように，バネにつながった物体に角振動数 ω で振動する外力 $F\cos\omega t$ がはたらくことを考える．

運動方程式は，バネによる復元力に外力が付け加わるので，$ma = -kx + F\cos\omega t$ より，

$$m\frac{d^2x}{dt^2} + kx = F\cos\omega t \tag{4.18}$$

で与えられる（ただし，m, k, F は実数で正の定数）．この式は $g(t) = F\cos\omega t$ の 2 階非同次線形微分方程式である．$g(t) = 0$ とおいて得られる同次方程式

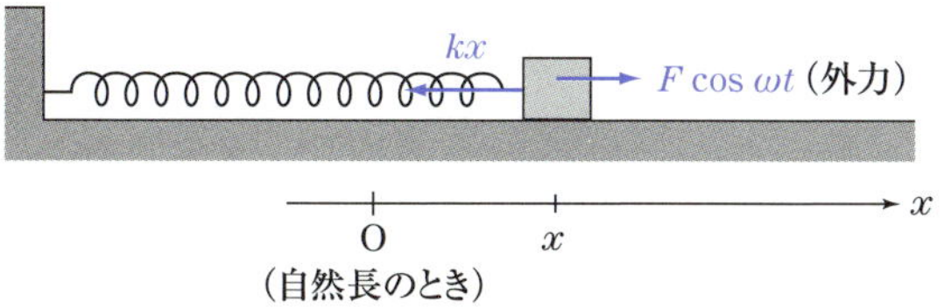

図 4.1

は (4.15) であり，その一般解 (4.17) がすでに得られているので，特解を1つ見つけて (4.17) に加えればよい．

特解を求める一般的な手法は存在しないので，何とか工夫して見つけなければならない．まず，特解を求める際も，変数を複素変数 z に拡張して差し支えないことに注意しよう．その際，力 $F\cos\omega t$ も複素数 $Fe^{i\omega t}(=F(\cos\omega t + i\sin\omega t))$ に拡張して

$$m\frac{d^2z}{dt^2}+kz=Fe^{i\omega t} \tag{4.19}$$

とすると上手くいく．試しに，D と λ を時間によらない複素数の定数として

$$z_S(t)=De^{\lambda t} \tag{4.20}$$

を (4.19) に代入してみると，

$$(m\lambda^2+k)De^{\lambda t}=Fe^{i\omega t}$$

が得られる．これが任意の時刻 t で成立するためには，$\lambda=i\omega$ かつ $(m\lambda^2+k)D=F$ でなければならないが，これは可能であって，(4.20) に含まれる定数をそれぞれ

$$\lambda=i\omega \tag{4.21}$$

$$D=\frac{F}{m\lambda^2+k}=\frac{F/m}{{\omega_0}^2-\omega^2} \tag{4.22}$$

のように選べばよい．ただし，ω_0 は (4.16) で与えられる．

こうして，複素数の特解

$$z_S(t)=De^{\lambda t}=\frac{F/m}{{\omega_0}^2-\omega^2}e^{i\omega t} \tag{4.23}$$

が求まり，この実部をとり，かつ (4.17) を加えることで，(4.18) の一般解が

$$x=A\cos(\omega_0 t+\alpha)+\frac{F/m}{{\omega_0}^2-\omega^2}\cos\omega t \tag{4.24}$$

と得られる．この結果から図 4.1 の物体は，外力に無関係な単振動（第1項：角振動数 ω_0）と外力による強制振動（第2項：角振動数 ω）を重ね合わせた

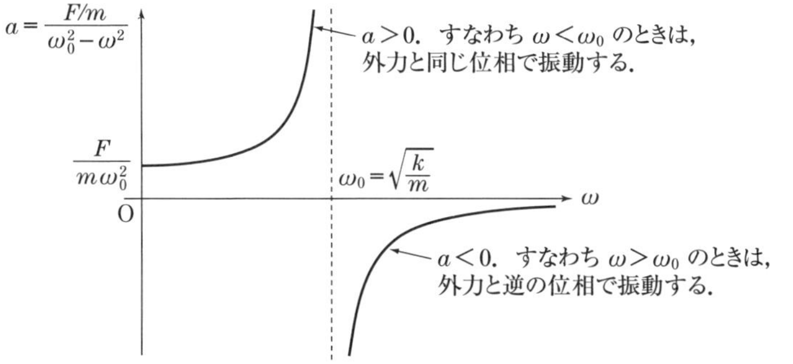
$a=\frac{F/m}{\omega_0^2-\omega^2}$
$a>0$. すなわち $\omega<\omega_0$ のときは，外力と同じ位相で振動する．
$\frac{F}{m\omega_0^2}$
$\omega_0=\sqrt{\frac{k}{m}}$
ω
O
$a<0$. すなわち $\omega>\omega_0$ のときは，外力と逆の位相で振動する．

図 4.2

運動をすることがわかる．

強制振動の振幅 $a = \dfrac{F/m}{{\omega_0}^2 - \omega^2}$ に注目しよう．（ただし，この振幅 a は負の値もとり得る．）外力の角振動数 ω が固有角振動数 ω_0 より小さければ（$\omega < \omega_0$）振幅は正であり，逆に ω が ω_0 より大きければ（$\omega_0 < \omega$）振幅は負である．これは $\omega < \omega_0$ なら物体は外力と同位相で振動し，$\omega_0 < \omega$ なら逆位相で振動することを意味する．$\omega = \omega_0$（共鳴条件）で振幅は発散するが，図 4.2 のように，ω が ω_0 の低振動数側から近づくと $+\infty$ に発散し，高振動数側から近づくと $-\infty$ に発散する．

(c) 抵抗力がある場合の強制振動

実際の運動では，外力とともに摩擦などによる抵抗力がはたらくことが多い．抵抗力は物体の運動の向きとは反対向きにはたらくが，その力の大きさが物体の速さと質量に比例する場合（比例定数 $\gamma > 0$）を考えると，運動方程式は $ma = -kx - m\gamma\dfrac{dx}{dt} + F\cos\omega t$ より，

$$m\frac{d^2x}{dt^2} + m\gamma\frac{dx}{dt} + kx = F\cos\omega t \qquad (4.25)$$

となり，$g(t) = F\cos\omega t$ の 2 階非同次線形微分方程式であることがわかる．

この方程式は，図 4.3 に示すバネにつながった物体の運動や電気回路の共

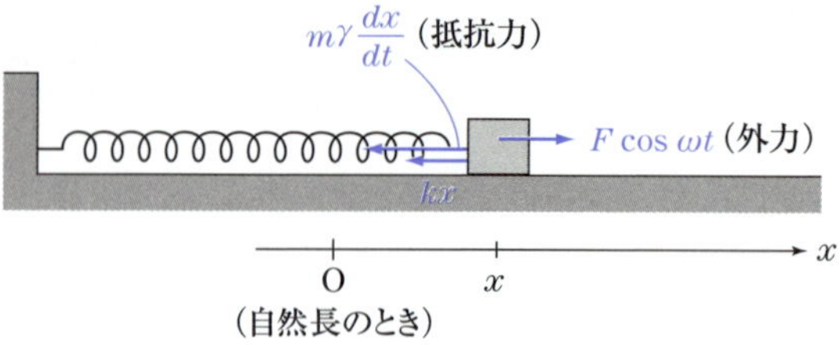

図4.3

振現象に限らず，磁場の中で円運動する電子にマイクロ波電場を引加したときの現象や，原子核にクーロン引力でとらえられた電子の振動電場（光）に対する振る舞いを古典的に扱う際の理解の枠組みを与えるものである（m，γ，k，F 等の物理的意味は具体例に応じて変わる）．そのため，この方程式の解の性質を調べることは一般的に様々な現象に対して重要な意味をもつ．

まず，$g(t) = 0$ とおいた上で複素変数に拡張した同次線形微分方程式

$$m\frac{d^2z}{dt^2} + m\gamma\frac{dz}{dt} + kz = 0 \tag{4.26}$$

の一般解を求めるのだが，$z = e^{\lambda t}$ を代入して得られる特性方程式 $m\lambda^2 + m\gamma\lambda + k = 0$ から2つの λ の値が決まる．

$$\begin{cases} \lambda_+ = \dfrac{-\gamma + \sqrt{\gamma^2 - 4k/m}}{2} = \dfrac{-\gamma + \sqrt{\gamma^2 - 4{\omega_0}^2}}{2} \\ \lambda_- = \dfrac{-\gamma - \sqrt{\gamma^2 - 4k/m}}{2} = \dfrac{-\gamma - \sqrt{\gamma^2 - 4{\omega_0}^2}}{2} \end{cases} \tag{4.27}$$

これらを用いると，同次線形微分方程式の一般解が以下のように得られる．

$$z_{G0} = A_+e^{\lambda_+t} + A_-e^{\lambda_-t} \tag{4.28}$$

ただし，A_+，A_- は任意の複素数の定数であり，初期条件が与えられれば決まる．

(4.28) の実部を調べる前に，非同次式 (4.25) の特解 $x_S(t)$ を見つけて一般解を完成しておこう．そのために，(4.25) を複素変数に拡張した

$$\frac{d^2z}{dt^2} + \gamma\frac{dz}{dt} + \omega_0{}^2 z = \frac{F}{m}e^{i\omega t} \tag{4.29}$$

について考える．ただし $\omega_0 = \sqrt{k/m}$ であり，また，$F\cos\omega t$ を複素数 $Fe^{i\omega t}$ にしてある．特解として，抵抗力のない場合と同様に

$$z_S(t) = De^{\lambda t} \qquad (D, \lambda：時間によらない複素数) \tag{4.30}$$

を仮定して (4.29) に代入してみると $(m\lambda^2 + m\gamma\lambda + k)De^{\lambda t} = Fe^{i\omega t}$ を得る．これが，任意の時刻 t に成立することから $\lambda = i\omega$，かつ $D = \dfrac{F/m}{\omega_0{}^2 - \omega^2 + i\gamma\omega}e^{i\omega t}$ が得られ，

$$z_S(t) = \frac{F/m}{\omega_0{}^2 - \omega^2 + i\gamma\omega}e^{i\omega t} \tag{4.31}$$

が特解を与えることがわかる．

このように (4.25) の複素変数に拡張した一般解

$$z_G(t) = z_{G0}(t) + z_S(t) \tag{4.32}$$

が (4.28) と (4.31) によって与えられた．以下では，この解の第1項 $z_{G0}(t)$ と第2項 $z_S(t)$ の意味を順番に調べよう．

(4.32) の第1項の $z_{G0}(t)$ からはじめる．(4.27) に注意すると，実数解

$$x_{G0}(t) = \mathrm{Re}\{z_{G0}(t)\}$$

の性質が，根号の中身の $\gamma^2 - 4\omega_0{}^2$ の符号によって異なることに気づく．そこで場合分けをしよう．

（i）　$\gamma^2 - 4\omega_0{}^2 > 0$ $(\gamma > 2\omega_0)$ の場合

これは抵抗力がバネによる復元力に比べて相対的に大きな場合だが，(4.27) より

$$\lambda_+ = \frac{-\gamma + \sqrt{\gamma^2 - 4\omega_0{}^2}}{2}, \qquad \lambda_- = \frac{-\gamma - \sqrt{\gamma^2 - 4\omega_0{}^2}}{2}$$

がともに負の実数になることがわかる．(4.28) で $A_+ = a_+ + ib_+$，$A_- = a_- + ib_-$ とおくと，実数の一般解が

$$x_{G0}(t) = \mathrm{Re}\{z_{G0}(t)\} = a_+e^{\lambda_+ t} + a_-e^{\lambda_- t} \qquad (\lambda_+, \lambda_-：負の実数) \tag{4.33}$$

と求まる．

(4.33) の運動は振動ではなく，変位 x が指数関数的に減衰することを示している．その際，減衰の速さが異なる2つの項の重ね合わせになっている．(なお，変位の大きさが $1/e$ に減衰するまでの時間を減衰の時定数とよび，2つの項 $a_+e^{\lambda+t}$，$a_-e^{\lambda-t}$ はそれぞれ $1/\lambda_+$，$1/\lambda_-$ の時定数をもつ減衰である．) ゼリーや粘土のような粘性の大きな媒質中でバネにつながった物体は，このような運動をするだろう．

(ii)　$\gamma^2 - 4{\omega_0}^2 < 0$ $(\gamma < 2\omega_0)$ の場合

バネによる復元力が抵抗力に比べて相対的に大きな場合であり，(4.27) により λ_+ と λ_- がともに複素数

$$\lambda_\pm = -\frac{\gamma}{2} \pm i\frac{\sqrt{4{\omega_0}^2 - \gamma^2}}{2} \qquad \text{(複合同順)}$$

になる．これより一般解は

$$z_{G0} = e^{-\frac{\gamma}{2}}\left(A_+e^{i\frac{\sqrt{4\omega_0^2-\gamma^2}}{2}t} + A_-e^{-i\frac{\sqrt{4\omega_0^2-\gamma^2}}{2}t}\right)$$

となり，$A_+ = a_+ + ib_+$，$A_- = a_- + ib_-$ とおいて整理することで，実数の一般解

$$\begin{aligned}
&x_{G0}(t)\\
&= \mathrm{Re}\{z_G(t)\}\\
&= e^{-\frac{\gamma}{2}t}\left\{(a_+ + a_-)\cos\left(\frac{\sqrt{4{\omega_0}^2 - \gamma^2}}{2}t\right) - (b_+ - b_-)\sin\left(\frac{\sqrt{4{\omega_0}^2 - \gamma^2}}{2}t\right)\right\}
\end{aligned}$$

が得られる．単振動の場合と同様，三角関数の合成を用いて整理すると，

$$x_{G0}(t) = Ce^{-\frac{\gamma}{2}t}\cos\left(\frac{\sqrt{4{\omega_0}^2 - \gamma^2}}{2}t + \alpha\right) \quad (\gamma：\text{正の実数}) \qquad (4.34)$$

を得る．ここで，C と α は初期条件で決まる実数の定数である．

この解は，振動しながらその振幅が指数関数的に減衰する運動を表している．また，振動数は抵抗力のない場合の固有角振動数 ω_0 より小さくなる

ことがわかる．外から力を加えない限り，現実に起こるどんな振動も摩擦や抵抗で振幅が徐々に減少していくが，(4.34) は，広く観察されるそのような「減衰振動」の一般的性質を表している．

（iii） $\gamma^2 - 4\omega_0{}^2 = 0\ (\gamma = 2\omega_0)$ の場合

減衰と減衰振動の境目では λ は $\lambda_+ = \lambda_- = -\gamma/2$ となり，負の実数になる．また，重根であるため，解が少し異なる形をとる．4.2 節の線形微分方程式の解法の（注）や巻末の付録で記すように，この場合は $z = Ae^{\lambda t} = Ae^{-\frac{\gamma}{2}t}$ と $z = Bte^{-\frac{\gamma}{2}t}$ が独立な 2 つの解を与え，一般解は $z_{G0} = Ae^{-\frac{\gamma}{2}t} + Bte^{-\frac{\gamma}{2}t}$ となる．また A，B の実部をそれぞれ a，b とおいて，実数の一般解も同様に

$$x_{G0}(t) = \mathrm{Re}\{z_{G0}(t)\} = ae^{-\frac{\gamma}{2}t} + bte^{-\frac{\gamma}{2}t} \tag{4.35}$$

で与えられる．

以上で，同次線形微分方程式の一般解である (4.32) の第 1 項 $z_{G0}(t)$ の具体的な形 $x_{G0} = \mathrm{Re}\{z_{G0}(t)\}$ が，それぞれの場合について (4.33)，(4.34)，(4.35) として求まった．それらはすべて指数関数的な減衰項を含むため，いずれも，十分長い時間が経過すれば初期条件によらず消失してしまう．このことは，外力が存在しない場合，時間の経過とともに運動が抵抗（摩擦）によって減衰し，最終的には必ず静止状態に至ることを意味する．したがって，どんな初期条件にせよ，十分時間が経過すれば (4.32) の第 2 項の，特解による運動だけが残ることになる．以下では，それがどんな運動かを調べよう．

特解の実数部，

$$x_S(t) = \mathrm{Re}\{z_S(t)\}$$

を考えるために，(4.31) の分母の複素数を複素平面上の r_0 と θ で表すと見通しがよくなる．付録（複素指数関数の性質⑤）で記すように，

$$\omega_0{}^2 - \omega^2 + i\gamma\omega = r_0\, e^{i\theta}$$

と表すと

$$z_S(t) = \frac{F/m}{{\omega_0}^2 - \omega^2 + i\gamma\omega} e^{i\omega t} = \frac{F/m}{r_0 e^{i\theta}} e^{i\omega t} = \frac{F}{mr_0} e^{i(\omega t - \theta)} \quad (4.36)$$

となる．ただし，r_0 と θ は

$$r_0 = \sqrt{({\omega_0}^2 - \omega^2)^2 + \gamma^2\omega^2} \quad (4.37)$$

$$\tan\theta = \frac{\gamma\omega}{{\omega_0}^2 - \omega^2} \quad (4.38)$$

で与えられる．

(4.36) から実数解が

$$x_S(t) = \frac{F}{mr_0} \cos(\omega t - \theta) \quad (4.39)$$

となる．(4.39) は，振幅

$$A \equiv \frac{F}{mr_0} \quad (4.40)$$

が外力 F と $1/r_0$ に比例し，外力との位相差 θ を一定に保って外力 F と同じ角振動数 ω で振動する定常的な解を表している．

(4.37) からすぐわかるように，抵抗力が弱く，$\gamma \ll \omega_0$ の条件下では，振幅

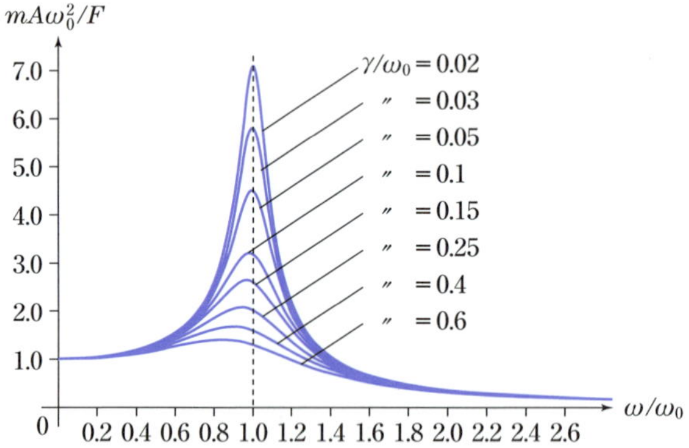

(A：振幅，m：質量，k：バネ定数，$\omega_0 = \sqrt{k/m}$，
F：外力の振幅，ω：外力の振動数)

図 4.4

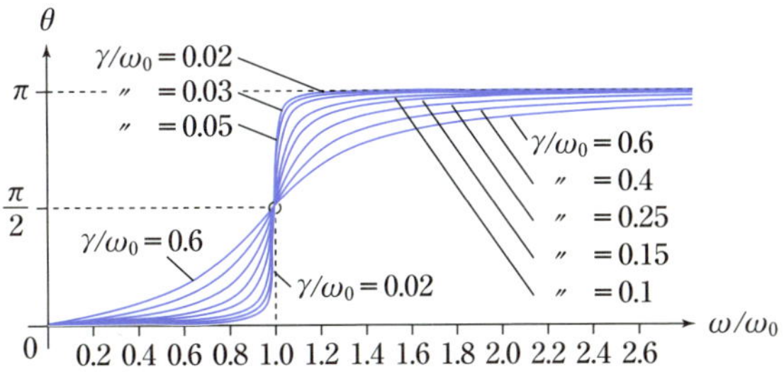

（θ：位相，m：質量，k：バネ定数，γ：抵抗力の定数，$\omega_0 = \sqrt{k/m}$，ω：外力の振動数）

図 4.5

$A \equiv \dfrac{F}{mr_0}$ は外力の角振動数が固有角振動数とほぼ等しいとき（$\omega \doteqdot \omega_0$）に極大となる．図 4.4 に振幅 A の ω による変化を，γ/ω_0 の値をパラメーターとして示す．γ/ω_0 の値が小さくなるほど，$\omega \doteqdot \omega_0$ で鋭い共鳴を示すことがわかる．また，外力との位相差 θ も図 4.5 に示すように ω によって変化する．低振動数側 $\omega < \omega_0$ から高振動数側 $\omega > \omega_0$ に変化する際，θ が 0 から π に変化するが，これは低振動数側では物体に外力が追随して同位相で振動し，高振動数側では追随できずに逆位相で振動することを意味する．このような共鳴曲線はローレンツ型の曲線とよばれ，多くの現象で観測される．

章末問題

［**4.1**］ 次の数を複素指数関数で表せ．

（1） 1　（2） -1　（3） i　（4） $-i$

（5） ei　（6） $-e^2 i$　（7） $\sqrt{2}(1+i)$

［**4.2**］ 複素数 Z_1 と Z_2，および，それらの積 $Z_3 = Z_1 Z_2$ を複素平面上で考えよう．Z_3 の大きさ（原点からの距離）は Z_1 と Z_2 の大きさの積であり，Z_3 の偏角は Z_1 と Z_2 の偏角の和であることを再確認せよ．

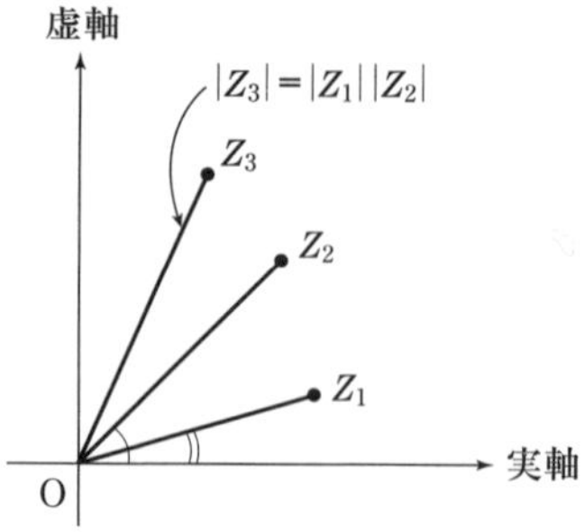

[**4.3**]　(4.40) で与えられる強制振動の振幅 $A = \dfrac{F}{mr_0}$ は外力の角周波数 ω を変化させると図 4.4 に示すように共鳴的に変化する．共鳴において外力は仕事をし，その際のエネルギー吸収率 P は一般に強制振動の振幅の 2 乗に比例する．つまり，ω の変化に対して P は $r_0 = \sqrt{({\omega_0}^2 - \omega^2)^2 + \gamma^2\omega^2}$ … (4.37) の 2 乗に反比例する．エネルギー吸収の共鳴曲線の半値全幅 (吸収率がピーク値の半分になる曲線の幅 $\varDelta\omega$) が $\gamma/\omega \ll 1$ の極限で $\varDelta\omega = \gamma$ で近似できることを示せ．

[**4.4**]　空高くから落ちてくる雨滴について単純なモデルで考えよう．雨滴の質量は落下中に変化せず，一定値 m をとるとする．雨滴にはたらく力として，下向きの重力 mg と落下速度に比例してはたらく上向きの空気による抵抗力のみを考える．

(1)　雨滴が従うべき運動方程式を書き下せ．ただし，鉛直上向きに x 座標をとり，空気による抵抗力を $-m\gamma\,(dx/dt)$ (γ：正の定数) とする．

(2)　この運動方程式の同次式に対する一般解を求めよ．

(3)　運動方程式の一般解を求めよ．ただし，$z(t) = At$ (A：時間に依存しない定数) が特解となることに注意せよ．

(4)　雨滴が時刻 $t = 0$ に高度 $x = h$ において静止状態から落下を開始したとする．この初期条件の下での速度 dx/dt を時間 t の関数として求め，かつ図示せよ．また，地表に到達する際の雨滴の速度は時間とともに増加するが，$h \to \infty$ としても際限なく大きくなるわけではなく，一定値に収束する．$h \to \infty$ での最終到達速度 (終端速度) を求めよ．

［**4.5**］ 崖の端の点 O から上方 (水平方向に対して角度 θ) に向けて小球を速さ v_0 で放出した．点 O を原点にとり，水平右向きに x 軸，鉛直上向きに y 軸をとる．小球はその速さ v に比例した空気抵抗の力 $m\gamma v$ (γ：正の定数) を受ける．重力加速度を g として以下の問いに答えよ．

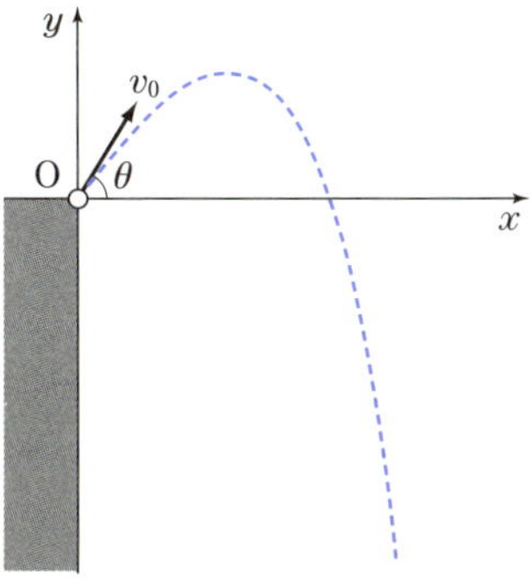

（1） 放出後，時間 t 経過した後の小球の位置 (x, y) と速度 (v_x, v_y) を求めよ．

（2） 十分時間が経過すると速度は一定値に収束する．その終端速度 (u_x, u_y) と，このときの水平到達距離 L を求めよ．

［**4.6**］ 図のように，天井に一端を固定したバネを用意し，その他端に質量 m の小物体を取り付けて静かに吊り下げたところ，バネは自然長から d だけ伸びて静止した．このときの位置を原点 O として，鉛直下方を正の向きとする x 軸をとる．重力加速度の大きさを g として，以下の問いに答えよ．ただし，小物体はバネが伸縮する方向で運動し，小物体の大きさや空気抵抗，バネの質量はすべて無視できるものとする．

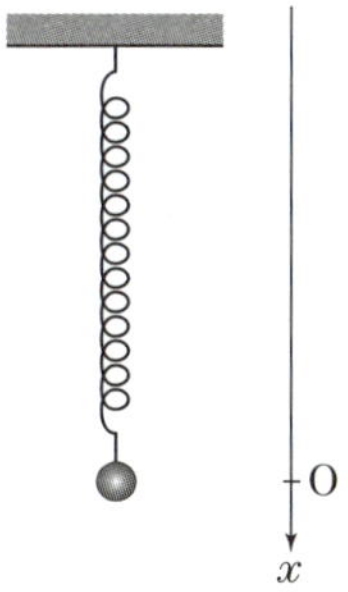

（1） このバネのバネ定数を求めよ．

その後，小物体が静止していた位置から，小物体に鉛直下方に初速 v_0 (> 0) を与えた．

（2） 時刻 t における小物体の座標が x として，小物体の運動方程式を書け．

（3） 運動方程式を解き，x を t の関数として表せ．

［**4.7**］ 交流電源を，抵抗，コイル，コンデンサーにつなげたとき，回路に流れる電流を調べる．交流電源 (起電力 $v = V_0 \cos \omega t$) を含めた各素子の電圧を，回路を一巡するループに沿って加え合わせるとゼロになることを用いて以下の問いに答えよ．

（1） 自己インダクタンス L のコイルには電流の向きに沿って自己誘導起電力 $-L(dI/dt)$ が発生する．このことから，左図のようにコイルを交流電源につないだ

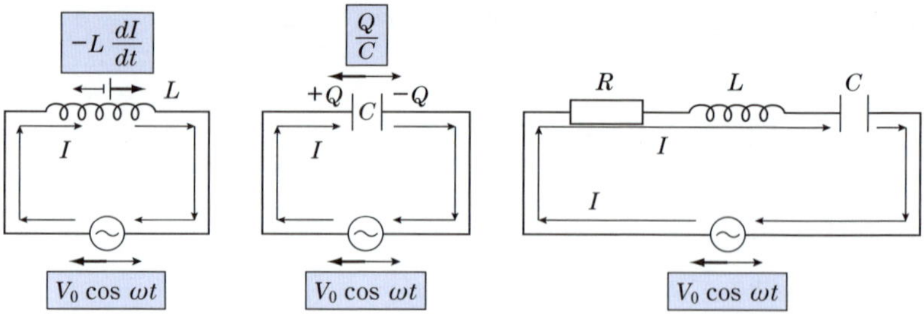

とき，流れる電流 I を時間の関数として求めよ．

（2） 電気容量 C のコンデンサーに蓄えられる電荷を Q (左側が正電荷) とすると，その両端には電位差 Q/C (左側が高電位) が生じる．このことから，中央図のようにコンデンサーを交流電源につなぐときに流れる電流 I を求めよ．ただし，$I = dQ/dt$ の関係があることを用いよ．

（3） 右図のように，抵抗 (抵抗値 R)，コイル (自己インダクタンス L)，コンデンサー (電気容量 C) を直列に接続して交流電源につなげた．このとき，回路に流れる電流 I について考察せよ．

第5章

加 速 度 系

前章までは慣性系での物体の運動について述べたが，本章では慣性系に対して加速度をもつ座標系（加速度系または非慣性系とよぶ）での運動について述べる．本来，力学を慣性系で扱うだけで済めばよいのだが，実際には，加速しているロケットの中で起こる現象やメリーゴーランドのような回転する円板上での運動を扱わなければいけない場合がある．さらに，そもそも地球や太陽系自体が厳密には慣性系ではないので，それを考慮しなければいけない場合もある．

5.1 慣性系に対して並進運動をしている座標系

図5.1に示すように，慣性系（S系とよぶ）に固定した座標 $(x,\ y,\ z)$ に対して並進運動する座標 $(x',\ y',\ z')$ を考え，これをS′系とよぼう．S系とS′系における時刻 t での質点の位置ベクトルをそれぞれ $\boldsymbol{r}$，$\boldsymbol{r}'$ とし，S系におけるS′系の原点O′の位置ベクトルを $\boldsymbol{r}_0$ とすると

$$\boldsymbol{r} = \boldsymbol{r}_0 + \boldsymbol{r}' \tag{5.1}$$

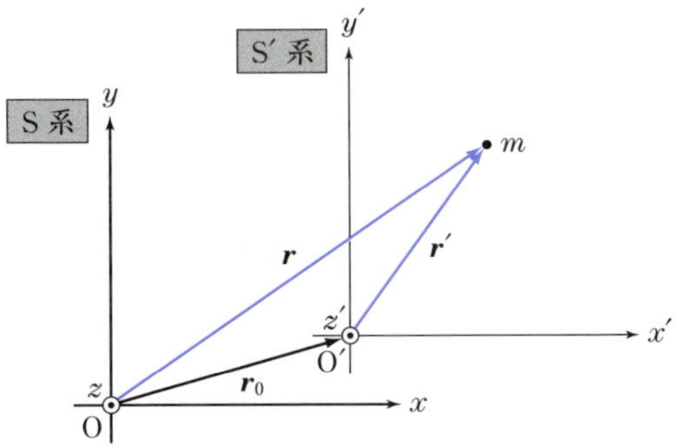

図5.1

が成り立つ．S系における質量 m の質点に対する運動方程式は

$$m\frac{d^2\boldsymbol{r}}{dt^2} = \boldsymbol{F} \tag{5.2}$$

で表されるので，これに (5.1) を代入することで，S′ 系における質点の運動方程式が

$$m\frac{d^2\boldsymbol{r}'}{dt^2} = \boldsymbol{F} - m\frac{d^2\boldsymbol{r}_0}{dt^2} \tag{5.3}$$

として得られる．S′ 系のS系に対する加速度を $\boldsymbol{a}_0$ と書けば，(5.3) は

$$m\frac{d^2\boldsymbol{r}'}{dt^2} = \boldsymbol{F} - m\boldsymbol{a}_0 \tag{5.4}$$

と書いてよい．ここで

$$\boldsymbol{F}' = -m\boldsymbol{a}_0 \tag{5.5}$$

とおいて，

$$m\frac{d^2\boldsymbol{r}'}{dt^2} = \boldsymbol{F} + \boldsymbol{F}' \tag{5.6}$$

と書けば，加速度系 (S′ 系) では，物体は座標系に依存しない真の力 $\boldsymbol{F}$ だけでなく，それに余分な力 $\boldsymbol{F}' = -m\boldsymbol{a}_0$ が加わった運動をすることがわかる．このような $\boldsymbol{F}' = -m\boldsymbol{a}_0$ は加速度系に特有の力であり，見かけの力とよばれる．一般に，加速度 $\dfrac{d^2\boldsymbol{r}_0}{dt^2} = \boldsymbol{a}_0$ は時間 t の任意の関数でよいが，以下では一定値をとる (加速度が一定の) 場合を考える．

まず，S′ 系が等速直線運動する場合を考えよう．つまり，

$$\frac{d\boldsymbol{r}_0}{dt} = \boldsymbol{v}_0 = \text{定数ベクトル} \quad \text{または} \quad \boldsymbol{a}_0 = \boldsymbol{0}$$

の場合である．この場合は (5.5) の「見かけの力」$\boldsymbol{F}'$ はゼロなので，S′ 系の運動方程式は

$$m\frac{d^2\boldsymbol{r}'}{dt^2} = \boldsymbol{F} \tag{5.7}$$

となり，運動方程式は慣性系と同一となってS′系はS系と同等である．このように，等速直線運動する座標系は互いに同等で，一方が慣性系なら他方もまた慣性系であり，どちらの座標系が止まっていて，どちらが動いているのかを判別することはできないし，そもそもその問いには意味がない．また，$t=0$ でのS′系の原点の位置ベクトルを $\boldsymbol{r}_0(0)$ とすると，(5.1) において $\boldsymbol{r}_0(t)=\boldsymbol{v}_0t+\boldsymbol{r}_0(0)$ なので，

$$\boldsymbol{r}'=\boldsymbol{r}-\boldsymbol{v}_0t-\boldsymbol{r}_0(0) \tag{5.8}$$

となる．さらに，両辺を時間 t で微分すると，S系とS′系における速度 $\boldsymbol{v}\equiv\dfrac{d\boldsymbol{r}}{dt}$，$\boldsymbol{v}'\equiv\dfrac{d\boldsymbol{r}'}{dt}$ の関係が，

$$\boldsymbol{v}'=\boldsymbol{v}-\boldsymbol{v}_0 \tag{5.9}$$

と求まる．この (5.8) と (5.9) の変換則は**ガリレイ変換**とよばれる．

次に，S′系がS系に対して等加速度運動（加速度 $\boldsymbol{a}_0$ が一定）する場合を考えよう．この場合にはS′系の運動方程式 (5.4) より，「見かけの力」$\boldsymbol{F}'=-m\boldsymbol{a}_0$ が一定である．加速度系において，加速度の向きと反対方向に現れるこのような見かけの力 $\boldsymbol{F}'=-m\boldsymbol{a}_0$ を**慣性力**とよぶ．

例題 5.1

地面（慣性系）に対して電車が図の右向きに一定の加速度 $\boldsymbol{A}$ $(A>0)$ で等加速度運動をしているとする．電車内で天井からひもで吊るされた

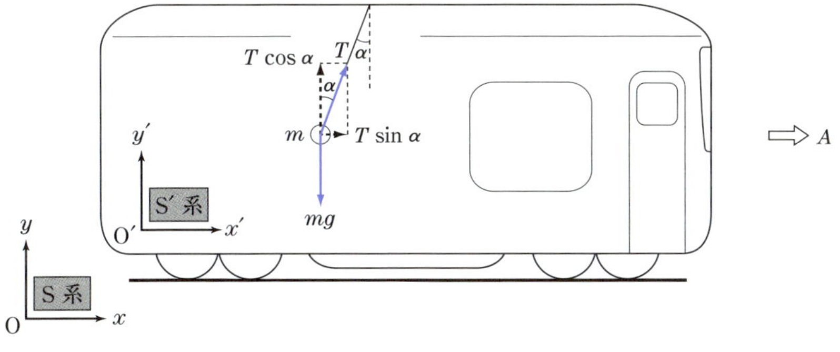

図 5.2

質量 m のおもりが，鉛直方向から角度 α 傾いて静止している．ひもの張力 T と角度 α を求めよ．ただし，重力加速度を g とする．

【解】 電車に固定した座標系（S′ 系）におけるおもりの位置ベクトル $\boldsymbol{r}'$ は，(5.3) より運動方程式

$$m\frac{d^2\boldsymbol{r}'}{dt^2} = \boldsymbol{F} - m\boldsymbol{A} \tag{5.10}$$

に従う．ただし，「真の力」$\boldsymbol{F}$ は鉛直下向きの重力と角度 α 方向のひもによる張力のベクトル和であり，水平右向き，鉛直上向きを正の向きとして，$\boldsymbol{F} =$ (水平成分，鉛直成分) $= (T\sin\alpha,\ T\cos\alpha - mg)$ で与えられる．また，$\boldsymbol{A} = (A,\ 0)$ である．

おもりが電車内で静止していることを運動方程式 (5.6) で考えると，真の力 $\boldsymbol{F}$ と見かけの力 $\boldsymbol{F}' = -m\boldsymbol{A}$ が打ち消し合ってゼロになっていることを意味する．したがって，水平成分については $0 = T\sin\alpha - mA$，鉛直成分については $0 = T\cos\alpha - mg$ が成り立つ．この 2 つの式を連立して解くことで，$T = m\sqrt{g^2 + A^2}$，$\alpha = \tan^{-1}\dfrac{A}{g}$ を得る．

例題 5.2

例題 5.1 と同様，地面（慣性系）に対して一定の加速度 $\boldsymbol{A}$ $(A > 0)$ で加速中の電車を考える．電車内に固定した水槽の水面が，水平からある

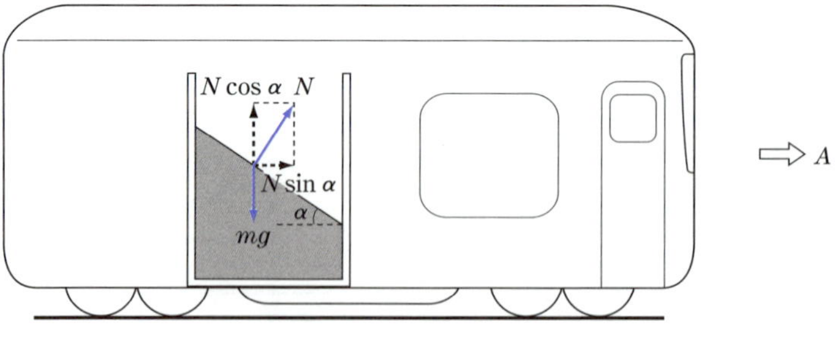

図 5.3

角度 α だけ傾いて静止した．この角度 α を重力加速度 g と加速度 A で表せ．

【解】　水面近傍の微小体積の水（質量 m）に対する運動方程式は，$\boldsymbol{r}'$ を電車内での微小体積の水の位置ベクトルとして

$$m\frac{d^2\boldsymbol{r}'}{dt^2} = \boldsymbol{F} - m\boldsymbol{A}$$

で与えられる．ただし，$\boldsymbol{F}$ は鉛直下向きの重力（大きさ mg）と，水面による垂直抗力（大きさ N）の和であり，水平右向き，鉛直上向きを正の向きとして，$\boldsymbol{F} = (N\sin\alpha, N\cos\alpha - mg)$ で与えられる．また，$\boldsymbol{A} = (A, 0)$ である．水面が静止しているということは，真の力 $\boldsymbol{F}$ と見かけの力 $-m\boldsymbol{A}$ が打ち消し合ってゼロになっていることを意味するので，例題 5.1 と同様に $\alpha = \tan^{-1}\dfrac{A}{g}$ を得る．

5.2　慣性系に対して回転運動をしている座標系（回転座標系）

慣性系（S 系とよぶ）に固定した座標 $(x,\ y,\ z)$ に対して，z 軸を共有する座標 $(x',\ y',\ z')$（S′ 系とよぶ）を考える．いま，図 5.4 のように z' 軸（z 軸）を中心として x'，y' 軸が一定の角速度 ω で（z' 軸の正の向きから見て反時計回りに）回転しているとする．このとき，S′ 系を回転座標系とよぶ．

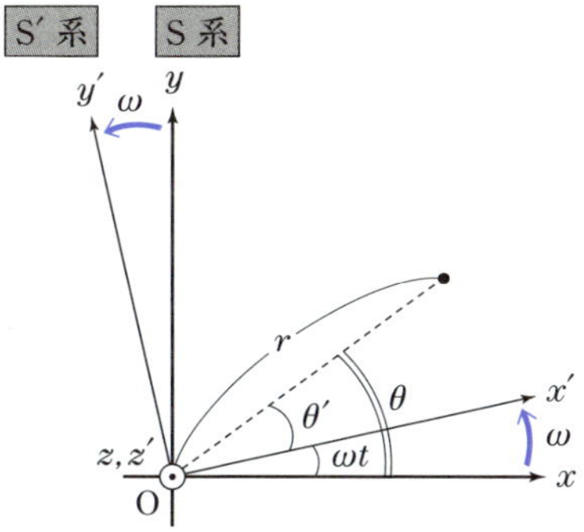

図 5.4

任意の点を S 系と S′ 系で表すとき，それぞれ (x, y)，(x', y') 座標と，極座標 (r, θ)，(r', θ') を用い，z 座標を z または z' で表すのが便利である

(このような (r, θ, z) による座標を円筒座標とよぶ). まず, 考える状況では $z = z'$ であり, 極座標に関しては, 原点からの距離が等しいので

$$r = r' \tag{5.11}$$

となる. また, 時刻 $t = 0$ において x 軸と x' 軸が重なるように選ぶと, θ と θ' の間には

$$\theta = \theta' + \omega t \tag{5.12}$$

の関係がある. これらと, (5.12) を時間で微分した

$$\frac{d\theta}{dt} = \frac{d\theta'}{dt} + \omega \tag{5.13}$$

が円筒座標の変換則を与える.

さて, S系は慣性系なので, 第2章で得た運動方程式 (2.12) と (2.13) が成立することがすでにわかっている. それをここに改めて書いておこう.

$$\begin{cases} m\left\{\dfrac{d^2r}{dt^2} - r\left(\dfrac{d\theta}{dt}\right)^2\right\} = F_r & (5.14) \\ m\dfrac{1}{r}\dfrac{d}{dt}\left(r^2\dfrac{d\theta}{dt}\right) = F_\theta & (5.15) \end{cases}$$

S′ 系での運動方程式を得るために, これらの式にそれぞれ (5.11) と (5.13) を代入すると,

$$\begin{cases} m\left\{\dfrac{d^2r'}{dt^2} - r'\left(\dfrac{d\theta'}{dt} + \omega\right)^2\right\} = F_r \\ m\dfrac{1}{r'}\dfrac{d}{dt}\left\{r'^2\left(\dfrac{d\theta'}{dt} + \omega\right)\right\} = F_\theta \end{cases}$$

を得る. ここで, 右辺は力の成分だが, もともと力はベクトルであり, ベクトルは座標系によって変化しない. なお, S系の r, θ 方向と, S′ 系の r', θ' 方向はそれぞれ同一なので, これらの式の右辺 F_r, F_θ は, それぞれ S′ 系での力の成分でもある. したがって, これらの式を少し変形して, それぞれ

$$
\begin{cases}
m\left\{\dfrac{d^2r'}{dt^2}-r'\left(\dfrac{d\theta'}{dt}\right)^2\right\}=F_r+2mr'\dfrac{d\theta'}{dt}\omega+mr'\omega^2 & (5.16)\\
m\dfrac{1}{r'}\dfrac{d}{dt}\left(r'^2\dfrac{d\theta'}{dt}\right)=F_\theta-2m\dfrac{dr'}{dt}\omega & (5.17)
\end{cases}
$$

を得る．(5.16)，(5.17) が回転座標系 (S′ 系) での運動方程式である．

z 方向の運動は単純である．S′ 系は z 方向に加速度運動をしていないため，速度，加速度の z 方向成分 (v_z および a_z) は S 系と S′ 系で同一であり，z 方向に見かけの力は現れない．したがって，運動方程式は以下にまとめるように慣性系と回転座標系で同一である（真の力の z 方向成分を F_z とする）．

S 系（慣性系）と S′ 系（回転座標系）での運動方程式

慣性系 (r, θ, z)：

$$
\begin{cases}
m\left\{\dfrac{d^2r}{dt^2}-r\left(\dfrac{d\theta}{dt}\right)^2\right\}=F_r\\
m\dfrac{1}{r}\dfrac{d}{dt}\left(r^2\dfrac{d\theta}{dt}\right)=F_\theta\\
m\dfrac{d^2z}{dt^2}=F_z
\end{cases}
$$

回転座標系 (r', θ', z')：

$$
\begin{cases}
m\left\{\dfrac{d^2r'}{dt^2}-r'\left(\dfrac{d\theta'}{dt}\right)^2\right\}=F_r+2mr'\dfrac{d\theta'}{dt}\omega+mr'\omega^2 & (5.16)\\
m\dfrac{1}{r'}\dfrac{d}{dt}\left(r'^2\dfrac{d\theta'}{dt}\right)=F_\theta-2m\dfrac{dr'}{dt}\omega & (5.17)\\
m\dfrac{d^2z'}{dt^2}=F_z
\end{cases}
$$

$r=r'$ のため r と r' を区別する意味はないので，以下では r' の代わりに r を共通に用いる．

S′系における速度と加速度の成分は,

$$\begin{cases} v_r{}' = \dfrac{dr}{dt} \\ v_\theta{}' = r\dfrac{d\theta'}{dt} \\ v_z{}' = \dfrac{dz}{dt} \end{cases} \qquad \begin{cases} a_r{}' = \dfrac{d^2r}{dt^2} - r\left(\dfrac{d\theta'}{dt}\right)^2 \\ a_\theta{}' = \dfrac{1}{r}\dfrac{d}{dt}\left(r^2\dfrac{d\theta'}{dt}\right) \\ a_z{}' = \dfrac{d^2z}{dt^2} \end{cases}$$

と書けるので,運動方程式は次のように表すこともできる.

慣性系 (r, θ, z) 回転座標系 (r', θ', z')

$$\begin{cases} ma_r = F_r \\ ma_\theta = F_\theta \\ ma_z = F_z \end{cases} \qquad \begin{cases} ma_r{}' = F_r + 2mv_\theta{}'\omega + mr\omega^2 \\ ma_\theta{}' = F_\theta - 2mv_r{}'\omega \\ ma_z{}' = F_z \end{cases}$$

このように,回転座標系で物体の運動を調べると,回転軸(z 軸)の方向には回転の影響が現れないが,回転軸に垂直な xy 平面内(r 方向と θ' 方向)の運動には,「真の力」$\boldsymbol{F}$ に「見かけの力」$\boldsymbol{F}'$ が加わった現象が観察される.

xy 平面内に現れる「見かけの力」$\boldsymbol{F}'$ を詳しく調べよう.(見かけの力の z 方向成分はゼロなので,必要がある場合を除いて,以下では触れない.)

$\boldsymbol{F}'$ の r 方向成分と θ' 方向成分は (5.16),(5.17) より

$$F_r{}' = 2mr\frac{d\theta'}{dt}\omega + mr\omega^2 = 2mv_\theta{}'\omega + mr\omega^2$$

$$F_\theta{}' = -2m\frac{dr}{dt}\omega = -2mv_r{}'\omega$$

で与えられるが,これを2つの部分に分けて,

$$\boldsymbol{F}' = \begin{pmatrix} F_r{}' \\ F_\theta{}' \end{pmatrix} = 2m\omega\begin{pmatrix} v_\theta{}' \\ -v_r{}' \end{pmatrix} + m\begin{pmatrix} r\omega^2 \\ 0 \end{pmatrix} \tag{5.18}$$

と書こう.

(5.18) の右辺第2項

$$F_{\text{遠心力}} = m\begin{pmatrix} r\omega^2 \\ 0 \end{pmatrix} \tag{5.19}$$

は大きさが $mr\omega^2$ の動径方向（= 中心から外へと向かう向き）の力で，よく知られた遠心力である．回転座標系に対して物体を静止させるためには，動径方向の「遠心力」を相殺するために，大きさが等しく反対向きの「向心力」を加える必要がある．

(5.18) の右辺第1項

$$\boldsymbol{F}_{\text{コリオリの力}} = 2m\omega\begin{pmatrix} v_\theta' \\ -v_r' \end{pmatrix} \tag{5.20}$$

はコリオリの力とよばれ，物体が回転座標系の中で速度 v_r'，v_θ' で動くときに発生する．この力の起源を定性的に理解しておこう．

まず，コリオリの力の動径方向成分が $F_{\text{コリオリの力},r} = 2m\omega v_\theta'$ であることから，物体が円周方向に動くときに動径方向の力が発生することがわかる．$v_\theta' > 0$ のとき $F_{\text{コリオリの力},r} > 0$ なので，図5.5のように，回転座標系の回転と同じ向きに動くとき，動径方向の（外向きの）力がはたらく．これは，座標系の回転と同一方向に物体が動くことで遠心力が増大し，その増大分がコリオリの力として現れると解釈できる（逆向きに動く場合は遠心力が減る）．

次に，円周方向成分 $F_{\text{コリオリの力},\theta} = -2m\omega v_r'$ は，物体が動径方向（外向き）

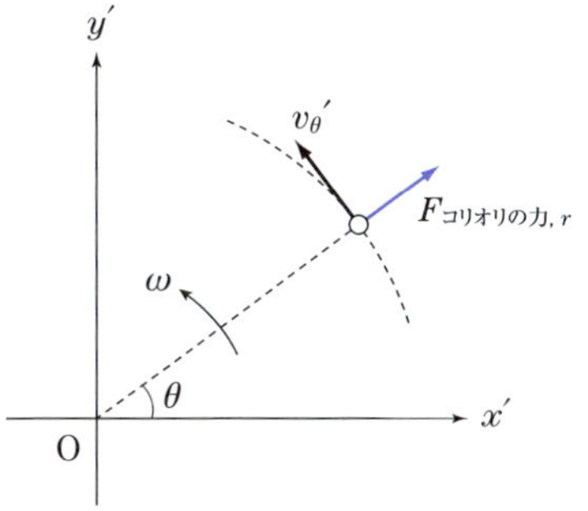

図5.5

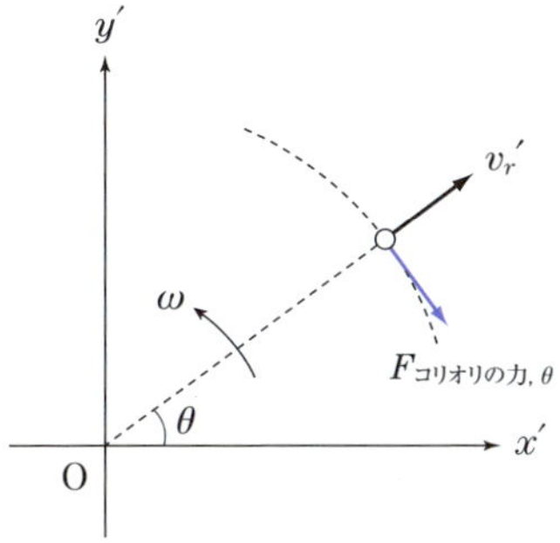

図5.6

に動く ($v_r' > 0$) とき，円周方向の負の向きに力 ($F_{コリオリの力,\theta} < 0$) が発生することを示している．つまり，図 5.6 のように動径方向の正の向きに物体が動くと，回転座標系の回転方向と逆向きに力が生ずる．(運動方向が逆なら，生ずる力の向きも逆になる).

この力を理解するために，S′ 系 (回転座標系) を回転するターンテーブルに固定した座標系と考え，ターンテーブル上の観測者が，中心から距離 r の点より中心に向かって物体を転がす ($v_r' < 0$, $v_\theta' = 0$) ことを考えよう．実は，この物体は慣性系である回転しない床 (S 系) から見ると，円周方向にターンテーブルと同じ速度をもっている ($v_\theta = r\omega > 0$)．そのため，この物体は実際には中心へと向かわず，図 5.7 (b) のように上向きにずれる．S′ 系において動いていった先のターンテーブル上の点も円周方向に動いている

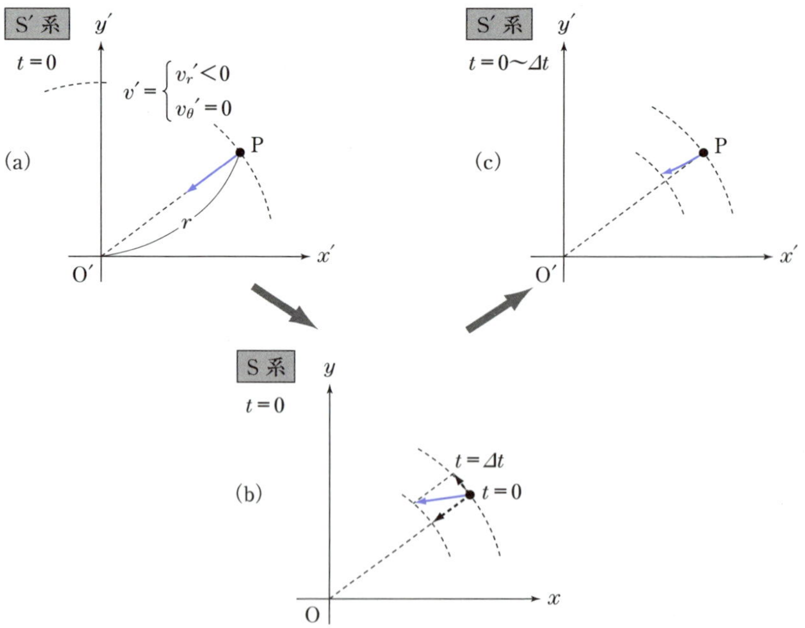

図 5.7

が，その速度 ($v_\theta = r\omega$) は半径 r が小さい分だけ小さい．したがって，図 5.7 (c) のように S′ 系において物体が $+\theta'$ 方向に外れていくことを意味し，ボールが $+\theta'$ 方向の力を受けていることになる．これが $F_{\text{コリオリの力},\theta} = -2mv_r'\omega$ の起源である (v_r' が正の場合は，同様の議論によって，力の向きが逆になることが理解できるだろう)．

ここまでで見てきたように，コリオリの力は S′ 系での物体の速度 v' に対して直角方向に生じる．上の例では動径方向，または円周方向の速度成分だけをもつ場合を考えたが，両方の成分をもつ一般の速度の場合は，(5.18) のようにそれぞれの力を重ね合わせればよいので，「速度ベクトルがどちらを向いていようと，進行方向右向きに速度の大きさに比例した力」が生ずることを意味する．S′ (S′ 系が S 系に対して逆向きに回転していれば，力の方向は進行方向左向きとなる．) 大きさが ω で，向きが回転に対して右ねじが進む方向 (z 軸正の向き) をもつ**角速度ベクトル** $\boldsymbol{\omega}$ を考えると，コリオリの力は S 系での速度ベクトル $\boldsymbol{v}'$ と角速度ベクトル $\boldsymbol{\omega}$ の外積 (ベクトルの外積については 7.3 節を参照) に比例しており，

$$\boldsymbol{F}_{\text{コリオリの力}} = 2m\boldsymbol{v}' \times \boldsymbol{\omega}$$

で表せる．

地球に固定した座標系は，地球の自転のために回転座標系である．地上で数キロメートル以上遠くにある標的を狙って物体を発射する場合，地球の自転によって標的からずれることが問題となる．このことは，例えばメリーゴーランドの上で射的をすれば体験できるだろう．ただし，地球の自転に日常生活で気づくことは難しい．数十メートル程度先のゴールに 1 秒以下で到達するサッカーボールなどにとっては，コリオリの力は無視でき，むしろ選手たちは風やグラウンドの影響を考慮することになる．しかし，人工衛星の軌道計算には，地球の自転によるコリオリの力を考慮することが必須となるのである．

最後に，回転座標系に現れる見かけの力をまとめておこう．

回転座標系に現れる見かけの力

$$見かけの力： \quad \boldsymbol{F}' = \boldsymbol{F}_{遠心力} + \boldsymbol{F}_{コリオリの力}$$

$$極座標\begin{pmatrix} r\ 方向成分 \\ \theta'\ 方向成分 \end{pmatrix}による表示：$$

$$\boldsymbol{F}_{遠心力} = m\begin{pmatrix} r\omega^2 \\ 0 \end{pmatrix}, \qquad \boldsymbol{F}_{コリオリの力} = 2m\omega\begin{pmatrix} v_\theta' \\ -v_r' \end{pmatrix} = 2m\boldsymbol{v}' \times \boldsymbol{\omega}$$

Point 回転の軸（z 軸）方向には見かけの力ははたらかない．

例題 5.3

バケツに水を張って中心軸（z 軸）の周りで回転させると，図 5.8 のように水面が湾曲する．バケツの中の水が一定の角速度 ω で回転するとき，回転の中心軸から距離 r の水面の傾き角 α を重力加速度の大きさ g と角速度の大きさ ω で表せ．

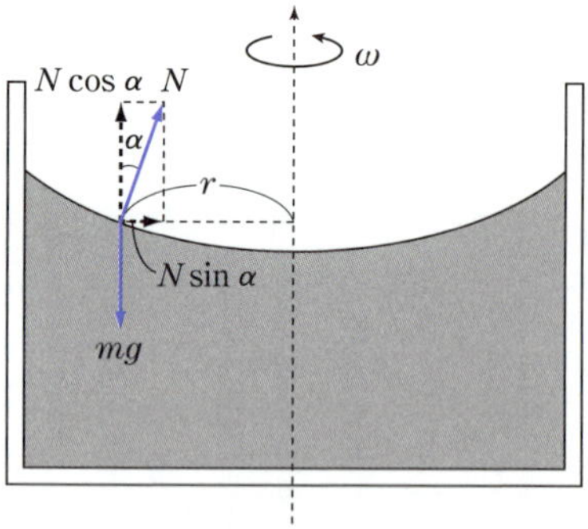

図 5.8

【解】 中心軸から距離 r の水面にある水の微小体積（質量 m）の運動を，バケツとともに回転する回転座標系で考える．このとき，質量 m の微小体積の水の運動方

程式は (5.16)，(5.17) で与えられる．ただし，水がバケツとともに一様に角速度 ω で回転し，回転座標系に対して静止しているので，コリオリの力は存在しない．そこで

$$\begin{cases} ma_r' = F_r + mr\omega^2 \\ ma_\theta' = 0 \end{cases}$$

が得られる．

運動方程式の中の「真の力」は重力と水面による垂直抗力（大きさ N）であり，$F_r = -N\sin\alpha$ となる．さらに，鉛直 (z) 方向の成分が $F_z = N\cos\alpha - mg$ で与えられる．一方，「見かけの力」は r 方向の遠心力 $mr\omega^2$ のみである．回転座標系に対して水が静止しているので加速度 $\boldsymbol{a}'$ はゼロに等しく，そのため，「真の力」と「見かけの力」が打ち消し合ってゼロとなっている．r 方向と z 方向の各成分について力のつり合いを記すと，$-N\sin\alpha + mr\omega^2 = 0$ と $N\cos\alpha - mg = 0$ となり，これから，$\alpha = \tan^{-1}\dfrac{r\omega^2}{g}$ が得られる．

例題 5.4

図 5.4 の回転座標系（S′ 系）に対して原点から距離 r 離れた点で静止している質量 m の物体を考える．

（1）　この物体は慣性系（S 系）から見てどんな運動をしているか．また，S 系における速度を極座標表示で表せ．

（2）　S 系において，この物体にはたらいている力 $\boldsymbol{F}$ を求めよ．

（3）　S′ 系における遠心力 $\boldsymbol{F}_{\text{遠心力}}$ とコリオリの力 $\boldsymbol{F}_{\text{コリオリの力}}$ を求めよ．

（4）　S′ 系の物体にはたらく見かけの力 $\boldsymbol{F}' = \boldsymbol{F}_{\text{遠心力}} + \boldsymbol{F}_{\text{コリオリの力}}$ と真の力 $\boldsymbol{F}$ の関係を考察せよ．

【解】（1）　物体は S′ 系と同じく S 系に対して一定の角速度 ω で回転しているため，中心からの距離は $r = r'$ で一定で，角速度 ω で回転する．したがって，$v_r = 0$，$v_\theta = r\omega$．つまり，等速円運動をする．

別解として，S′ 系で静止していることを式で表すと，$v_r' = \dfrac{dr'}{dt} = 0$，$v_\theta' = r'\dfrac{d\theta'}{dt} = 0$. したがって，変換則 (5.11) と (5.13) から $v_r = \dfrac{dr}{dt} = 0$, $v_\theta = r\dfrac{d\theta}{dt} =$

$r\omega$ を得る．

（2） 角速度 ω の等速円運動をすることから，$mr\omega^2$ の向心力がはたらいている．つまり，$\boldsymbol{F} = (F_r, F_\theta) = (-mr\omega^2, 0)$．

（3） (5.19) より，$\boldsymbol{F}_{\text{遠心力}} = (mr\omega^2, 0)$，また，(5.20) より $\boldsymbol{F}_{\text{コリオリの力}} = \boldsymbol{0}$.

（4） 見かけの力 $\boldsymbol{F}' = \boldsymbol{F}_{\text{遠心力}} + \boldsymbol{F}_{\text{コリオリの力}} = (mr\omega^2, 0)$ と，真の力 $\boldsymbol{F} = (-mr\omega^2, 0)$ が打ち消し合う．そのため，S′ 系での加速度 $\boldsymbol{a}'$ $(m\boldsymbol{a}' = \boldsymbol{F} + \boldsymbol{F}')$ がゼロになっている．

例題 5.5

図 5.4 で慣性系（S 系）に対して原点から距離 r 離れた点で静止している質量 m の物体を考える．

（1） この物体を回転座標系（S′ 系）から観察するとどんな運動になるか．

（2） S′ 系における遠心力 $\boldsymbol{F}_{\text{遠心力}}$ とコリオリの力 $\boldsymbol{F}_{\text{コリオリの力}}$ を求めよ．

（3） S′ 系の物体にはたらく見かけの力 $\boldsymbol{F}' = \boldsymbol{F}_{\text{遠心力}} + \boldsymbol{F}_{\text{コリオリの力}}$ の意味を述べよ．

【解】（1） S 系は S′ 系から見ると角速度 $-\omega$ で回転しているので，物体も S′ 系から見ると角速度 $-\omega$ で回転しており，中心からの距離は変化しない．したがって，$v_r' = 0$，$v_\theta' = -r\omega$．つまり，角速度 $-\omega$ の等速円運動をする．

別解として，S 系で静止していることを表す $v_r = \dfrac{dr}{dt} = 0$，$v_\theta = r\dfrac{d\theta}{dt} = 0$ を変換則 (5.11) と (5.13) に代入して，S′ 系での $v_r' = \dfrac{dr}{dt} = 0$，$v_\theta' = r\dfrac{d\theta'}{dt} = -r\omega$ が得られる．

（2） S′ 系の遠心力は (5.19) のとおりで $\boldsymbol{F}_{\text{遠心力}} = (mr\omega^2, 0)$，またコリオリの力は (5.20) に $v_r' = 0$，$v_\theta' = -r\omega$ を代入して，$\boldsymbol{F}_{\text{コリオリの力}} = (-2mr\omega^2, 0)$ が得られる．

（3） 見かけの力の合計は $\boldsymbol{F}' = \boldsymbol{F}_{\text{遠心力}} + \boldsymbol{F}_{\text{コリオリの力}} = (-mr\omega^2, 0)$．つまり，遠心力にコリオリの力が加わって，S′ 系において見かけの向心力が生じている．一方，物体は慣性系で静止しているので真の力はゼロであり，$\boldsymbol{F} = (0, 0)$．そのため，運動方程式 $m\boldsymbol{a}' = \boldsymbol{F} + \boldsymbol{F}' = (-mr\omega^2, 0)$ から決まる加速度が $\boldsymbol{a}' = (-r\omega^2, 0)$ となり，S′ 系での等速円運動を表す．

〈補足〉 見かけの力と真の力

「見かけの力」$\boldsymbol{F}'$ といっても，加速度系の観測者にとっては「実際に存在する力」であることに注意しておこう．つまり，等加速度系や回転座標系の観測者が見出す運動方程式は

$$m\boldsymbol{a}' = \boldsymbol{F} + \boldsymbol{F}'$$

であり，右辺の中の $\boldsymbol{F}$ も $\boldsymbol{F}'$ も分け隔てなく（S′ 系における）物体に加速度を与えるのである．「見かけの力」$\boldsymbol{F}'$ は慣性系で消失するが，「真の力」$\boldsymbol{F}$ は慣性系で消失しない点が異なるだけである．

本質的な違いは，「真の力」$\boldsymbol{F}$ が基本的な力およびそれらの組み合わせにより生じるため，準拠する座標系によらずに存在する一方，「見かけの力」$\boldsymbol{F}'$ は基本的な力やその組み合わせによって生ずるのではなく，慣性系に対する加速度が原因で生ずる点である．準拠する座標系が慣性系に対してどんな加速度運動をしているのかがわかって初めて，$\boldsymbol{F}$ と $\boldsymbol{F}'$ が識別できる．たとえ加速度系の観測者が自分が加速度系にいることを知らないとしても，力のうちどの部分が「見かけの力」かを調べることで，自分が加速度系にいることを突き止めることが一般には可能である．（例えば，第 5 章の例題 5.1～5.3 のように，静止状態で吊るされたおもりが傾いていたり，静止した水面が傾いていれば，自分が加速度系にいることがわかるだろう）．しかし，一般に判別はそれほど簡単ではなく，その検証のためには，しかるべき測定やそれなりの考察が必要な場合が多い．

章末問題

［**5.1**］ 下降中のエレベーターが停止するために一定の加速度 $\alpha(>0)$ で減速している．このとき，エレベーター内の床から高さ h にある小物体を落下させた．小物体が床に落ちるまでの所要時間を求めよ．ただし空気抵抗は無視し，重力加速度を g とする．

［**5.2**］ 一定の加速度 A で水平右向きに運動中の列車の中で，床から高さ h にあ

る小物体を静かに落下させた．落下開始の瞬間の列車の速さは v_0 であった．重力加速度を g とし，空気の抵抗は無視してよい．

（1） 地面（ホーム）に固定した xy 座標系から見た小球の軌跡を求めて図示せよ．ただし，水平右向きと鉛直上向きをそれぞれ x 軸，y 軸の正の向きにとる．

（2） 列車に固定した $x'y'$ 座標系での小球の軌跡を求めて図示せよ．

［**5.3**］ 一定の加速度 A で水平右向きに運動している列車の中で天井から長さ l の単振り子をぶら下げて振動させる．列車が静止している場合と比べて振り子の運動はどう変わるか．ただし，空気抵抗は無視でき，単振り子の角度は小さいとする．

［**5.4**］ 上から見て時計回りに一定の角速度 ω で回転する地面に置かれた回転台（メリーゴーラウンド）の中心点 O から外向きに初速 v_0 で小物体を放出して滑らせた．小物体と回転台との間には摩擦がなく，空気抵抗は無視できるとして以下の問いに答えよ．

（1） 地面に固定した極座標（原点：回転台の中心）で表示したボールの軌跡 (r, θ) を求めて図示せよ．

（2） 回転台に固定した極座標でのボールの軌跡 (r', θ') を求めて図示せよ．また，速度 (v_r', v_θ') を求めよ．

（3） 回転台に固定した極座標系では小物体に見かけの力がはたらく．見かけの力を求めて運動を論じよ．

［**5.5**］ 静止した小さな部屋の中に単振り子（ひもの長さ l，おもりの質量 m）がある．ある瞬間（$t = 0$）に，その小さな部屋が振り子とともに自由落下（free fall）を開始した．以下の初期条件（1）〜（3）の場合に，それぞれ落下中の部屋の中でおもりはどんな運動をするか．重力加速度を g とし，空気抵抗は無視して答えよ．

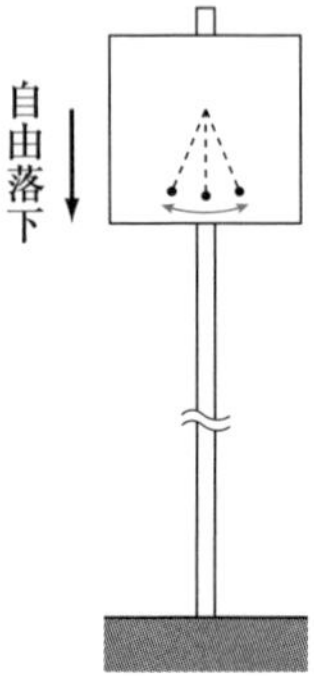

（1） 部屋が静止しているときおもりは微小振動をしており，$t = 0$ はおもりがちょうど振り子の最下点を速さ v_0 で通過する瞬間だった．糸の張力についても考えよ．

（2） 上の小問（1）と同様に微小振動をしていたが，$t = 0$

でおもりは振動の端で停止した瞬間だった.

（3） 部屋が静止しているとき，支点を中心におもりは円運動していた. $t=0$ でおもりが円軌道のどの位置にあるかでその後の運動に違いがあるか.

［**5.6**］ 第2章の章末問題［2.7］は慣性系で解いたが，ここではパイプとともに回転する回転座標系で解け.

第 6 章

エネルギーの保存

力学では「エネルギー」や「仕事」といった概念が重要な意味をもつ．そこで，これらの言葉の意味を，運動方程式から出発して明確にすることが大切である．本章では，運動エネルギーの意味を明らかにした後，保存力という概念を使って位置エネルギーを定義し，運動エネルギーと位置エネルギーの和が保存することを示す．また，運動方程式に出てくる力と位置エネルギーの関係を導く．

6.1　運動方程式の積分と仕事

前章までは，運動方程式

$$m\frac{d\boldsymbol{v}}{dt} = \boldsymbol{F} \tag{6.1}$$

が異なる条件下でもたらす様々な物体（質点）の運動を調べてきた．実は，この式を数学的に変形することで，エネルギーの保存という，一般性のある帰結に至る．

まず，(6.1) の両辺にそれぞれ $\boldsymbol{v}$ を掛けて内積をつくってみよう．$\boldsymbol{v}\cdot\left(m\dfrac{d\boldsymbol{v}}{dt}\right) = \boldsymbol{v}\cdot\boldsymbol{F}$ となるが，この式の左辺の m の場所を移動して直ちに

$$m\boldsymbol{v}\cdot\frac{d\boldsymbol{v}}{dt} = \boldsymbol{F}\cdot\boldsymbol{v} \tag{6.2}$$

を得る．ここで $d(v^2)/dt$ という量を考えると，v は速度の大きさ（速さ）で，その 2 乗は $\boldsymbol{v}\cdot\boldsymbol{v}$ に等しい．したがって，

$$\frac{d(v^2)}{dt} = \frac{d(\boldsymbol{v}\cdot\boldsymbol{v})}{dt} = \frac{d\boldsymbol{v}}{dt}\cdot\boldsymbol{v} + \boldsymbol{v}\cdot\frac{d\boldsymbol{v}}{dt} = 2\boldsymbol{v}\cdot\frac{d\boldsymbol{v}}{dt}$$

が成立する（章末問題 [1.3]～[1.5] を参照）．これから，(6.2) の左辺は

$m\dfrac{d}{dt}\left(\dfrac{1}{2}v^2\right)$ に等しいことがわかる．また，m は時間によらないので時間微分される項の中に含めることができ，(6.2) は結局，

$$\boxed{\frac{d}{dt}\left(\frac{1}{2}mv^2\right) = \boldsymbol{F}\cdot\boldsymbol{v}} \tag{6.3}$$

となる．

左辺に出てくる $\dfrac{1}{2}mv^2$ は運動エネルギー，右辺の $\boldsymbol{F}\cdot\boldsymbol{v}$ は仕事率とよばれる．したがって，(6.3) は運動エネルギーの時間変化率が仕事率で与えられることを表している．

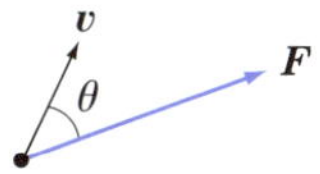

$\boldsymbol{F}$ と $\boldsymbol{v}$ のなす角度を θ とすれば，内積の定義から仕事率は $\boldsymbol{F}\cdot\boldsymbol{v} = Fv\cos\theta$ と表せるので，以下にまとめるように，力を速度の向き $(0 \leqq \theta < \pi/2)$ に加えると $\cos\theta > 0$ より $\boldsymbol{F}\cdot\boldsymbol{v} > 0$ となって運動エネルギーが増大し，逆向き $(\pi/2 < \theta \leqq \pi)$ に加えると減少することがわかる．

$$\boldsymbol{F}\cdot\boldsymbol{v} = Fv\cos\theta \begin{cases} > 0 & \left(0 \leqq \theta < \dfrac{\pi}{2}\right) \quad \text{加速により運動エネルギー増大} \\ = 0 & \left(\theta = \dfrac{\pi}{2}\right) \quad \text{運動エネルギーは変化なし} \\ < 0 & \left(\dfrac{\pi}{2} < \theta \leqq \pi\right) \quad \text{減速により運動エネルギー減少} \end{cases}$$

物体が力 $\boldsymbol{F}$ を受けつつ時刻 t_a から時刻 t_b まで運動するときの運動エネルギーの変化は，運動エネルギーを $K = \dfrac{1}{2}mv^2$ とおくと，(6.3) の両辺を時間で積分して $\displaystyle\int_{t_\mathrm{a}}^{t_\mathrm{b}} \frac{dK}{dt}\,dt = \int_{t_\mathrm{a}}^{t_\mathrm{b}} \boldsymbol{F}\cdot\boldsymbol{v}\,dt$，つまり

$$K(t_\mathrm{b}) - K(t_\mathrm{a}) = \int_{t_\mathrm{a}}^{t_\mathrm{b}} \boldsymbol{F}\cdot\boldsymbol{v}\,dt \tag{6.4}$$

で与えられる．また，(6.4) の右辺 $\displaystyle\int_{t_\mathrm{a}}^{t_\mathrm{b}} \boldsymbol{F}\cdot\boldsymbol{v}\,dt$ は仕事率を時間で積分したものであり，これは力が物体にした仕事を表し，以下では仕事を文字 W で略記する．

$$W = \int_{t_a}^{t_b} \boldsymbol{F} \cdot \boldsymbol{v}\, dt \tag{6.5}$$

(6.5) は積分の定義から,

$$W = \lim_{N \to \infty} \left\{ \sum_{i=0}^{N-1} \boldsymbol{F}(t_i) \cdot \boldsymbol{v}(t_i) \Delta t_i \right\} \tag{6.6}$$

を意味する.ここで,t_a から t_b に至る時間を N 個に区分して,i 番目の時刻を t_i ($i = 0, 1, \cdots, N-1$) とし,細分化した時間間隔を $\Delta t_i = t_{i+1} - t_i$ とする.(図 6.1 を参照).

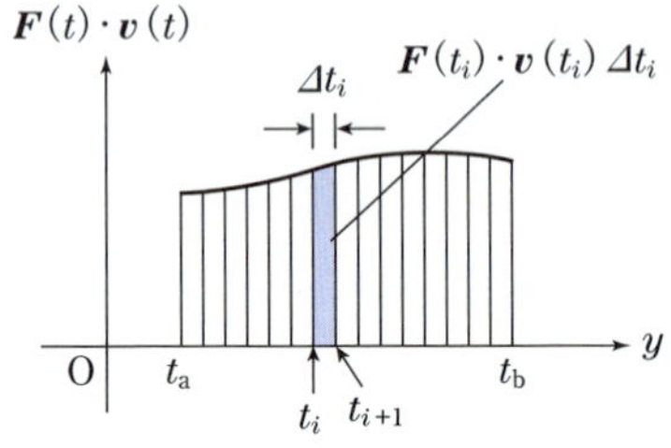

図 6.1

ここで図 6.2 のように物体 (質点) が辿る経路 C を考えると,(6.6) の $\boldsymbol{v}(t_i)\Delta t_i$ は,この微小時間 Δt_i の間に物体が進む微小変位に等しいので,それを

$$\Delta \boldsymbol{r}_i = \boldsymbol{v}_i(t_i) \Delta t_i$$

と書こう.ただし,時刻 t_i における位置を $\boldsymbol{r}_i$ として $\Delta \boldsymbol{r}_i = \boldsymbol{r}_{i+1} - \boldsymbol{r}_i$ である.したがって,(6.6) は

$$W = \lim_{N \to \infty} \left(\sum_{i=0}^{N-1} \boldsymbol{F}_i \cdot \Delta \boldsymbol{r}_i \right)$$

と書くことができる.また,それぞれのベクトルを成分で $\boldsymbol{F}_i = (F_{ix}, F_{iy}, F_{iz})$,

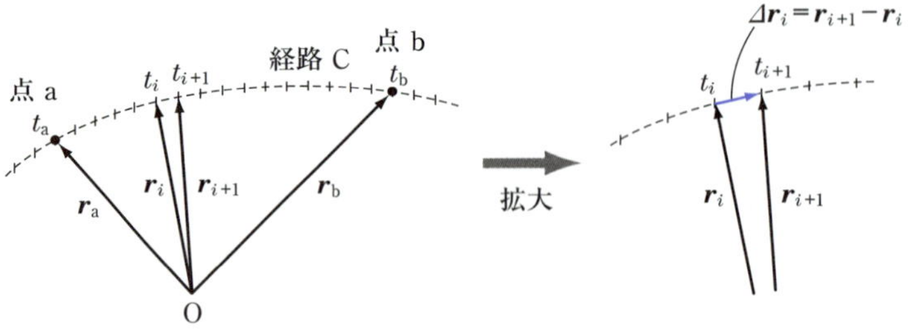

図 6.2

$\Delta \boldsymbol{r}_i = (\Delta x_i, \Delta y_i, \Delta z_i)$ と表せば，内積の定義 $\boldsymbol{F}_i \cdot \Delta \boldsymbol{r}_i = F_{ix}\,\Delta x_i + F_{iy}\,\Delta y_i + F_{iz}\,\Delta z_i$ から，

$$W = \lim_{N\to\infty}\left\{\sum_{i=0}^{N-1}(F_{ix}\,\Delta x_i + F_{iy}\,\Delta y_i + F_{iz}\,\Delta z_i)\right\}$$
$$= \lim_{N\to\infty}\left(\sum_{i=0}^{N-1}F_{ix}\,\Delta x_i\right) + \lim_{N\to\infty}\left(\sum_{i=0}^{N-1}F_{iy}\,\Delta y_i\right) + \lim_{N\to\infty}\left(\sum_{i=0}^{N-1}F_{iz}\,\Delta z_i\right)$$

と書ける．最後の式は，それぞれ積分の定義そのものなので，結局

$$W = \int_{x_a}^{x_b} F_x\,dx + \int_{y_a}^{y_b} F_y\,dy + \int_{z_a}^{z_b} F_z\,dz$$

と表せる．ただし，$\boldsymbol{r}_a = (x_a, y_a, z_a)$，$\boldsymbol{r}_b = (x_b, y_b, z_b)$ である．

ここで注意すべきことは，それぞれの被積分関数，例えば F_x は，x だけではなく y や z の関数（$F_x(x, y, z)$ 等）でもあり，さらには速度 $\boldsymbol{v}$ の関数（つまり $F_x(\boldsymbol{r}, \boldsymbol{v})$）である可能性もあることである．したがって，一般に物体が実際に辿（たど）る経路（軌跡）を指定しなければ被積分関数の値が定まらず，積分を実行できない．つまり，ここでの積分は，物体が実際に辿る経路がわかった上で初めて計算できるのである．そこで，物体が実際に辿る経路“C”を忘れないように積分記号に付けて

$$W = {}_{\mathrm{C}}\!\int_{x_a}^{x_b} F_x\,dx + {}_{\mathrm{C}}\!\int_{y_a}^{y_b} F_y\,dy + {}_{\mathrm{C}}\!\int_{z_a}^{z_b} F_z\,dz \qquad (6.7)$$

と表すことにしよう．なお，(6.7) の成分をまとめて

$$W = {}_{\mathrm{C}}\!\int_{\boldsymbol{r}_a}^{\boldsymbol{r}_b} \boldsymbol{F}\cdot d\boldsymbol{r} \qquad (6.8)$$

と表してもよい．これらの積分を**線積分**あるいは**経路積分**とよぶ．

以上の変形により，(6.4) は結局

$$\boxed{K_b - K_a = {}_{\mathrm{C}}\!\int_{\boldsymbol{r}_a}^{\boldsymbol{r}_b} \boldsymbol{F}\cdot d\boldsymbol{r}} \qquad (6.9)$$

と書けることがわかった．ただし，$K(t_a)$，$K(t_b)$ を K_a，K_b と略記した．この

式は仕事が力の線積分で与えられること，および力によってなされた仕事の分だけ運動エネルギーが増加することを意味する．

物体が受ける力 $\boldsymbol{F}$ は，一般に粒子の位置 $\boldsymbol{r}$ と速度 $\boldsymbol{v}$ の関数であり，$\boldsymbol{F} = \boldsymbol{F}(\boldsymbol{r}, \boldsymbol{v})$ と書ける．難しい言い方をすると，$\boldsymbol{r}$ と $\boldsymbol{v}$ が張る6次元空間の各点でベクトル $\boldsymbol{F}$ が定義されているのだ．空間の各点で力が定義されていることを示すために，単に力と言わずに力の場と表現することも多い．実際には位置だけの関数で $\boldsymbol{F}(\boldsymbol{r})$ と書ける場合も多いが，以下では，より一般的に $\boldsymbol{F}(\boldsymbol{r}, \boldsymbol{v})$ の場合を考えよう．

なお，一般に力の場の中で物体が運動すると，その位置 $\boldsymbol{r}$ と速度 $\boldsymbol{v}$ が時間 t とともに変化するので，運動中の物体が受ける力 $\boldsymbol{F}$ は時間 t の関数 $\boldsymbol{F} = \boldsymbol{F}(\boldsymbol{r}(t), \boldsymbol{v}(t)) = \boldsymbol{F}(t)$ としても書ける．(6.6) の $\boldsymbol{F}(t_i)$ や本文中に記した $\boldsymbol{F}_i$ は，時刻 t_i における力 $\boldsymbol{F}(t_i) = \boldsymbol{F}_i = \boldsymbol{F}(\boldsymbol{r}(t_i), \boldsymbol{v}(t_i))$ を意味する．

6.2 束縛力

力の場 $\boldsymbol{F}(\boldsymbol{r}, \boldsymbol{v})$ の中で物体が辿る軌跡 $\boldsymbol{r}(t)$ が図6.3の経路Cで示されている．この経路Cは物体が運動方程式

$$m\frac{d\boldsymbol{v}}{dt} = \boldsymbol{F}$$

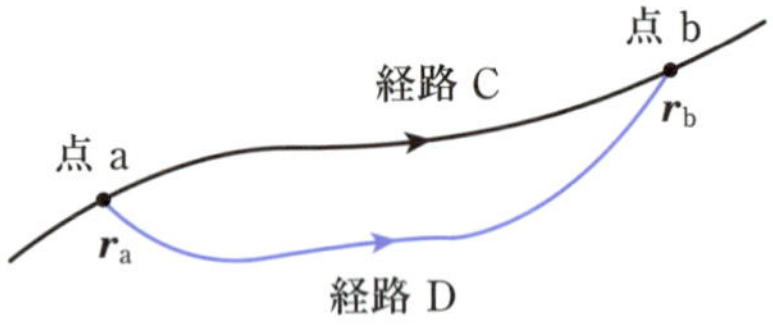

図6.3

に従うことで実現したものとする．ここで，経路C上の点aから点bに至るが，経路Cとは異なる任意の別の経路Dを考えよう．

経路Dを通る物体の運動は，この経路に沿って滑らかに物体を導く，例えばジェットコースターのレールのようなものを用意することで実現できる．レールは理想的で摩擦がないとする．経路Dはレールが物体に及ぼす力まで考慮した運動方程式

$$m\frac{d\boldsymbol{v}}{dt} = \boldsymbol{F} + \boldsymbol{F}_{\mathrm{B}} \tag{6.10}$$

によって実現する．ただし，$\boldsymbol{F}_{\mathrm{B}}$ はレールが物体に及ぼす力で束縛力とよばれ，摩擦がないために常に物体の運動方向に対して垂直にはたらく[注1]．つまり，時刻 t における物体の束縛力と速度は $\boldsymbol{F}_{\mathrm{B}}(t)\cdot\boldsymbol{v}(t) = 0$ または，

$$\boldsymbol{F}_{\mathrm{B}}\cdot\varDelta\boldsymbol{r} = 0 \tag{6.11}$$

の関係を満たす．この経路 D を (6.10) に従って動く物体に対して，(6.9) を導いたのと同様の議論を適用することで，

$$K_{\mathrm{b}}' - K_{\mathrm{a}}' = {}_{\mathrm{D}}\!\int_{\boldsymbol{r}_{\mathrm{a}}}^{\boldsymbol{r}_{\mathrm{b}}} (\boldsymbol{F} + \boldsymbol{F}_{\mathrm{B}})\cdot d\boldsymbol{r} \tag{6.12}$$

が導かれる[注2]．ただし，K_{a}'，K_{b}' は位置 $\boldsymbol{r}_{\mathrm{a}}$，$\boldsymbol{r}_{\mathrm{b}}$ での運動エネルギーだが，一般に経路 C の場合と等しいとは限らないので，(6.9) の $K(t_{\mathrm{a}}) = K_{\mathrm{a}}$, $K(t_{\mathrm{b}}) = K_{\mathrm{b}}$ とは区別して“ダッシュ”を付けておく．

(6.12) の右辺は ${}_{\mathrm{D}}\!\int_{\boldsymbol{r}_{\mathrm{a}}}^{\boldsymbol{r}_{\mathrm{b}}}(\boldsymbol{F} + \boldsymbol{F}_{\mathrm{B}})\cdot d\boldsymbol{r} = {}_{\mathrm{D}}\!\int_{\boldsymbol{r}_{\mathrm{a}}}^{\boldsymbol{r}_{\mathrm{b}}}\boldsymbol{F}\cdot d\boldsymbol{r} + {}_{\mathrm{D}}\!\int_{\boldsymbol{r}_{\mathrm{a}}}^{\boldsymbol{r}_{\mathrm{b}}}\boldsymbol{F}_{\mathrm{B}}\cdot d\boldsymbol{r}$ となるが，束縛力 $\boldsymbol{F}_{\mathrm{B}}$ による寄与は (6.11) よりゼロ，つまり

$${}_{\mathrm{D}}\!\int_{\boldsymbol{r}_{\mathrm{a}}}^{\boldsymbol{r}_{\mathrm{b}}} \boldsymbol{F}_{\mathrm{B}}\cdot d\boldsymbol{r} = \lim_{N\to\infty}\left\{\sum_{i=0}^{N-1} (\boldsymbol{F}_{\mathrm{B}i}\cdot\varDelta\boldsymbol{r}_i)\right\} = 0$$

なので，

$$K_{\mathrm{b}}' - K_{\mathrm{a}}' = {}_{\mathrm{D}}\!\int_{\boldsymbol{r}_{\mathrm{a}}}^{\boldsymbol{r}_{\mathrm{b}}} \boldsymbol{F}\cdot d\boldsymbol{r} \tag{6.13}$$

となる．(6.13) は，束縛力 $\boldsymbol{F}_{\mathrm{B}}$ が物体に対して仕事をしないので，経路 D を辿ることによる物体の運動エネルギーの変化は，もともとの力 $\boldsymbol{F}(\boldsymbol{r}, \boldsymbol{v})$ による仕事のみで決まることを意味する．

注 1) 図 6.4 のような，物体が滑らかな斜面を下りるときに受ける垂直抗力や，振り子が糸から受ける張力は物体の進行方向に対して常に垂直にはたらき，物体の速度の向きを変えるはたらきをする「束縛力」の例である．

注 2) 経路 D に沿う運動には，点 a で与える初速度の大きさに任意性があ

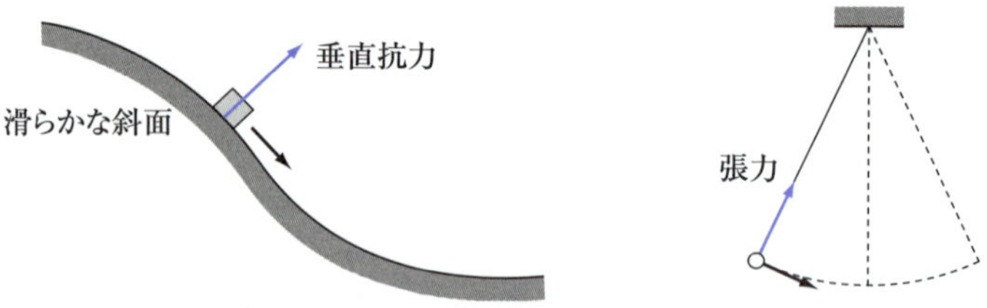

図 6.4

るが，(6.12) は初速度に関わらず成立する．また，初速度の大きさに応じて経路 D に対応する位置と速度の時間変化 $\boldsymbol{r}(t)$，$\boldsymbol{v}(t)$ が運動方程式 (6.10) によって一意的に定まるので，経路 D に沿う線積分 (6.13) を実行することができる．

6.3 保存力

前節で導いた (6.9) と (6.13) は，物体が異なる経路に沿って動く際に獲得する運動エネルギーが，それぞれの経路に沿って $\boldsymbol{F}$ を線積分して得られる値 (力が経路に沿って物体になす仕事) に等しいことを示している．一般に $\boldsymbol{F}$ は異なる経路上で異なる値をとるので，始点と終点が同じでも，その積分値は経路によって異なると思われる．つまり，異なる経路に沿って物体が動くと，力の場から異なる仕事をされる結果，獲得する運動エネルギーの大きさも異なると想像されるのである．しかし，現在知られている基本的な力はすべて，任意の 2 点を結ぶ力の線積分の値は経路によらず，始点と終点の位置 ($\boldsymbol{r}_\mathrm{a}$, $\boldsymbol{r}_\mathrm{b}$) だけで決まるという重要な性質をもっている．そして，この重要な性質をもつ力を特に保存力とよぶ．

これまでに知られている基本的な力はすべて保存力であることがわかっているが，今後たとえ未知の新しい力が発見されるとしても，それはきっと保存力だと期待される．つまり，保存力以外の力が存在すると考えるのは困難なのだ．それがなぜかを見ておこう．

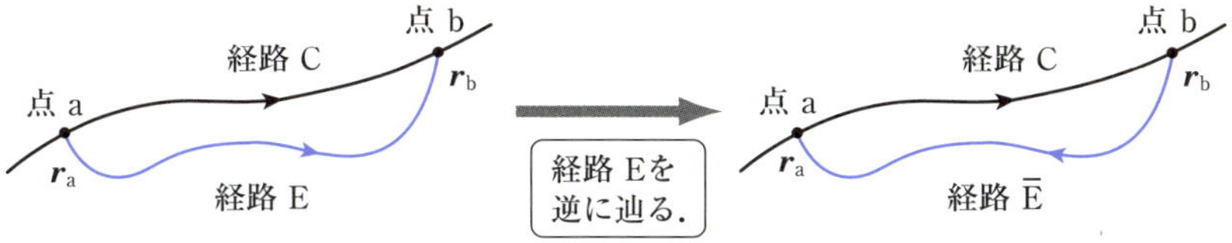

図 6.5

位置だけの関数で与えられる力の場 $\boldsymbol{F}(\boldsymbol{r})$ に対して図 6.5 の左図の経路 C と異なる経路 E があり，その線積分の値が C に沿う積分より小さいと仮定してみよう*．そうすると，

$$K_\mathrm{b} - K_\mathrm{a} = {}_\mathrm{C}\int_{\boldsymbol{r}_\mathrm{a}}^{\boldsymbol{r}_\mathrm{b}} \boldsymbol{F}\cdot d\boldsymbol{r} > {}_\mathrm{E}\int_{\boldsymbol{r}_\mathrm{a}}^{\boldsymbol{r}_\mathrm{b}} \boldsymbol{F}\cdot d\boldsymbol{r} = K_\mathrm{b}{}' - K_\mathrm{a}{}'$$

であり，点 a から点 b に移動する際，物体は経路 C を辿ることで，経路 E に沿って行くより大きな運動エネルギーを獲得することができる．ここで，経路 E の終点 b で物体の速度の向きを反転させると，運動方程式の時間反転対称性（第 1 章を参照）により，図 6.5 の右図のように粒子は経路 E を逆向きに辿って始点 a に戻ることになる．E とは逆向きのこの経路を $\bar{\mathrm{E}}$ で表そう．

そこで，図 6.5 の右図のように物体が点 a から経路 C を経て点 b に至り，その後，経路 $\bar{\mathrm{E}}$ に沿って点 a に戻ることを考えよう．経路 $\bar{\mathrm{E}}$ に沿う線積分は，経路 E の線積分の線分の向きを反転 $(dr \to -dr)$ させたものに等しいので ${}_{\bar{\mathrm{E}}}\int_{\boldsymbol{r}_\mathrm{b}}^{\boldsymbol{r}_\mathrm{a}} \boldsymbol{F}\cdot d\boldsymbol{r} = -{}_\mathrm{E}\int_{\boldsymbol{r}_\mathrm{a}}^{\boldsymbol{r}_\mathrm{b}} \boldsymbol{F}\cdot d\boldsymbol{r}$ で与えられる．つまり，物体は経路 $\bar{\mathrm{E}}$ で運動エネルギーを $K_\mathrm{b}' - K_\mathrm{a}' = {}_\mathrm{E}\int_{\boldsymbol{r}_\mathrm{a}}^{\boldsymbol{r}_\mathrm{b}} \boldsymbol{F}\cdot d\boldsymbol{r}$ だけ失う．

一方，このループの往路 C で物体が獲得する運動エネルギー ${}_\mathrm{C}\int_{\boldsymbol{r}_\mathrm{a}}^{\boldsymbol{r}_\mathrm{b}} \boldsymbol{F}\cdot d\boldsymbol{r}$ は帰路 $\bar{\mathrm{E}}$ で失う分 ${}_\mathrm{E}\int_{\boldsymbol{r}_\mathrm{a}}^{\boldsymbol{r}_\mathrm{b}} \boldsymbol{F}\cdot d\boldsymbol{r}$ より大きいので，1 周して元の位置に戻ると，

＊　図 6.5 の経路 C は，レールなしに実現する経路でもよいし，滑らかなレールで誘導された経路でもよい．

物体の運動エネルギーは ${}_{\mathrm{C}}\int_{\boldsymbol{r}_\mathrm{a}}^{\boldsymbol{r}_\mathrm{b}} \boldsymbol{F}\cdot d\boldsymbol{r} - {}_{\mathrm{E}}\int_{\boldsymbol{r}_\mathrm{a}}^{\boldsymbol{r}_\mathrm{b}} \boldsymbol{F}\cdot d\boldsymbol{r}$ だけ増加することになる．そのため，このループを物体に何度も周回させることで，運動エネルギーを際限なく増大させることができる．すなわち，この機構を使えば，エネルギーを際限なく取り出す永久機関がつくれることになり，それは物理的にあり得ないことである．（いまの議論では ${}_{\mathrm{C}}\int_{\boldsymbol{r}_\mathrm{a}}^{\boldsymbol{r}_\mathrm{b}} \boldsymbol{F}\cdot d\boldsymbol{r} > {}_{\mathrm{E}}\int_{\boldsymbol{r}_\mathrm{a}}^{\boldsymbol{r}_\mathrm{b}} \boldsymbol{F}\cdot d\boldsymbol{r}$ の場合を考えたが，大小関係が逆の場合は，物体にループを逆に辿らせればよい．）したがって，物理的に実在する力は保存力に違いないと結論できるのである．

ここでの議論では，力が位置のみに依存する場合（つまり $\boldsymbol{F}(\boldsymbol{r})$）を考えたが，力が速度を変数として含む場合 $\boldsymbol{F}(\boldsymbol{r},\,\boldsymbol{v})$ でも保存力を与える場合がある．すなわち，もし力 $\boldsymbol{F}(\boldsymbol{r},\,\boldsymbol{v})$ が常に物体の速度 $\boldsymbol{v}$ に垂直にはたらくなら，

$$\boldsymbol{F}(\boldsymbol{r},\,\boldsymbol{v})\cdot\boldsymbol{v} = 0$$

が成立し，任意の2点間の力の線積分は経路によらずにゼロとなる．したがって，経路によらないという意味で，その力は保存力である．(1.12) で与えた基本的な力の一つであるローレンツ力

$$\boldsymbol{F} = q(\boldsymbol{E} + \boldsymbol{v}\times\boldsymbol{B})$$

を思い出そう．磁場 $\boldsymbol{B}$ に起因する力の項 $q\boldsymbol{v}\times\boldsymbol{B}$ は速度に依存するが，確かに速度 $\boldsymbol{v}$ に常に垂直である．そのため，ローレンツ力の線積分は積分経路にはよらず，保存力である．

保存力の要請は，運動方程式の数式的変形で導かれる帰結ではなく，ここまで議論したように，物理的考察から導かれることに注意しておこう．

なお，図6.5の考察で，経路 $\bar{\mathrm{E}}$ を辿って来た物体が点 a でもつ運動エネルギー K_a' と，その物体が経路 C でもつ運動エネルギー K_a が一般的には等しくないことが気になる読者がいるかもしれない．（同じことは点 b における経路 E での運動エネルギー K_b' と，経路 C での K_b についてもいえる．）その場合，点 a または b において粒子を経路 C から $\bar{\mathrm{E}}$ へ（または $\bar{\mathrm{E}}$ から C へ）方向転換させる際，実際にどうすればよいのかが心配になるかもしれない．その場合でも上記の結論が導けるが，それは巻末の付録 A.3(p.173)で述べる．

〈補足〉 摩擦力と抵抗力

床を滑る物体が受ける摩擦力や，空中を進む物体が受ける抵抗力は現実に存在する力であり，力の起源を辿れば基本的な力の一つである電磁気的な相互作用である．しかし，これらの力は保存力ではない．1.3 節で述べたように，摩擦力や抵抗力の本質は，極めて多数の原子・分子の運動が関わることで現象の時間に対する可逆性が失われることである．そのため，上の議論で経路 E を辿ったときに物体になされる仕事と，逆向きに辿ったときになされる仕事の大きさが等しく符号が逆である，という前提が成り立たないのである．したがって，保存力ではない．

例題 6.1

重力質量 m_1, m_2 の物体の間には互いに引き合う向きに万有引力がはたらき，その大きさは物体間の距離 r の 2 乗に反比例して $F = G\dfrac{m_1 m_2}{r^2}$ で与えられる．十分大きな重力質量 $m_1 = M$ をもつ物体が，十分小さな物体 $(m_2 = m \ll M)$ に対して及ぼす万有引力を考え，それが保存力であることを示せ．

【解】 質量 M の物体の位置を原点 $(r = 0)$ に選ぶ．図 6.6 に示すように，任意の点 a から点 b に至る経路 C の任意の微小な線分 $\varDelta r$ は引力 $\boldsymbol{F}$ に対して平行な成分 $\varDelta r_{/\!/}$ と垂直な成分 $\varDelta r_{\perp}$ に分けられる．経路 C に沿う力の線積分 ${}_{\mathrm{C}}\int_{r_a}^{r_b} \boldsymbol{F}\cdot d\boldsymbol{r} =$

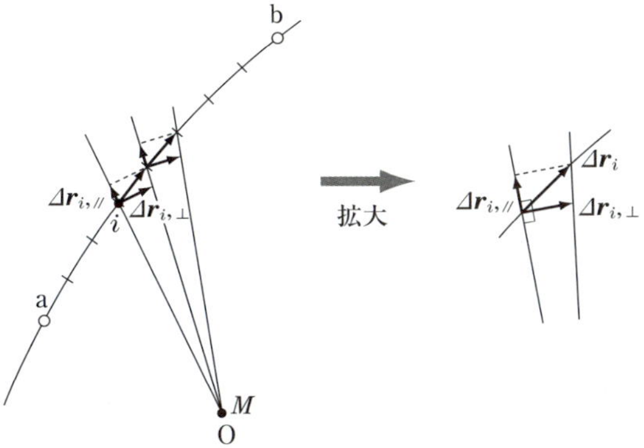

図 6.6

$\lim_{N\to\infty}\left(\sum_{i=0}^{N-1}\boldsymbol{F}_i\cdot\varDelta\boldsymbol{r}_i\right)=\lim_{N\to\infty}\left\{\sum_{i=0}^{N-1}\boldsymbol{F}_i\cdot(\varDelta\boldsymbol{r}_{i,/\!/}+\varDelta\boldsymbol{r}_{i,\perp})\right\}$ において，内積 $\boldsymbol{F}_i\cdot\varDelta\boldsymbol{r}_{i,\perp}=0$ に注意すると，

$$_{\mathrm{C}}\int_{\boldsymbol{r}_\mathrm{a}}^{\boldsymbol{r}_\mathrm{b}}\boldsymbol{F}\cdot d\boldsymbol{r}=\lim_{N\to\infty}\left(\sum_{i=0}^{N-1}\boldsymbol{F}_i\cdot\varDelta\boldsymbol{r}_{i,/\!/}\right)$$

となる．ここで $\boldsymbol{F}_i$ と $\varDelta\boldsymbol{r}_{i,/\!/}$ が平行で $\boldsymbol{F}_i\cdot\varDelta\boldsymbol{r}_{i,/\!/}=-G\dfrac{Mm}{r_i^2}\varDelta r_{i,/\!/}$ と表されるため，線積分が動径方向のみの積分になり，

$$_{\mathrm{C}}\int_{\boldsymbol{r}_\mathrm{a}}^{\boldsymbol{r}_\mathrm{b}}\boldsymbol{F}\cdot d\boldsymbol{r}=\int_{r_\mathrm{a}}^{r_\mathrm{b}}\left(-G\frac{Mm}{r^2}\right)dr=G\frac{Mm}{r_\mathrm{b}}-G\frac{Mm}{r_\mathrm{a}} \tag{6.14}$$

の結果が得られる．

このように，線積分の結果は点 a と点 b の原点からの距離だけによって決まり，途中の経路にはよらない．以上で，保存力であることが示された． ✎

例題 6.2

鉛直下向き（$-z$ 方向）に一様にはたらく重力 $F_z=-mg$ を保存力と考えてよい理由を述べよ．

【解】 点 a ($z=a$) から点 b ($z=b$) に至る経路 C の任意の微小な線分 $\varDelta\boldsymbol{r}$ は重力 $\boldsymbol{F}=-m\boldsymbol{g}$ に対して平行な（水平方向）成分 $\varDelta\boldsymbol{r}_{/\!/}$ と垂直な（鉛直方向）成分 $\varDelta\boldsymbol{r}_\perp$ に分けられる（図 6.7）．力の線積分 $_{\mathrm{C}}\int_{\boldsymbol{r}_\mathrm{a}}^{\boldsymbol{r}_\mathrm{b}}\boldsymbol{F}\cdot d\boldsymbol{r}=\lim_{N\to\infty}\left(\sum_{i=0}^{N-1}\boldsymbol{F}_i\cdot\varDelta\boldsymbol{r}_i\right)=\lim_{N\to\infty}\left\{\sum_{i=0}^{N-1}\boldsymbol{F}_i\cdot\right.$

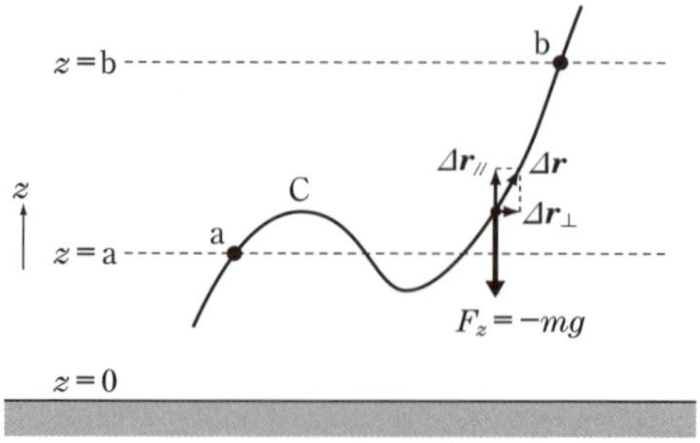

図 6.7

$(\Delta \boldsymbol{r}_{i,\parallel} + \Delta \boldsymbol{r}_{i,\perp})\}$ において，内積 $\boldsymbol{F}_i \cdot \Delta \boldsymbol{r}_{i,\perp} = 0$ に注意すると，

$$
{}_{\mathrm{C}}\!\int_{\boldsymbol{r}_\mathrm{a}}^{\boldsymbol{r}_\mathrm{b}} \boldsymbol{F} \cdot d\boldsymbol{r} = \lim_{N \to \infty} \left(\sum_{i=0}^{N-1} \boldsymbol{F}_i \cdot \Delta \boldsymbol{r}_{i,\parallel} \right)
$$

となる．ここで $\boldsymbol{F}_i$ と $\Delta \boldsymbol{r}_{i,\parallel}$ が平行で $\boldsymbol{F}_i \cdot \Delta \boldsymbol{r}_{i,\parallel} = -mg\,\Delta z$ $(\Delta \boldsymbol{r} = (\Delta x, \Delta y, \Delta z))$ と表されるため，線積分が z 方向のみの積分になり，

$$
{}_{\mathrm{C}}\!\int_{\boldsymbol{r}_\mathrm{a}}^{\boldsymbol{r}_\mathrm{b}} \boldsymbol{F} \cdot d\boldsymbol{r} = \int_{z_\mathrm{a}}^{z_\mathrm{b}} (-mg)\,dz = -mgz_\mathrm{b} + mgz_\mathrm{a} \tag{6.15}
$$

の結果が得られる．

このように，線積分の結果は点 a と点 b の z 座標のみによって決まり，途中の経路にはよらない．以上で，保存力であることが示された．

6.4　エネルギーの保存

保存力の場合について，(6.9) の意味をさらに考えよう．力の線積分の値が途中の経路にはよらないので，積分記号 ${}_{\mathrm{C}}\!\int_{\boldsymbol{r}_\mathrm{a}}^{\boldsymbol{r}_\mathrm{b}}$ から C を落として

$$
K_\mathrm{b} - K_\mathrm{a} = \int_{\boldsymbol{r}_\mathrm{a}}^{\boldsymbol{r}_\mathrm{b}} \boldsymbol{F} \cdot d\boldsymbol{r} \tag{6.16}
$$

と書いてよい．ここで，基準の点として任意の位置ベクトル $\boldsymbol{r}_0$ を導入して (6.16) の右辺を

$$
K_\mathrm{b} - K_\mathrm{a} = \int_{\boldsymbol{r}_\mathrm{a}}^{\boldsymbol{r}_0} \boldsymbol{F} \cdot d\boldsymbol{r} + \int_{\boldsymbol{r}_0}^{\boldsymbol{r}_\mathrm{b}} \boldsymbol{F} \cdot d\boldsymbol{r} = \int_{\boldsymbol{r}_0}^{\boldsymbol{r}_\mathrm{b}} \boldsymbol{F} \cdot d\boldsymbol{r} - \int_{\boldsymbol{r}_0}^{\boldsymbol{r}_\mathrm{a}} \boldsymbol{F} \cdot d\boldsymbol{r}
$$

と書き直し，さらに

$$
K_\mathrm{b} - \int_{\boldsymbol{r}_0}^{\boldsymbol{r}_\mathrm{b}} \boldsymbol{F} \cdot d\boldsymbol{r} = K_\mathrm{a} - \int_{\boldsymbol{r}_0}^{\boldsymbol{r}_\mathrm{a}} \boldsymbol{F} \cdot d\boldsymbol{r} \tag{6.17}
$$

と変形できる．ここで，$-\int_{\boldsymbol{r}_0}^{\boldsymbol{r}} \boldsymbol{F} \cdot d\boldsymbol{r}$ を位置 $\boldsymbol{r}_0$ を基準とした**位置 $\boldsymbol{r}$ での物体の位置エネルギー**とよび，これを

$$\boxed{U(\boldsymbol{r}) \equiv -\int_{r_0}^{r} \boldsymbol{F}\cdot d\boldsymbol{r}} \tag{6.18}$$

と表記すると，(6.17) は

$$\boxed{K_{\mathrm{b}} + U(\boldsymbol{r}_{\mathrm{b}}) = K_{\mathrm{a}} + U(\boldsymbol{r}_{\mathrm{a}})} \tag{6.19}$$

と表せる．K_{a}, K_{b} はそれぞれ粒子が $\boldsymbol{r}_{\mathrm{a}}$, $\boldsymbol{r}_{\mathrm{b}}$ を通過するときの運動エネルギーであり，(6.19) は物体が運動して位置を変えても，運動エネルギーと位置エネルギーの和（全力学的エネルギー）は一定で変化しないことを示している．

(6.19) は，物体の位置 $\boldsymbol{r}$ が時間 t の関数で表せることを考慮すれば，「全力学的エネルギー $K(t) + U(t)$ が時間 t によらず一定である」といってもよい．これが**力学的エネルギー保存則**である．なお，位置エネルギー (6.18) の値には基準となる位置 ($\boldsymbol{r}_0$) の選択による任意性がある．そのため，位置エネルギーの基準をどの位置 ($\boldsymbol{r}_0$) におくのかを常に意識しておく必要がある．

例として，距離 r だけ隔たった質量 M, m の2物体間の万有引力による位置エネルギー U は，基準点を無限遠点 ($r \to \infty$) にとれば，(6.18) より (6.14) で $r_{\mathrm{a}} \to \infty$, $r_{\mathrm{b}} \to r$ とすることで，$U = -G\dfrac{Mm}{r}$ である．また，z 方向の一様な重力場 $F_z = -mg$ による位置エネルギー U は，基準点を $z = 0$ にとるなら (6.15) で $z_{\mathrm{a}} = 0$，$z_{\mathrm{b}} = z$ とおいて $U = mgz$ となる．

例題 6.3

3.2節の「単振動」で考えたバネによる復元力 $F = -kx$ (x：バネの平衡位置からの変位) は，物体の変位を1次元 (x 方向) だけに限定しているため，物体の運動として x 軸上以外の点を迂回するような経路を考えることができず，したがって，「保存力」と考えてよい．

(1)　平衡位置 $x = 0$ を基準点にして，バネによる位置エネルギーを x の関数として求めよ．

(2)　単振動する間の物体の運動エネルギーと位置エネルギーを時間 t の関数として求め，全エネルギーが一定であることを確かめよ．

【解】 (1) 位置エネルギーは

$$U(x)=\int_0^x(-F)\,dx=\int_0^x\{-(-kx)\}dx=\frac{1}{2}kx^2$$

と求まる．

(2) 物体の変位と速度はそれぞれ (3.16)，(3.17) より，

$$x(t)=A\sin(\omega t+\alpha),\qquad v(t)=\frac{dx}{dt}=A\omega\cos(\omega t+\alpha)$$

ただし，$\omega=\sqrt{k/m}$ と書ける．したがって，時刻 t における運動エネルギー K と位置エネルギー U はそれぞれ

$$K=\frac{1}{2}mv^2=\frac{kA^2}{2}\cos^2(\omega t+\alpha),\qquad U=\frac{1}{2}kx^2=\frac{kA^2}{2}\sin^2(\omega t+\alpha)$$

となり，同一振幅をもち，互いに 90° ずれて振動する．その結果，全エネルギーは $K+U=\dfrac{kA^2}{2}=$ 一定となり，時間によらない． ✎

6.5 位置エネルギーと力の関係

保存力 $\boldsymbol{F}$ が与えられたとき，(6.18) の線積分で位置エネルギーが求まることを前節で示した．しかし実際の問題では，最初に位置エネルギー $U(\boldsymbol{r})$ がわかっていて，そこから力 $\boldsymbol{F}$ を求める場合がある．そこで，以下では $U(\boldsymbol{r})$ から $\boldsymbol{F}(\boldsymbol{r})$ を導出する方法を考えよう．

まず，(6.17) と (6.19) から得られる式 $\displaystyle\int_{\boldsymbol{r}_a}^{\boldsymbol{r}_b}\boldsymbol{F}\cdot d\boldsymbol{r}=-\{U(\boldsymbol{r}_b)-U(\boldsymbol{r}_a)\}$ において，$\boldsymbol{r}_a$ と $\boldsymbol{r}_b$ が無限小の距離にあって $\boldsymbol{r}_b=\boldsymbol{r}_a+\Delta\boldsymbol{r}$ と書ける場合を考えよう．上式で $\boldsymbol{r}_a$ を $\boldsymbol{r}$ に置き換えると

$$\int_{\boldsymbol{r}}^{\boldsymbol{r}+\Delta\boldsymbol{r}}\boldsymbol{F}\cdot d\boldsymbol{r}=-\{U(\boldsymbol{r}+\Delta\boldsymbol{r})-U(\boldsymbol{r})\}\tag{6.20}$$

が得られる．ここで，左辺は積分区間が無限小であるために $\displaystyle\int_{\boldsymbol{r}}^{\boldsymbol{r}+\Delta\boldsymbol{r}}\boldsymbol{F}\cdot d\boldsymbol{r}=\boldsymbol{F}\cdot\Delta\boldsymbol{r}$ となるので，(6.20) は

$$\boldsymbol{F}\cdot\Delta\boldsymbol{r}=-\{U(\boldsymbol{r}+\Delta\boldsymbol{r})-U(\boldsymbol{r})\}\tag{6.21}$$

と書ける．ここで $\boldsymbol{F}$, $\Delta\boldsymbol{r}$ を直交座標の成分で $\boldsymbol{F}=(F_x, F_y, F_z)$，$\Delta\boldsymbol{r}=$

$(\varDelta x,\ \varDelta y,\ \varDelta z)$ と表せば

$$F_x \varDelta x + F_y \varDelta y + F_z \varDelta z = -\{U(x+\varDelta x,\ y+\varDelta y,\ z+\varDelta z) - U(x,\ y,\ z)\} \tag{6.22}$$

と書いてもよい.

ここで，もし U が x だけの 1 変数関数 $U(x)$ なら，(6.22) は $F_x \varDelta x = -\{U(x+\varDelta x) - U(x)\}$ となり，両辺を $\varDelta x$ で割ってから $\varDelta x$ を無限小にすることで

$$F_x = -\lim_{\varDelta x \to 0} \frac{U(x+\varDelta x) - U(x)}{\varDelta x} = -\frac{dU}{dx}$$

となる．つまり，力の x 方向成分は U の x による微分（にマイナス符号を付けたもの）で与えられる．

いま考えている位置エネルギー $U = U(x,\ y,\ z)$ は $x,\ y,\ z$ の 3 変数関数なのだが，特に複雑になるわけではなく，1 変数の場合と同じように考えればよいのである．すなわち，力の $x,\ y,\ z$ 成分をそれぞれ $x,\ y,\ z$ で微分すればよく，以下の式で与えられる．

$$\begin{cases} F_x = -\dfrac{\partial U}{\partial x} \\ F_y = -\dfrac{\partial U}{\partial y} \\ F_z = -\dfrac{\partial U}{\partial z} \end{cases} \tag{6.23}$$

ただし，(6.23) の右辺の微分は多変数関数に対する**偏微分**とよばれるものであり，x についての微分は $y,\ z$ を定数と見なして行ない，y についての微分は x と z を，また z については x と y を定数と見なして行なう．それを忘れないために，通常の微分 $\dfrac{dU}{dx}$, $\dfrac{dU}{dy}$, $\dfrac{dU}{dz}$ とは区別して丸いデルタ「∂」（ラウンドディーと読む）を使って表記する．

この偏微分の定義を式で書けば以下のとおりである．

$$\begin{cases} \dfrac{\partial U}{\partial x} = \dfrac{\partial U(x,\, y,\, z)}{\partial x} \equiv \displaystyle\lim_{\Delta x \to 0} \dfrac{U(x + \Delta x,\, y,\, z) - U(x,\, y,\, z)}{\Delta x} \\ \dfrac{\partial U}{\partial y} = \dfrac{\partial U(x,\, y,\, z)}{\partial y} \equiv \displaystyle\lim_{\Delta y \to 0} \dfrac{U(x,\, y + \Delta y,\, z) - U(x,\, y,\, z)}{\Delta y} \\ \dfrac{\partial U}{\partial z} = \dfrac{\partial U(x,\, y,\, z)}{\partial z} \equiv \displaystyle\lim_{\Delta z \to 0} \dfrac{U(x,\, y,\, z + \Delta z) - U(x,\, y,\, z)}{\Delta z} \end{cases} \tag{6.24}$$

例題 6.4

$U(x,\, y,\, z) = ax^2yz^3 - bxz$ (a, b：定数) で与えられる位置エネルギーによって生じる力の x, y, z 成分 F_x, F_y, F_z を求めよ.

【解】 (6.23) と (6.24) の定義より

$$\begin{cases} F_x = -\dfrac{\partial U}{\partial x} = -2axyz^3 + bz \\ F_y = -\dfrac{\partial U}{\partial y} = -ax^2z^3 \\ F_z = -\dfrac{\partial U}{\partial z} = -3ax^2yz^2 + bx \end{cases}$$

となる.

力の各成分が (6.23) で与えられることについてのより詳しい説明は巻末の付録 A.4 (p. 174) で述べる. ここでは, (6.23) の意味を一様な重力の例をとって直観的に理解しておこう.

6.4 節で示したように, 鉛直方向に一様な重力 $-mg$ が存在する空間の位置エネルギーは高さ $z = h$ によって $U = mgh$ で与えられるが, 高さ h が座標 $(x,\, y)$ の位置によって $h = h(x,\, y)$ で変化する地形を考えると, 位置エネルギーは x, y の関数 $U(x,\, y) = mg\,h(x,\, y)$ になる. $h(x,\, y)$ の等高線が図 6.8 のように表される地形では, x 方向と y 方向のそれぞれに斜面からの力がはたらく.

このように，ある点 P(x, y) での x 方向の力は，点 P における x 方向の斜面の勾配で決まり，それは $U(x, y)$ の x による偏微分 $F_x = -\dfrac{\partial U}{\partial x}$ で与えられることが納得できるだろう．また，y 方向の力は，同様に斜面の y 方向の勾配で決まり，$F_y = -\dfrac{\partial U}{\partial y}$ で与えられる．

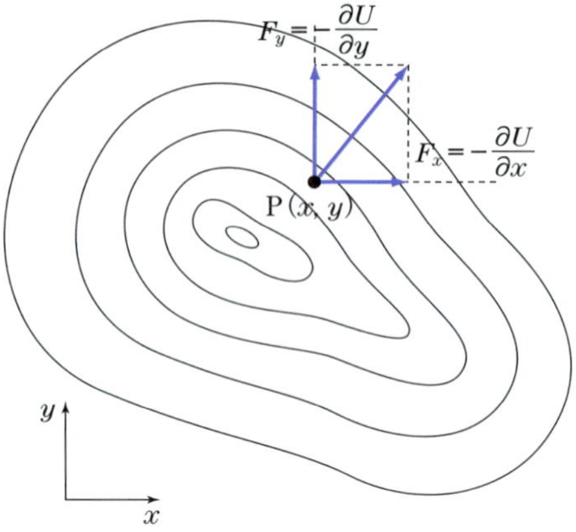

図 6.8

(6.23) を表すのに，**ナブラ**とよばれる演算子

$$\nabla \equiv \left(\frac{\partial}{\partial x}, \frac{\partial}{\partial y}, \frac{\partial}{\partial z}\right) = \frac{\partial}{\partial \boldsymbol{r}}$$

を導入すると便利である．∇ は x, y, z を変数とする任意の関数（例えば U）に作用して，$\nabla U = \left(\dfrac{\partial U}{\partial x}, \dfrac{\partial U}{\partial y}, \dfrac{\partial U}{\partial z}\right)$ というベクトルをつくり，この ∇U を**グラディエント（gradient）U** と読む．また，∇U は $\dfrac{\partial U}{\partial \boldsymbol{r}}$ や grad U と表記する場合もあり，この 3 つはどれも同じ意味である．このグラディエントを用いると，(6.23) はベクトルの式として

$$\boldsymbol{F} = -\nabla U \tag{6.25}$$

と表すことができる（同様に，$\boldsymbol{F} = -\dfrac{\partial U}{\partial \boldsymbol{r}}$，$\boldsymbol{F} = -\mathrm{grad}\, U$ と表してもよい）．

位置エネルギー U と力 F の関係

$$\begin{cases} F_x = -\dfrac{\partial U}{\partial x} \\ F_y = -\dfrac{\partial U}{\partial y} \\ F_z = -\dfrac{\partial U}{\partial z} \end{cases} \quad \text{あるいは} \quad \boldsymbol{F} = -\nabla U$$

最後に，ある与えられた力 $\boldsymbol{F} = (F_x, F_y, F_z)$ が保存力かどうかは，

$$\frac{\partial F_x}{\partial y} = \frac{\partial F_y}{\partial x}, \qquad \frac{\partial F_x}{\partial z} = \frac{\partial F_z}{\partial x}, \qquad \frac{\partial F_y}{\partial z} = \frac{\partial F_z}{\partial y} \tag{6.26}$$

で判定できることを述べておこう．

力の各成分 F_x, F_y, F_z はそれぞれ x, y, z の関数で，$F_x = F_x(x, y, z)$，$F_y = F_y(x, y, z)$，$F_z = F_z(x, y, z)$ と書けるが，保存力なら (6.23) が成り立つので，例えば $F_x(x, y, z)$ を y で偏微分して $\frac{\partial F_x}{\partial y} = -\frac{\partial}{\partial y}\left(\frac{\partial U}{\partial x}\right)$ を得る．この式の右辺では U を x で偏微分してから y で偏微分しているが，順番を逆にして y で偏微分してから x で偏微分しても結果は変わらない．つまり，

$$\frac{\partial F_x}{\partial y} = -\frac{\partial}{\partial y}\left(\frac{\partial U}{\partial x}\right) = -\frac{\partial}{\partial x}\left(\frac{\partial U}{\partial y}\right) = \frac{\partial F_y}{\partial x}$$

である．$\frac{\partial F_x}{\partial z}$，$\frac{\partial F_y}{\partial z}$ についても同様なことが成立するので，保存力ならば，その各成分は (6.26) を満たす．逆に，もし (6.26) が満たされれば，それは保存力であることが，ストークスの定理とよばれる数学を使って示される（ここでは，その説明は省略する）．

章末問題

［**6.1**］ $\boldsymbol{F}$ が x, y, z の関数として，$\boldsymbol{F} = (F_x, F_y, F_z) = (kxy, 2kxy, 0)$ と与えられるとき，以下を求めよ．ただし，k は定数である．

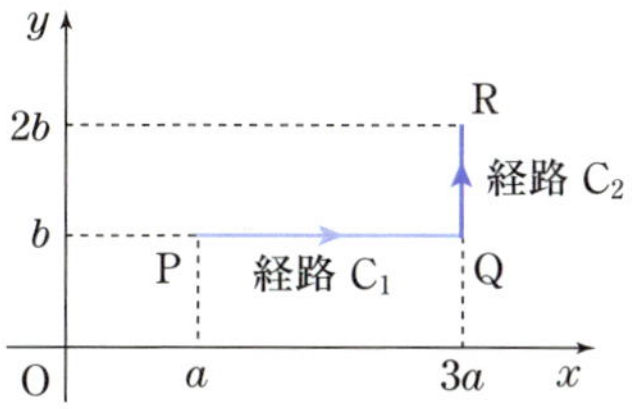

（1） 経路 C_1（P → Q）に沿う $\boldsymbol{F}$ の線積分 $\int_{C_1} \boldsymbol{F}\cdot d\boldsymbol{r}$

（2） 経路 C_2（Q → R）に沿う $\boldsymbol{F}$ の線積分 $\int_{C_2} \boldsymbol{F}\cdot d\boldsymbol{r}$

［**6.2**］ $\boldsymbol{F} = (F_x, F_y, F_z) = (-F_0 \sin\theta, F_0 \cos\theta, 0)$ が与えられたとき，半径 R の円孤で定義される経路 C（P → Q）に沿う $\boldsymbol{F}$ の線積分 $\int_{C} \boldsymbol{F}\cdot d\boldsymbol{r}$ を求めよ．

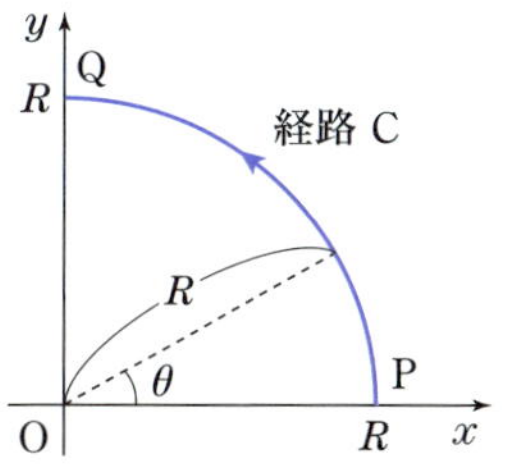

ただし，θ は原点Oから経路C上の点へと引いた直線が x 軸となす角度であり，F_0 は定数とする．

［**6.3**］ 質量 m の質点が傾斜角 θ の滑らかな斜面上の点aから高さ h だけ低い点bまで滑り降りるとき，力が質点になす仕事を求めよ．重力加速度を g とし，空気抵抗は無視する．

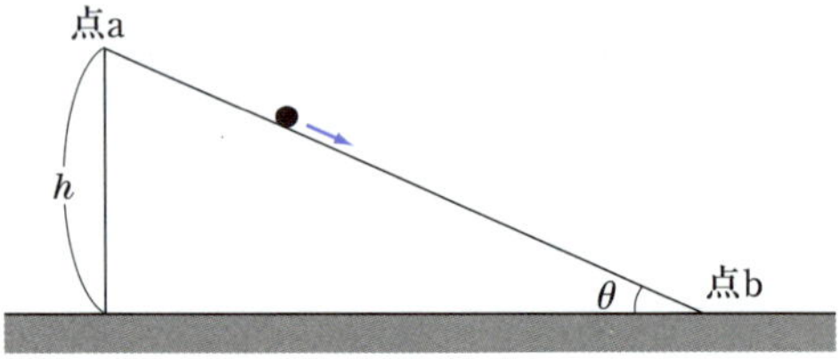

［**6.4**］ 半径 h の円弧上に曲げられた細いパイプ中を質量 m の質点が点aから点bまで滑り落ちるとき，力が質点になす仕事を求めよ．ただし，パイプは十分に細く，小球との間に隙間はなく，また摩擦もないものとする．なお，図の $\boldsymbol{mg}$ は重力，$\boldsymbol{N}$ は垂直抗力である．

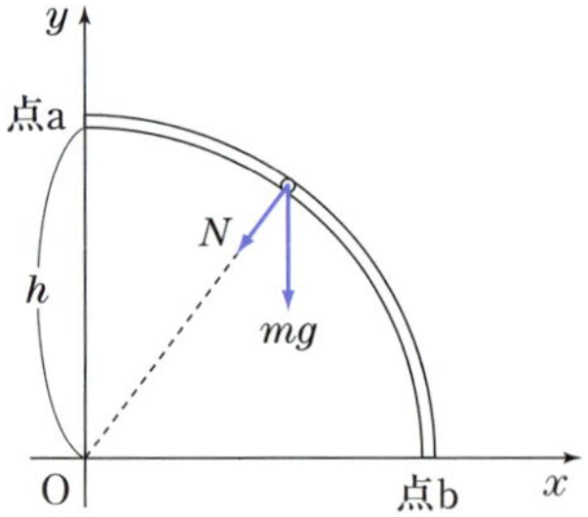

［**6.5**］ 以下の力 $\boldsymbol{F}$ について保存力かどうかを判定し，保存力の場合はポテンシャルエネルギーを求めよ．ただし，c_1，c_2，c_3，mg，k はすべて定数とする．また，原点 $\mathrm{O} = (0, 0, 0)$ を位置エネルギーの基準点にとる．

（1） $\boldsymbol{F} = (c_1, c_2, c_3)$ （2） $\boldsymbol{F} = (kx, 0, 0)$ （3） $\boldsymbol{F} = (ky, 0, 0)$

（4） $\boldsymbol{F} = (ky, kx, 0)$ （5） $\boldsymbol{F} = (0, 0, -mg)$

［**6.6**］ 質点の位置 (x, y, z) におけるポテンシャルエネルギー $U = U(x, y, z)$ が以下で与えられるとき，質点にはたらく力 $\boldsymbol{F}$ の x，y，z 成分を求めよ．ただし，k，a，b は定数とする．

（1） $U = ax^2yz^3 + bxyz$ （2） $U = \dfrac{1}{2}kx^2 + \dfrac{3}{2}ky^2 + 3kz^2$

［**6.7**］ 点電荷のクーロン力や質点間の万有引力は，2点間の距離を結ぶ方向を

向き，大きさは2点間の距離の2乗に反比例する．2点のうちの一方を直交座標の原点に置いて，他方の位置を (x, y, z) で表す．万有引力について以下の問いに答えよ．

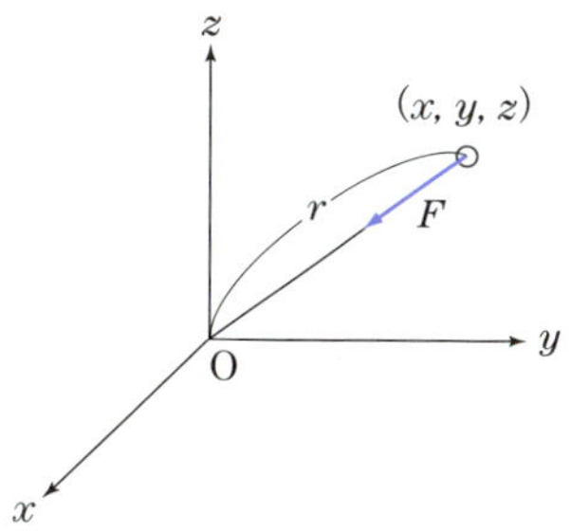

（1） 力 $\boldsymbol{F}$ の x, y, z 成分が定数 C を用いて，

$$\boldsymbol{F}=\left(-C\frac{x}{r^3},\ -C\frac{y}{r^3},\ -C\frac{z}{r^3}\right)$$

と表されることを示せ．ただし，$r=\sqrt{x^2+y^2+z^2}$ とする．

（2） 万有引力が保存力であることを，例題6.1で線積分が物体間の距離だけによることを示す(6.14)式を導いて示した．(6.14)式において r_a を変数 (r) とし，r_b を基準点とすることで位置エネルギー $U(x, y, z)=-\dfrac{GMm}{r}+D$ を得る（D は定数）．$U(r)$ を x, y, z で偏微分してマイナスを付ければ，それぞれ力の成分が得られることを確かめよ．

［**6.8**］ 棒高跳びにおいて，選手は助走による運動エネルギーをポールの湾曲を用いて高さの位置エネルギーに変換していると考えられる．

（1） 質量 M の選手が助走速度 V で踏み切るとき，運動エネルギーが100%位置エネルギーに変換されるとして，選手が越えることのできるバーの高さ H を求めよ．ただし，助走中の選手の重心（質量中心）位置は地面から高さ h にあり，重心が達する高さを，越えることのできる高さとする．重力加速度を g とし，ポールの質量は無視せよ．

（2） 棒高跳びの世界記録（2013年9月現在）はセルゲイ・ブブカ氏による $H=$ 6 m 14 cm である．ブブカ氏は身長1 m 83 cm で，100 m を10.2秒で走る．同氏に

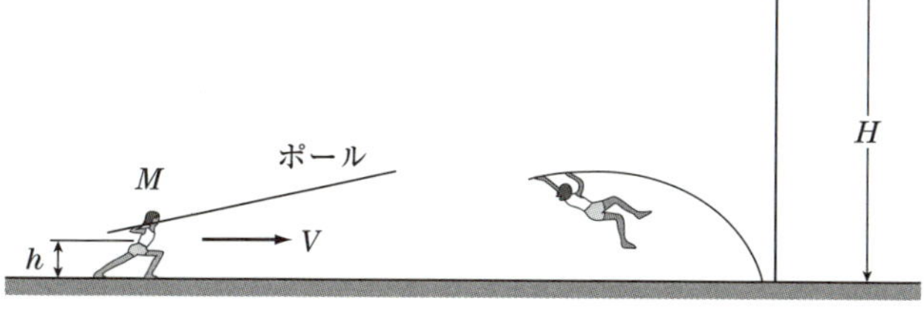

対応する値を $V = 9.8\,\mathrm{m/s}$，$h = 0.915\,\mathrm{m}$ として，小問（1）で予想される値を求めよ．ただし $g = 9.8\,\mathrm{m/s^2}$ とする．世界記録と比べて，そこから何がいえるか考えてみよ．

［**6.9**］ 質量 m の2つのおもりを半径 r_1 の円周の反対側に腕で保持し，xy 平面上で角速度 $\omega_1 = v_1/r_1$ で回転させた．回転中の2つのおもりを均等に引き寄せて半径 $r_2(< r_1)$ としたとき，角速度が ω_2 に変化した．仕事と運動エネルギーを考慮して ω_2 を求めよ．ただし，おもりと一緒に回転する腕や人体の影響は無視せよ．

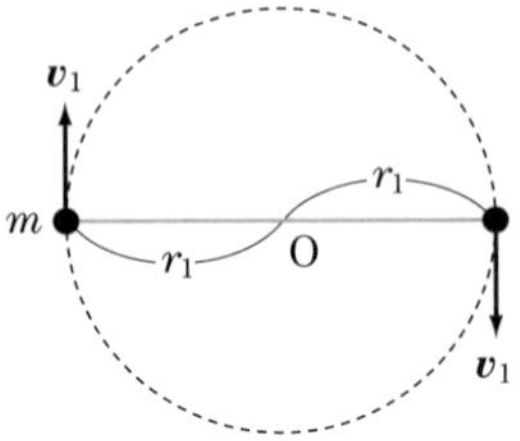

第7章

質 点 系

第6章までは，大きさや形を無視できる1個の物体（質点）の運動について議論をしてきたが，実際には，大きさや形をもった物体の運動を考えなければならない場合がほとんどである．本章では，そのための基本となる多数の質点の集り（これを質点系とよぶ）の運動について考察する．

7.1　2体問題

図7.1のように，互いに万有引力を及ぼし合う2つの質点1，2を考えよう．それぞれの位置ベクトルを $\boldsymbol{r}_1, \boldsymbol{r}_2$，質量を m_1, m_2 とする．質点1，2間の相対位置ベクトル

$$\boldsymbol{r} = \boldsymbol{r}_2 - \boldsymbol{r}_1 \tag{7.1}$$

を用いると，質点1，2間にはたらく万有引力の大きさ F は，$\boldsymbol{r}$ の大きさ r と重力定数（万有引力定数）G によって，

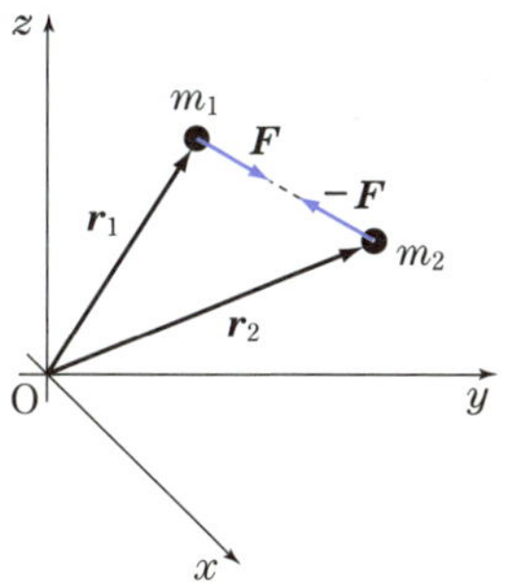

図7.1

$$F(\boldsymbol{r}) = G\frac{m_1m_2}{r^2} \tag{7.2}$$

と書けるので，質点1，2の運動方程式はそれぞれ，

$$\begin{cases} m_1\dfrac{d^2\boldsymbol{r}_1}{dt^2} = F(\boldsymbol{r})\dfrac{\boldsymbol{r}}{r} & (7.3) \\[2ex] m_2\dfrac{d^2\boldsymbol{r}_2}{dt^2} = -F(\boldsymbol{r})\dfrac{\boldsymbol{r}}{r} & (7.4) \end{cases}$$

で与えられる．ここで $\boldsymbol{r}/r$ は質点1から2へ向かう大きさ1のベクトル

(単位ベクトル) である.

(7.3), (7.4) はベクトル $\boldsymbol{r}_1$ と $\boldsymbol{r}_2$ に対する方程式だが, 以下に示すように, 2つの質点の相対運動と重心の運動に分離することができる.

(a) 相対運動

(7.4) の両辺を m_2 で割ったものから (7.3) の両辺を m_1 で割ったものを引き, (7.1) に注意すると

$$\frac{d^2\boldsymbol{r}}{dt^2} = -\left(\frac{1}{m_1} + \frac{1}{m_2}\right)F(\boldsymbol{r})\frac{\boldsymbol{r}}{r}$$

となり, 相対位置ベクトル $\boldsymbol{r}$ だけを変数として含む運動方程式が得られる. この式を少し整理して

$$\boxed{\mu\frac{d^2\boldsymbol{r}}{dt^2} = -F(\boldsymbol{r})\frac{\boldsymbol{r}}{r}} \tag{7.5}$$

を得る. ただし, μ は

$$\mu \equiv \frac{m_1 m_2}{m_1 + m_2} \tag{7.6}$$

で定義される換算質量とよばれる質量の次元をもつ量である. (7.5) は, 相対運動が換算質量 μ をもつ1個の質点の運動と同等に扱えることを示している.

ここで換算質量は $\mu = m_1\left(\frac{m_2}{m_1 + m_2}\right) = m_2\left(\frac{m_1}{m_1 + m_2}\right)$ と書けるので, m_1 や m_2 より小さい. また, m_1 と m_2 のどちらかが他方よりずっと小さい場合, μ は小さい方の値で近似できる. つまり, もし $m_1 \gg m_2$ なら $\mu \fallingdotseq m_2$ である. 太陽の周りの地球の惑星運動や, 原子核の周りを回る電子の運動を考える際, 地球や電子の質量がそれぞれ太陽や原子核の質量よりずっと小さいため (地球の質量/太陽の質量 = 0.0123, 電子の質量/陽子の質量 = 0.0005), 換算質量はそれぞれ地球の質量や電子の質量にほぼ等しい. 第3章で惑星や衛星の運動を考えた際には惑星や小物体だけを考慮したが, これは太陽や地球に比

べて惑星や小物体の質量がずっと小さいために許される近似だったわけである．このことは，以下に記す重心運動を考えると，さらにはっきりする．

(b)　重心の運動

2 つの質点の重心の位置ベクトル $\boldsymbol{r}_{\mathrm{G}}$ を考えよう（正確には，重心というよりむしろ質量中心と表記すべきだが，あえて重心という言葉を用いる）．重心は 2 つの質点を結ぶ線分を質量の比 $m_2 : m_1$ で分割した点にあるので，図 7.2 より $\boldsymbol{r}_{\mathrm{G}} = \boldsymbol{r}_1 + \dfrac{m_2}{m_1 + m_2}(\boldsymbol{r}_2 - \boldsymbol{r}_1)$ となり，これを整理して，重心の位置ベクトル

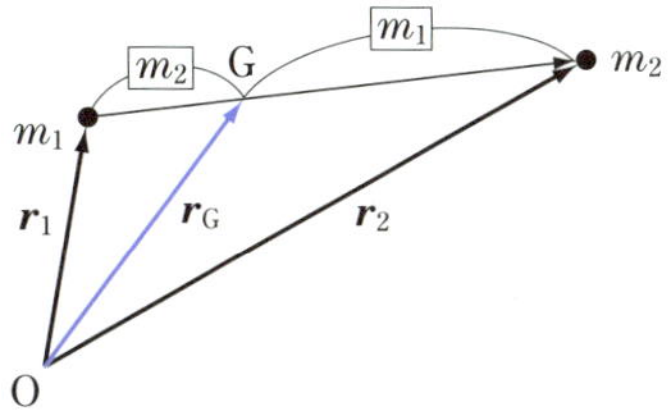

図 7.2

$$\boldsymbol{r}_{\mathrm{G}} = \frac{m_1\boldsymbol{r}_1 + m_2\boldsymbol{r}_2}{m_1 + m_2} \tag{7.7}$$

を得る．ここで，(7.3), (7.4) の両辺をそれぞれ足し合わせて得られる式

$$m_1\frac{d^2\boldsymbol{r}_1}{dt^2} + m_2\frac{d^2\boldsymbol{r}_2}{dt^2} = \boldsymbol{0}$$

において，左辺の m_1 と m_2 をそれぞれ時間微分の中に入れて 2 つの項をまとめることで

$$\frac{d^2}{dt^2}(m_1\boldsymbol{r}_1 + m_2\boldsymbol{r}_2) = \boldsymbol{0}$$

が得られる．この式の辺々を $m_1 + m_2$ で割って (7.7) と比べることにより，重心の位置ベクトル $\boldsymbol{r}_{\mathrm{G}}$ だけの運動方程式

$$\frac{d^2\boldsymbol{r}_{\mathrm{G}}}{dt^2} = \boldsymbol{0} \tag{7.8}$$

が得られる．

このように，重心は加速度をもたず，等速直線運動をすることがわかる．これは質点 1, 2 にはたらく万有引力が質点 1, 2 の間で及ぼし合う内力であっ

て，合力として加えるとゼロになり，また質点以外からの外力が存在しないためである．

(7.5)，(7.8) を与えられた初期条件のもとで解けば $\boldsymbol{r}(t)$ と $\boldsymbol{r}_{\mathrm{G}}(t)$ が求まり，さらに質点の位置ベクトル $\boldsymbol{r}_1$ と $\boldsymbol{r}_2$ も，

$$\boldsymbol{r}_1 = -\frac{m_2}{m_1+m_2}\boldsymbol{r} + \boldsymbol{r}_{\mathrm{G}}, \qquad \boldsymbol{r}_2 = \frac{m_1}{m_1+m_2}\boldsymbol{r} + \boldsymbol{r}_{\mathrm{G}}$$

と定まるので，(7.5)，(7.8) が2体問題に対する完全な運動方程式の組を与えることがわかる．2体問題の運動方程式を以下にまとめる．

互いに力を及ぼす2つの質点の運動

相対運動

相対位置ベクトル $\boldsymbol{r} = \boldsymbol{r}_2 - \boldsymbol{r}_1$ に対する運動方程式：

$$\mu\frac{d^2\boldsymbol{r}}{dt^2} = -F(r)\frac{\boldsymbol{r}}{r} \qquad \left(\mu = \frac{m_1 m_2}{m_1+m_2}\text{ は換算質量}\right) \tag{7.5}$$

重心運動

重心の位置ベクトル $\boldsymbol{r}_{\mathrm{G}} = \dfrac{m_1\boldsymbol{r}_1 + m_2\boldsymbol{r}_2}{m_1+m_2}$ に対する運動方程式：

$$\frac{d^2\boldsymbol{r}_{\mathrm{G}}}{dt^2} = \boldsymbol{0} \tag{7.8}$$

重心を原点とする座標系（つまり $\boldsymbol{r}_{\mathrm{G}} = \boldsymbol{0}$）で再度考えよう．(7.7) からわかるように，質点1と2は重心（原点）を挟んで互いに反対側で同じ形の軌道を描く．この際，図7.3のように軌道の大きさは質量に反比例する．2つの質点の大きさが非常に異なる場合，例えば $m_2/m_1 \to 0$ の極限では $\boldsymbol{r}_1 \to \boldsymbol{0}$，$\boldsymbol{r}_2 \to \boldsymbol{r}$ となる．つまり，近似的に，重い質点1は原点O

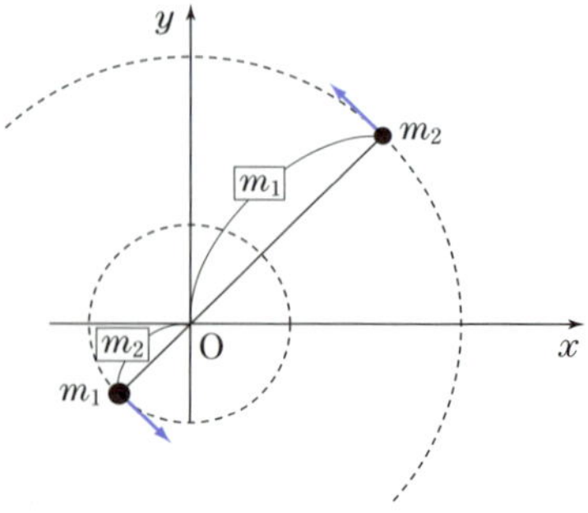

図7.3

に止まり，質点2だけが $\boldsymbol{r}$ で与えられる運動をすることになる．第3章で惑星の運動を考える際に，太陽の運動を無視したが，それは太陽の質量が惑星の質量に比べて十分に大きいために許される近似だったことがわかる．

7.2　質点系の運動量

n 個の質点を考えよう．質点に1から n までの番号を付け，i 番目 $(i=1, 2, \cdots, n)$ の質点 i の質量，位置，速度，運動量をそれぞれ m_i, $\boldsymbol{r}_i$, $\boldsymbol{v}_i$, $\boldsymbol{p}_i$ とする．それらの質点の間には互いに力がはたらくが，それだけではなく，質点系の外からも外力がはたらくとする（前節の2体問題では2つの質点間の万有引力だけを考えたが，ここでは，より一般的に考察する）．

n 個の質点はそれぞれ運動方程式 (1.7) または (1.9) に従って運動する．つまり，質点 i の運動方程式は

$$\frac{d\boldsymbol{p}_i}{dt} = \boldsymbol{F}_i \qquad (i = 1, 2, \cdots, n) \tag{7.9}$$

となる．ただし，$\boldsymbol{p}_i = m_i \boldsymbol{v}_i$ である．ここで，力 $\boldsymbol{F}_i$ が

$$\boldsymbol{F}_i = \sum_{k \neq i}^{n} \boldsymbol{F}_{ik} + \boldsymbol{F}_i^{(e)} \tag{7.10}$$

と書けることが重要である．$\boldsymbol{F}_{ik}$ は質点 i が他の質点 k から受ける力（内力）であり，(7.10) の第1項は他のすべての質点（$k = 1, 2, \cdots, n$，ただし，i（自分自身）を除く）からの和を表す．第2項は質点 i が質点系以外から受ける力 $\boldsymbol{F}_i^{(e)}$（外力）である．ちなみに，(7.10) の $\sum_{k \neq i}^{n}$ という記号は「$k = i$ を除いて $k = 1$ から n までの和をとる」ことを意味する．

ここで質点系全体の運動を考えるために，(7.9) の両辺をすべての質点 $(i = 1, 2, \cdots, n)$ に対して加えると

$$\sum_{i=1}^{n} \frac{d\boldsymbol{p}_i}{dt} = \sum_{i=1}^{n} \left(\sum_{k \neq i}^{n} \boldsymbol{F}_{ik} \right) + \sum_{i=1}^{n} \boldsymbol{F}_i^{(e)} \tag{7.11}$$

を得る．右辺第１項の $\sum_{i=1}^{n}\left(\sum_{k\neq i}^{n}\boldsymbol{F}_{ik}\right)$ はすべての質点のペアが互いに及ぼし合う力の合計であり，具体的に書き下すと，

$$\begin{aligned}\sum_{i=1}^{n}\left(\sum_{k\neq i}^{n}\boldsymbol{F}_{ik}\right) = \quad & \boldsymbol{0} + \boldsymbol{F}_{12} + \boldsymbol{F}_{13} + \cdots + \boldsymbol{F}_{1n} \\ & + \boldsymbol{F}_{21} + \boldsymbol{0} + \boldsymbol{F}_{23} + \cdots + \boldsymbol{F}_{2n} \\ & + \boldsymbol{F}_{31} + \boldsymbol{F}_{32} + \boldsymbol{0} + \cdots + \boldsymbol{F}_{3n} \\ & \quad \vdots \qquad \vdots \qquad \vdots \qquad\qquad \vdots \\ & + \boldsymbol{F}_{n1} + \boldsymbol{F}_{n2} + \boldsymbol{F}_{n3} + \cdots + \boldsymbol{0}\end{aligned}$$

となる．この和には，質点 i が質点 k から受ける力 $\boldsymbol{F}_{ik}$ と，質点 k が質点 i から受ける力 $\boldsymbol{F}_{ki}$ がすべての質点の組み合わせに対してもれなく１回現れる．$\boldsymbol{F}_{ik}$ と $\boldsymbol{F}_{ki}$ は作用・反作用の法則によって大きさが等しく符号が反対（$\boldsymbol{F}_{ik} = -\boldsymbol{F}_{ki}$）のために，すべての項が互いに打ち消し合ってゼロになる．

$$\sum_{i=1}^{n}\sum_{k\neq i}^{n}\boldsymbol{F}_{ik} = \boldsymbol{0}$$

その結果，(7.11) の運動方程式の右辺第１項は消え，また左辺の時間微分を $\sum_{i=1}^{n}$ の外に出して，

$$\frac{d}{dt}\sum_{i=1}^{n}\boldsymbol{p}_i = \sum_{i=1}^{n}\boldsymbol{F}_i^{(e)} \tag{7.12}$$

を得る．(7.12) の左辺は質点系の全運動量の時間変化率であり，右辺はそれぞれの質点にはたらく外力の和（全外力）である．

全運動量と全外力をそれぞれ $\boldsymbol{P} = \sum_{i=1}^{n}\boldsymbol{p}_i$，$\boldsymbol{F}^{(e)} = \sum_{i=1}^{n}\boldsymbol{F}_i^{(e)}$ と表せば，(7.12) は

$$\boxed{\frac{d\boldsymbol{P}}{dt} = \boldsymbol{F}^{(e)}} \tag{7.13}$$

と書ける．これは図 7.4 のように，質点系の全運動量の時間変化は外力の合計で引き起こされ，内力は一切影響を与えないことを示している．また，(7.13) は質点の間にどんなに複雑な内力がはたらいても，外力が加わらない限り，質点系の全運動量は変化せず保存する（運動量の保存）ことを示している．

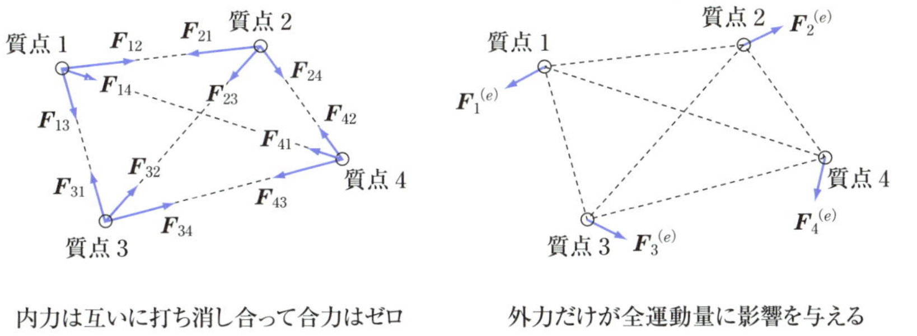

図 7.4

ここで，質点系の重心の位置ベクトル $\boldsymbol{r}_{\mathrm{G}}$ が 2 つの質点の場合の (7.7) と同様に

$$\boldsymbol{r}_{\mathrm{G}} = \frac{\sum_{i=1}^{n} m_i \boldsymbol{r}_i}{M} \qquad \text{ただし，} M = \sum_{i=1}^{n} m_i \tag{7.14}$$

で与えられることに注意しよう．重心の速度 $\boldsymbol{v}_{\mathrm{G}}$ は $\boldsymbol{r}_{\mathrm{G}}$ を時間微分して

$$\boldsymbol{v}_{\mathrm{G}} \equiv \frac{d\boldsymbol{r}_{\mathrm{G}}}{dt} = \frac{\sum_{i=1}^{n} m_i \boldsymbol{v}_i}{M} \qquad \text{ただし，} \boldsymbol{v}_i = \frac{d\boldsymbol{r}_i}{dt}$$

となり，この式の両辺に M を掛けることで，全運動量が $\boldsymbol{P} = M\boldsymbol{v}_{\mathrm{G}}$ で与えられることがわかる．したがって，運動方程式 (7.13) は

$$\boxed{M\frac{d\boldsymbol{v}_{\mathrm{G}}}{dt} = \boldsymbol{F}^{(e)}} \tag{7.15}$$

とも書ける．

それぞれの質点は互いに力 (内力) を及ぼし合うために複雑な運動をすると考えられる．しかし，(7.15) は重心の運動は単純に扱うことができることを示している．つまり，重心に全質量 M が集中し，そこにすべての外力 $\boldsymbol{F}^{(e)}$ が加わるとして考えればよいのである．

質点系の全運動量が従う運動方程式

$$\frac{dP}{dt} = \boldsymbol{F}^{(e)} \tag{7.13}$$

ただし，$\boldsymbol{P} = \sum_{i=1}^{n} \boldsymbol{p}_i = M\boldsymbol{v}_{\mathrm{G}}$ は全運動量，$\boldsymbol{F}^{(e)} = \sum_{i=1}^{n} \boldsymbol{F}_i^{(e)}$ は外力の総和．

または，

$$M\frac{d\boldsymbol{v}_{\mathrm{G}}}{dt} = \boldsymbol{F}^{(e)} \tag{7.15}$$

ただし，$M = \sum_{i=1}^{n} m_i$ は全質量，$\boldsymbol{v}_{\mathrm{G}}$ は重心の速度．

7.3 角運動量

物体の運動を記述するためには，速度と加速度および運動量といったベクトル量が重要であり，力学の法則はそれらの量に対する運動方程式 (1.9) やその多粒子への拡張である (7.13)，(7.15) で与えられる．実は，物体の運動を理解するためにもう 1 つ基本的に重要な量があり，それが角運動量とよばれるベクトル量である．

図 7.5 のように，床の上で回っているコマを考えよう．軸が少しでも鉛直方向から傾いていれば，コマの重心は回転軸の床との接点の直上からずれるので，重力 Mg によって，コマはさらに傾きを増して，ついには倒れると思われる．確かに，コマが回転していなければ倒れる (コマに限らずどんな物体でも，1 点で床に接しているなら，重心がその真上にない限り倒れる)．ところが，コマを回転させると倒れないことを我々は知っている．回転しても重心の位置は同じであり，床から軸にはたらく垂直抗

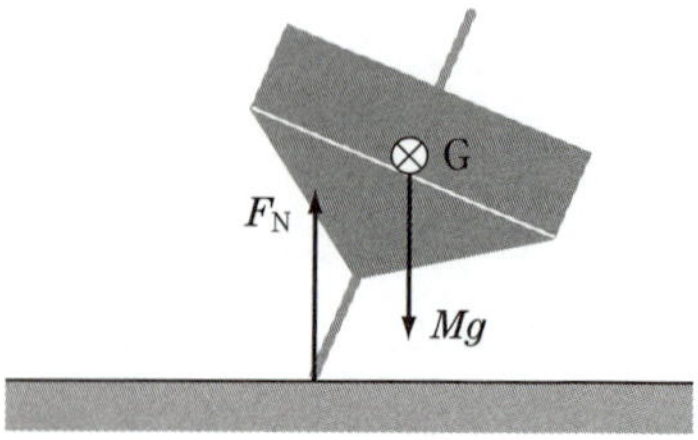

図 7.5

力 F_N も同じである．それにも関わらず倒れないのはなぜだろうか．本書でここまでで述べてきた知識だけでは，この現象を説明することはできない．我々の力学に対する知識と道具立てには，まだ何か重要な部分が足りないのである．そこで新たに導入しなければならない概念が「角運動量」とよばれる量であり，物体が回転する際に示す性質を記述するベクトル量である．角運動量を理解することで，我々の力学の理解が大きく進むのである．

(a) 角運動量と力のモーメント

運動量は (質量) × (速度) であり，いわば，物体の“動く勢いと向き”を表すのに好都合な量である．質量の大きな物体が動けば，同じ速度の質量の小さな物体より“動く勢い”は大きい．運動量と同様に，回転する物体の“回転の勢いと回転の向き”を表す量を式でどう表せるか考えよう．回転するコマの不思議な性質は，コマを構成する原子 1 個 1 個が軸の周りを回転することで生じているに違いないから，まずは質点 (原子) がどこかの軸または点の周りを回転する際の“回転の勢いと回転の向き”を定量的に表すことを考える．“動く勢いと向き”を定量的に表す量が運動量なのだが，それにならって，“回転の勢いと向き”を定量的に表す量が，角運動量とよばれるものである．

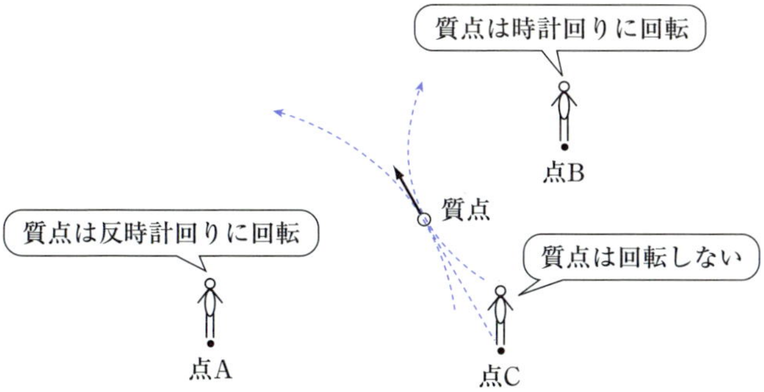

図 7.6

まず，基準点を定めて，どの点の周りの回転を考えるのかを決める．質点が動くとき，例えば図7.6で，この運動を点Aから見れば反時計回りに回転していると見なせるが，点Bから見れば逆に時計回りの回転であり，さらに点Cから見ればどちらの回転でもない．したがって，回転を表すためには，どの点の周りの回転かを示す基準点を決める必要がある．そこで，図7.7のように，原点Oの周りの回転を考える．Oから測った質点の位置ベクトルは $\boldsymbol{r}$，速度は $\boldsymbol{v}$ である．

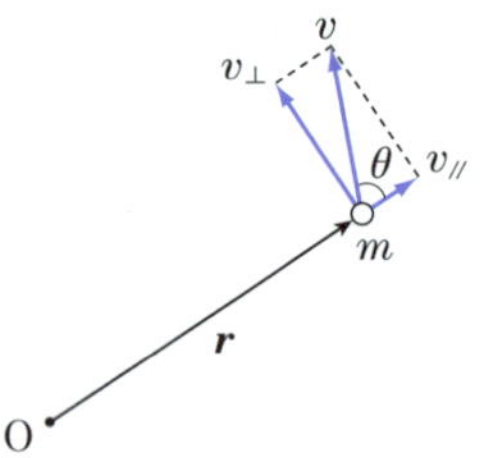

図 7.7

原点Oの周りの“回転の勢い”は**速度の動径方向成分 $v_{/\!/}$ には無関係で，円周方向成分 $v_{\perp}$ に比例する．**また，“回転の勢い”は質量 m がゼロならゼロ，点Oからの距離 r がゼロでもゼロだから，$v_{\perp}$ だけでなく「m と r に比例」する．これらを合わせて

$$回転の勢い = rmv_{\perp} = rmv\sin\theta \tag{7.16}$$

を得る．ただし，θ は $\boldsymbol{r}$ と $\boldsymbol{v}$ のなす角度であり，v は速度の大きさ（すなわち速さ）である．点Oの周りの円周を考えれば，mv は運動量の円周方向成分なので，(7.16) は“回転の勢い”が（回転半径）×（円周方向へ動く勢い）で与えられることを示している．

これで“回転の勢い”の大きさは決まった．これに加えて，“回転の向き”，つまりどの平面上（回転面）をどちら向き（時計回りか反時計回りか）に回転するのかを指定する必要がある．回転面は図7.8の左の図でわかるように，位置ベクトル $\boldsymbol{r}$ と速度ベクトル $\boldsymbol{v}$ が張る平面である．この面を指定するためには，面に垂直なベクトルを用いればよい．また，回転方向は図7.8の右の図のように，回転方向に右ねじを回したときに右ねじが進む向き（または右手の四本指に対する右手の親指の向き）で指定することができる．つまり，“回転の勢いと回転の向き”を，**大きさが $rmv\sin\theta$ で，回転する向きに右ねじを回したときに右ねじが進む向きのベクトル**で表すことができる．これが

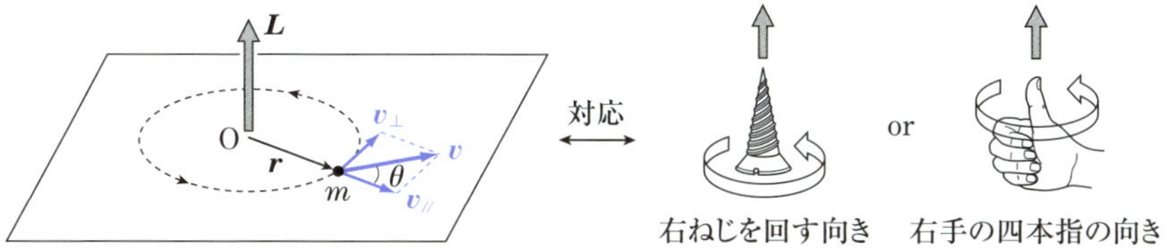

$\boldsymbol{L}$ の大きさ： $rmv_\perp = rmv\sin\theta$

$\boldsymbol{L}$ の向き： 回転面に垂直で，回転によって右ねじが進む向き

図 7.8

角運動量とよばれるベクトルであり，しばしば $\boldsymbol{L}$ という記号で表される．

角運動量ベクトル $\boldsymbol{L}$

$\boldsymbol{L}$ の大きさ：　$rmv_\perp = rmv\sin\theta$

$\boldsymbol{L}$ の向き：　回転面に垂直で，右ねじが進む向き

角運動量ベクトル $\boldsymbol{L}$ は，ベクトル積（外積）とよばれるベクトルの表記を用いて

$$\boldsymbol{L} = \boldsymbol{r} \times m\boldsymbol{v} \tag{7.17}$$

または，運動量 $\boldsymbol{p} = m\boldsymbol{v}$ を用いて

$$\boxed{\boldsymbol{L} = \boldsymbol{r} \times \boldsymbol{p}}$$

と表せる．

角運動量の理解にとって，ベクトル積（外積）は重要なので，以下で簡単に解説しておこう．図 7.9 のように互いに角度 θ をなす 2 つのベクトル $\boldsymbol{A}$, $\boldsymbol{B}$ が与えられたとき，$\boldsymbol{A}$ と $\boldsymbol{B}$ が張る平面に垂直で向きが $\boldsymbol{A}$ から $\boldsymbol{B}$ に右ねじを回したときに進む方向に等しく，かつ，その大きさが $AB\sin\theta$（ただし $A = |\boldsymbol{A}|$, $B = |\boldsymbol{B}|$）で与えられるベクトルを $\boldsymbol{A}$ と $\boldsymbol{B}$ のベクトル積（外積）といい，

$$\boldsymbol{C} = \boldsymbol{A} \times \boldsymbol{B} \tag{7.18}$$

で表す．このベクトル $\boldsymbol{C}$ の大きさ $AB\sin\theta$ は図 7.9 の灰色部分のように

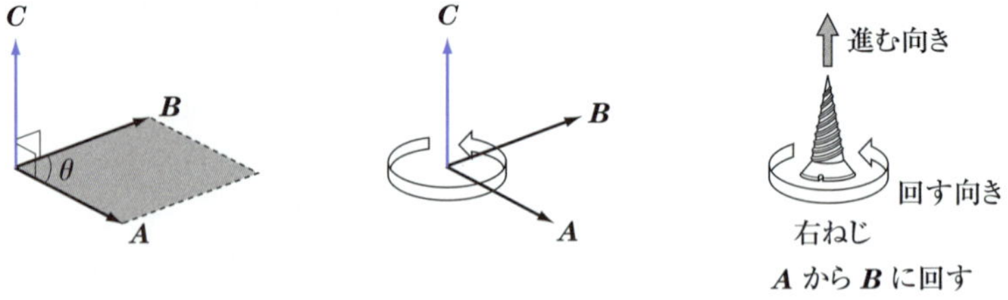

図 7.9

$\boldsymbol{A}$ と $\boldsymbol{B}$ がつくる平行四辺形の面積に等しい（$\boldsymbol{A}$ と $\boldsymbol{B}$ が平行の場合は $\boldsymbol{C}=\boldsymbol{0}$ となる）.

$\boldsymbol{A}$, $\boldsymbol{B}$ の直交座標成分が $\boldsymbol{A}=\begin{pmatrix}A_x\\A_y\\A_z\end{pmatrix}$, $\boldsymbol{B}=\begin{pmatrix}B_x\\B_y\\B_z\end{pmatrix}$ で与えられるとき，外積は

$$\boldsymbol{C}=\boldsymbol{A}\times\boldsymbol{B}=\begin{pmatrix}C_x\\C_y\\C_z\end{pmatrix}=\begin{pmatrix}A_yB_z-A_zB_y\\A_zB_x-A_xB_z\\A_xB_y-A_yB_x\end{pmatrix} \tag{7.19}$$

で与えられ，これを外積の定義とすることもできる．外積がもつ性質のいくつかをこれからの議論で用いるので，以下にそれをまとめておく（導出については章末問題［7.1］を参照）.

ベクトル積（外積）の性質

① $\boldsymbol{A}\times\boldsymbol{B}=-\boldsymbol{B}\times\boldsymbol{A}$

② $\boldsymbol{A}\times\boldsymbol{A}=\boldsymbol{0}$

③ $(\boldsymbol{A}+\boldsymbol{B})\times\boldsymbol{C}=\boldsymbol{A}\times\boldsymbol{C}+\boldsymbol{B}\times\boldsymbol{C}$

④ $\boldsymbol{A}\times c\boldsymbol{B}=c(\boldsymbol{A}\times\boldsymbol{B})$

⑤ $\boldsymbol{A}\cdot(\boldsymbol{B}\times\boldsymbol{C})=(\boldsymbol{A}\times\boldsymbol{B})\cdot\boldsymbol{C}$

⑥ $\boldsymbol{A}\times(\boldsymbol{B}\times\boldsymbol{C})=(\boldsymbol{A}\cdot\boldsymbol{C})\boldsymbol{B}-(\boldsymbol{A}\cdot\boldsymbol{B})\boldsymbol{C}$

⑦ $\dfrac{d}{dt}(\boldsymbol{A}\times\boldsymbol{B})=\dfrac{d\boldsymbol{A}}{dt}\times\boldsymbol{B}+\boldsymbol{A}\times\dfrac{d\boldsymbol{B}}{dt}$

位置と運動量がそれぞれ $\boldsymbol{r} = \begin{pmatrix} x \\ y \\ z \end{pmatrix}$, $\boldsymbol{p} = \begin{pmatrix} p_x \\ p_y \\ p_z \end{pmatrix}$ で与えられるとき，原点の周りの角運動量は (7.19) より

$$\boldsymbol{L} = \boldsymbol{r} \times \boldsymbol{p} = \begin{pmatrix} yp_z - zp_y \\ zp_x - xp_z \\ xp_y - yp_x \end{pmatrix}$$

と表せる．角運動量 $\boldsymbol{L}$ の基本的な性質をいくつか挙げておこう．

① $\boldsymbol{L} = \boldsymbol{r} \times \boldsymbol{p}$ は座標原点 O の周りの角運動量であり，位置 $\boldsymbol{r}_0$ の周りの角運動量は $(\boldsymbol{r} - \boldsymbol{r}_0) \times \boldsymbol{p}$ となる．

② $\boldsymbol{r}$ と $\boldsymbol{p}$ の大きさがそれぞれ同じなら，角運動量 $\boldsymbol{L}$ の大きさ $|\boldsymbol{L}|$ は $\boldsymbol{r}$ と $\boldsymbol{p}$ が直交しているときに最も大きい．

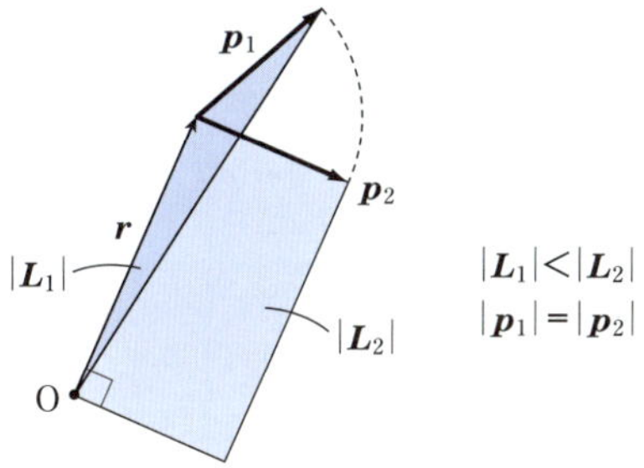

③ 等速直線運動している質点が点 O の周りにもつ角運動量は，大きさも向きも変化せず一定である (章末問題 [7.5], [7.6])．

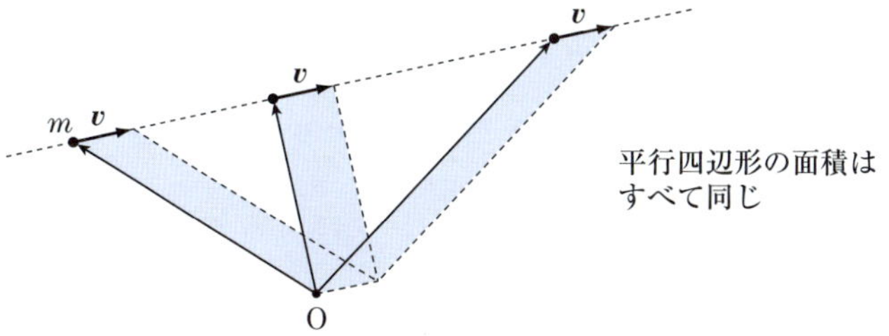

例題 7.1

質量 m の物体が xy 平面上 $(z=0)$ を $+z$ 方向から見て反時計回りに半径 r, 角速度 ω で等速円運動している. 原点 O $=(0, 0, 0)$ の周りの物体の角運動量をベクトルの成分表示で表せ.

【解】 図のように, 物体の位置ベクトルが x 軸となす角を φ とすると, 位置と速度はそれぞれ

$$\boldsymbol{r} = \begin{pmatrix} r\cos\varphi \\ r\sin\varphi \\ 0 \end{pmatrix}, \qquad \boldsymbol{v} = \begin{pmatrix} -v\sin\varphi \\ v\cos\varphi \\ 0 \end{pmatrix}$$

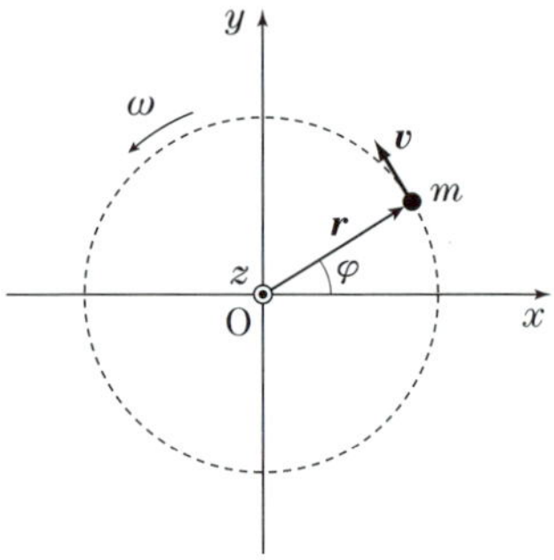

と表される. $\boldsymbol{p} = m\boldsymbol{v}$ より,

$$\boldsymbol{L} = \boldsymbol{r} \times \boldsymbol{p} = \begin{pmatrix} yp_z - zp_y \\ zp_x - xp_z \\ xp_y - yp_x \end{pmatrix} = \begin{pmatrix} 0 \\ 0 \\ mvr \end{pmatrix} = \begin{pmatrix} 0 \\ 0 \\ mr\omega^2 \end{pmatrix}$$

を得る.

(b) 運動方程式と力のモーメント

力 $\boldsymbol{F}$ が質点に加わると角運動量 $\boldsymbol{L}$ は時間変化する. それを調べるために, 角運動量 $\boldsymbol{L} = \boldsymbol{r} \times m\boldsymbol{v}$ を時間微分してみよう. p. 116 の外積の性質 ⑦ より,

$$\frac{d\boldsymbol{L}}{dt} = \frac{d\boldsymbol{r}}{dt} \times m\boldsymbol{v} + \boldsymbol{r} \times \frac{d}{dt}(m\boldsymbol{v})$$

となる. ここで, 速度 $\boldsymbol{v} = \dfrac{d\boldsymbol{r}}{dt}$ と運動方程式 $\dfrac{d}{dt}(m\boldsymbol{v}) = \boldsymbol{F}$ より

$$\frac{d\boldsymbol{L}}{dt} = \boldsymbol{v} \times m\boldsymbol{v} + \boldsymbol{r} \times \boldsymbol{F}$$

となるが, 右辺第 1 項は平行なベクトルによる外積なのでゼロとなり (p. 116 の外積の性質 ②),

$$\frac{d\boldsymbol{L}}{dt} = \boldsymbol{r} \times \boldsymbol{F} \tag{7.20}$$

が得られる．

(7.20) は角運動量 $\boldsymbol{L}$ が従う運動方程式であり，$\boldsymbol{L}$ の時間変化率 (微分) が $\boldsymbol{r}$ と $\boldsymbol{F}$ の外積によって与えられることを示している．$\boldsymbol{r} \times \boldsymbol{F}$ は原点 O の周りの**力のモーメント**とよばれ，質点を原点 O の周りに回そうとする作用の大きさと向きを表す．本書では，$\boldsymbol{N} = \boldsymbol{r} \times \boldsymbol{F}$ と表記し，(7.20) を

$$\frac{d\boldsymbol{L}}{dt} = \boldsymbol{N} \tag{7.21}$$

と表す．

(質点の) 角運動量が従う運動方程式

$$\frac{d\boldsymbol{L}}{dt} = \boldsymbol{N}$$

ただし，$\boldsymbol{L} = \boldsymbol{r} \times m\boldsymbol{v}$ は角運動量，$\boldsymbol{N} = \boldsymbol{r} \times \boldsymbol{F}$ は力のモーメント．

Point (7.17)，(7.21) はそれぞれ原点 O の周りの角運動量とモーメントである．原点 O ではなく点 $\boldsymbol{r}_0$ の周りの角運動量と力のモーメントは，それぞれ $\boldsymbol{L} = (\boldsymbol{r} - \boldsymbol{r}_0) \times m\boldsymbol{v}$，$\boldsymbol{N} = (\boldsymbol{r} - \boldsymbol{r}_0) \times \boldsymbol{F}$ で表される．

例題 7.2

xy 平面上の位置 $\boldsymbol{r}$ にある質点 P に xy 平面内の大きさ F の力が加わっている．図のように力 $\boldsymbol{F}$ が $\boldsymbol{r}$ と角 $\theta = 90°$ および $\theta = 30°$ をなすそれぞれの場合について，原点 O の周りの力のモーメント $\boldsymbol{N}$ の向きと大きさを求めよ．

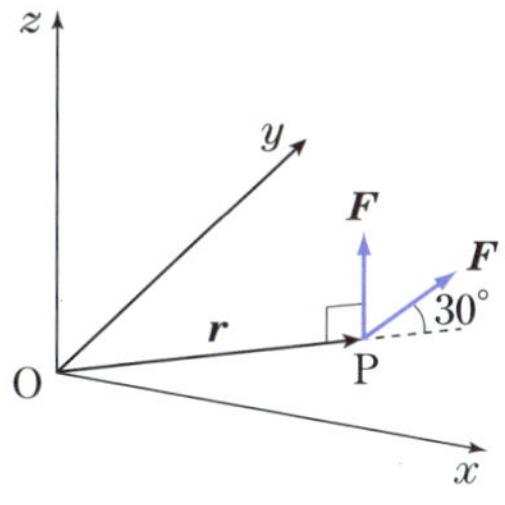

【解】 図 7.9 の外積の定義より，$\boldsymbol{N} = \boldsymbol{r} \times \boldsymbol{F}$ はともに $+z$ 方向を向き，大きさはそれぞれ

$$rF \sin 90^\circ = rF \quad \text{および} \quad rF \sin 30^\circ = \frac{rF}{2}$$

のベクトルとなる．

(7.20) は，力のモーメント $\boldsymbol{N} = \boldsymbol{r} \times \boldsymbol{F}$ がゼロなら角運動量 $\boldsymbol{L}$ は時間変化しないことを示している．図 7.10 のように太陽の周りで楕円軌道を描く惑星が受ける引力は常に太陽の方向を向いているので，力のモーメント $\boldsymbol{N} = \boldsymbol{r} \times \boldsymbol{F} = \boldsymbol{0}$ である．したがって，(7.20) より（太陽の周りの）角運動量は保存される．これを式で表すと，

$$\boldsymbol{r}_1 \times m\boldsymbol{v}_1 = \boldsymbol{r}_2 \times m\boldsymbol{v}_2$$

となるが，$\boldsymbol{r}$ と $\boldsymbol{v}$ がなす角度をそれぞれ θ_1, θ_2 とすると，この式は

$$mr_1v_1 \sin \theta_1 = mr_2v_2 \sin \theta_2$$

と表せる．この式の両辺を $2m$ で割ると，

$$\frac{1}{2} r_1v_1 \sin \theta_1 = \frac{1}{2} r_2v_2 \sin \theta_2 \tag{7.22}$$

となり，これが 3.1 節 (p. 32) で述べた惑星の運動の面積速度一定を示すケプラーの第 2 法則とよばれるものである．

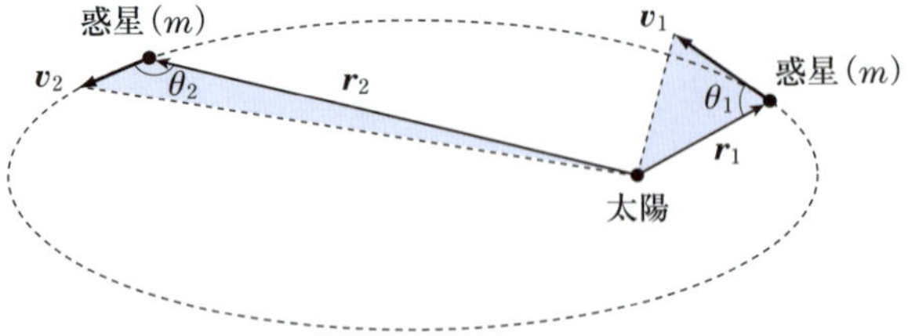

図 7.10

(c) 質点系の角運動量

質点系の角運動量を考えるために，それぞれの質点が原点 O の周りにもつ角運動量の総和を，原点 O の周りの質点系の全角運動量 $\boldsymbol{L}$ とよび，この $\boldsymbol{L}$ が従う運動方程式を導こう．質点 i の質量，位置，速度をそれぞれ m_i, $\boldsymbol{r}_i$, $\boldsymbol{v}_i$ として全角運動量は

$$\boldsymbol{L} = \sum_{i=1}^{n} (\boldsymbol{r}_i \times m_i \boldsymbol{v}_i) \tag{7.23}$$

で定義される．$\boldsymbol{L}$ の時間変化を調べるため，(7.23) の $\boldsymbol{L}$ を時間で微分すると

$$\begin{aligned} \frac{d\boldsymbol{L}}{dt} &= \sum_{i=1}^{n} \left\{ \frac{d\boldsymbol{r}_i}{dt} \times m_i \boldsymbol{v}_i + \boldsymbol{r}_i \times \frac{d}{dt}(m_i \boldsymbol{v}_i) \right\} \\ &= \sum_{i=1}^{n} (\boldsymbol{v}_i \times m_i \boldsymbol{v}_i) + \sum_{i=1}^{n} \left\{ \boldsymbol{r}_i \times \frac{d}{dt}(m_i \boldsymbol{v}_i) \right\} \end{aligned}$$

となる．1 個の質点の場合と同様に，2 行目の第 1 項は互いに平行なベクトルの外積なのでゼロとなり，第 2 項の $d(m_i \boldsymbol{v}_i)/dt$ は質点 i が受ける力 $\boldsymbol{F}_i$ に等しいので，結局，

$$\frac{d\boldsymbol{L}}{dt} = \sum_{i=1}^{n} (\boldsymbol{r}_i \times \boldsymbol{F}_i) \tag{7.24}$$

が得られる．右辺は質点 i にはたらく力のモーメント $\boldsymbol{N}_i = \boldsymbol{r}_i \times \boldsymbol{F}_i$ をすべての質点について加えたものである．この力のモーメントの総和を $\boldsymbol{N}$ で

$$\boldsymbol{N} = \sum_{i=1}^{n} \boldsymbol{N}_i = \sum_{i=1}^{n} (\boldsymbol{r}_i \times \boldsymbol{F}_i) \tag{7.25}$$

と表す．

ここで，力のモーメントの総和 $\boldsymbol{N}$ についてもう少し考えてみよう．(7.10) で述べたように，力 $\boldsymbol{F}_i$ は，質点 i が他の質点から受ける内力と，質点系以外から受ける外力 $\boldsymbol{F}_i^{(e)}$ の和 $\boldsymbol{F}_i = \sum_{k \neq i}^{n} \boldsymbol{F}_{ik} + \boldsymbol{F}_i^{(e)}$ に分けることができる．(7.25) でこれを考慮すると

$$\begin{aligned} \boldsymbol{N} &= \sum_{i=1}^{n} \left\{ \boldsymbol{r}_i \times \left(\sum_{k \neq i}^{n} \boldsymbol{F}_{ik} + \boldsymbol{F}_i^{(e)} \right) \right\} = \sum_{i=1}^{n} \left(\boldsymbol{r}_i \times \sum_{k \neq i}^{n} \boldsymbol{F}_{ik} \right) + \sum_{i=1}^{n} (\boldsymbol{r}_i \times \boldsymbol{F}_i^{(e)}) \\ &= \sum_{i=1}^{n} \sum_{k \neq i}^{n} (\boldsymbol{r}_i \times \boldsymbol{F}_{ik}) + \sum_{i=1}^{n} (\boldsymbol{r}_i \times \boldsymbol{F}_i^{(e)}) \end{aligned} \tag{7.26}$$

となるが，(7.26) の2行目の第1項は，n 個の質点のあらゆるペアが互いに及ぼす力のモーメントの総和であり，和を書き下すと，

$$\begin{aligned} \sum_{i=1}^{n} \left(\sum_{k \neq i}^{n} \boldsymbol{r}_i \times \boldsymbol{F}_{ik} \right) = & \quad \boldsymbol{0} \quad + \cancel{\boldsymbol{r}_1 \times \boldsymbol{F}_{12}} + \cancel{\boldsymbol{r}_1 \times \boldsymbol{F}_{13}} + \cdots + \cancel{\boldsymbol{r}_1 \times \boldsymbol{F}_{1n}} \\ & + \cancel{\boldsymbol{r}_2 \times \boldsymbol{F}_{21}} + \quad \boldsymbol{0} \quad + \cancel{\boldsymbol{r}_2 \times \boldsymbol{F}_{23}} + \cdots + \cancel{\boldsymbol{r}_2 \times \boldsymbol{F}_{2n}} \\ & + \cancel{\boldsymbol{r}_3 \times \boldsymbol{F}_{31}} + \cancel{\boldsymbol{r}_3 \times \boldsymbol{F}_{32}} + \quad \boldsymbol{0} \quad + \cdots + \cancel{\boldsymbol{r}_3 \times \boldsymbol{F}_{3n}} \\ & \qquad \vdots \qquad\qquad \vdots \qquad\qquad \vdots \qquad\qquad\qquad \vdots \\ & + \cancel{\boldsymbol{r}_n \times \boldsymbol{F}_{n1}} + \cancel{\boldsymbol{r}_n \times \boldsymbol{F}_{n2}} + \cancel{\boldsymbol{r}_n \times \boldsymbol{F}_{n3}} + \cdots + \quad \boldsymbol{0} \end{aligned}$$

となる．

質点 i が質点 k から受ける力のモーメント $\boldsymbol{r}_i \times \boldsymbol{F}_{ik}$ と，その反作用として質点 k が質点 i から受ける力のモーメント $\boldsymbol{r}_k \times \boldsymbol{F}_{ki}$ は必ずペアで1回現れる．ところが，$\boldsymbol{F}_{ik}$ と $\boldsymbol{F}_{ki}$ は作用・反作用の法則から，大きさが等しく逆向きで，かつ一直線上にある．そのため図7.11からわかるように，原点Oの周りのそれぞれの力によるモーメントも大きさが等しく符号が反対になって

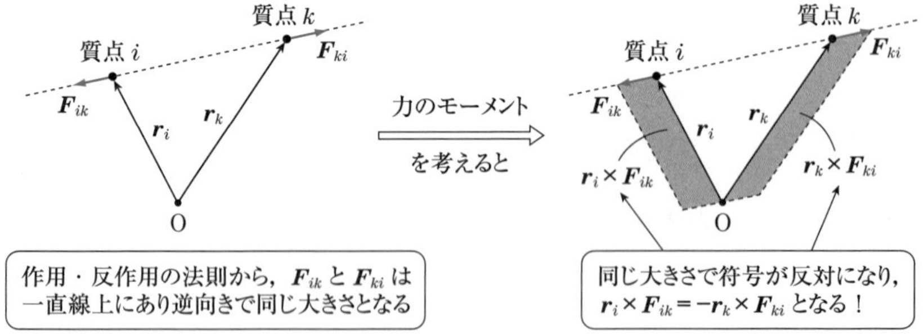

図7.11

互いに打ち消す ($\boldsymbol{r}_i \times \boldsymbol{F}_{ik} = -\boldsymbol{r}_k \times \boldsymbol{F}_{ki}$). これがすべての質点のペアに対して起こる結果，内力によるモーメントへの寄与は打ち消し合ってゼロ，すなわち，

$$\sum_{i=1}^{n}\sum_{k\neq i}^{n}(\boldsymbol{r}_i \times \boldsymbol{F}_{ik}) = \boldsymbol{0}$$

となる．そのため，全角運動量 $\boldsymbol{L}$ の時間変化は外力によるモーメントのみによって引き起こされ，運動方程式は

$$\frac{d\boldsymbol{L}}{dt} = \sum_{i=1}^{n}(\boldsymbol{r}_i \times \boldsymbol{F}_i^{(e)})$$

となる．外力による力のモーメントの総和を

$$\boldsymbol{N}^{(e)} = \sum_{i=1}^{n}(\boldsymbol{r}_i \times \boldsymbol{F}_i^{(e)})$$

で表せば，

$$\boxed{\frac{d\boldsymbol{L}}{dt} = \boldsymbol{N}^{(e)}} \qquad (7.27)$$

と書ける．

(7.27) は，質点系に外力がはたらかない限り全角運動量が保存することを示している．つまり，質点が内部で互いにどのような力を及ぼし合っているとしても，2つの質点間の作用・反作用の法則によって打ち消し合って全角運動量は変化しない(注)．このように，外力が存在しない場合は，運動量とともに角運動量も保存するのである．

(注) 角運動量の保存に関しては，作用・反作用において互いの力が反対向きで大きさが等しいだけでなく，一直線上にあることが重要である．図7.11でもし力が一直線上にないとすると，2つの力によるモーメントが打ち消し合わないことが容易にわかるだろう．その場合は，内力だけによって角運動量が変化するという，現実に反する現象が起こることになる．逆に，だからこそ，作用・反作用による力は一直線上になければならないのである．

質点系の全角運動量と運動方程式

$$\text{運動方程式}\quad \frac{d\boldsymbol{L}}{dt} = \boldsymbol{N}^{(e)}$$

ただし，$\boldsymbol{L} = \sum_{i=1}^{n}\{\boldsymbol{r}_i \times (m_i \boldsymbol{v}_i)\}$ は全角運動量，$\boldsymbol{N}^{(e)} = \sum_{i=1}^{n}(\boldsymbol{r}_i \times \boldsymbol{F}_i^{(e)})$ は外力による力のモーメント．

例題 7.3

章末問題 [6.9] を角運動量の観点から再考する．

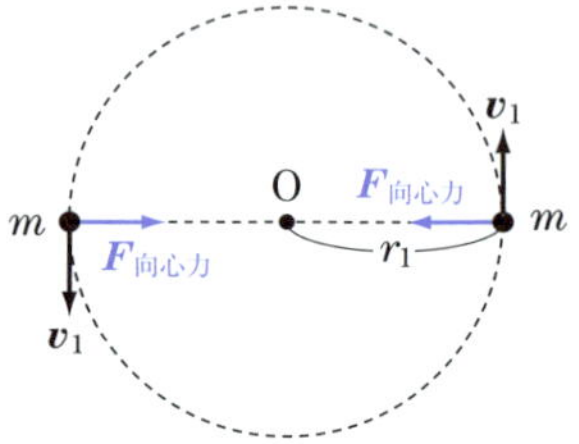

氷上でスピンしているスケーターが，広げた両腕を体の中心に引き寄せることで急激にスピンが高速になる．この現象を理解するために，簡単化したモデルとして，ひもでつながれた2つの物体（ともに質量 m）が互いに半径 r_1 の円周上の反対側に位置して，角速度 $\omega_1 = v_1/r_1$ で回転していることを考える．

（1）　2つの物体の，中心の周りの角運動量の大きさはいくらか．

（2）　回転中に，ひもを縮めて2つの物体を均等に引き寄せて半径を $r_2(< r_1)$ にしたところ，角速度が ω_2 になった．ω_2 を求めよ（ω_1，r_1，r_2 で表せ）．

（3）　最初の状態（半径 r_1，角速度 ω_1）とひもを短くした状態（半径 r_2，角速度 ω_2）とで，運動エネルギーは保存するか．保存しない場合，その理由は何か．ただし，空気抵抗，氷との摩擦，ひもの質量などは無視してよい．

【解】（1）　例題 7.1 (p. 118) の1つの物体の場合と同様．ただし，$\boldsymbol{L}$ の大きさが2倍になる．

$$\boldsymbol{L} = (0,\ 0,\ 2mv_1r_1) = (0,\ 0,\ 2m\omega_1{r_1}^2)$$

（2）　中心に引き寄せられる際（$r_1 \to r_2$），物体がひもから受ける向心力 $\boldsymbol{F}_{向心力}$

は物体の位置ベクトル $\boldsymbol{r}$ と反平行（平行で向きが逆）である．したがって，力のモーメントはゼロとなり，$\boldsymbol{N}^{(e)} = \boldsymbol{r} \times \boldsymbol{F}_{\text{向心力}} = \boldsymbol{0}$ である．よって，角運動量は保存されるので $2m\omega_1 r_1{}^2 = 2m\omega_2 r_2{}^2$ が成り立ち，$\omega_2 = (r_1/r_2)^2\omega_1$ が得られる．つまり，角速度が半径の 2 乗に反比例して増大する（スケーターの場合は，「腕を縮める力は内力なので角運動量を変化させない」と考えればよい）．

（3） 運動エネルギー K_1, K_2 は，半径が r_1 のとき $K_1 = 2 \times \dfrac{1}{2}mv_1{}^2 = mr_1{}^2\omega_1{}^2$ であり，半径が r_2 のとき $K_2 = mr_2{}^2\omega_2{}^2$ である．さらに（2）より $\omega_2 = (r_1/r_2)^2\omega_1$ なので，

$$K_2 = \left(\frac{r_1}{r_2}\right)^2 K_1$$

となる．つまり，運動エネルギーは保存せず，増大する．その理由は，向心力の方向に物体が移動することで外部から仕事をされるためである（スケーターの場合は，腕を縮めることでスケーター自身が仕事をしている．そのために，角運動量は変化しないが運動エネルギーが増大する）．

(d) 重心の運動による角運動量と重心の周りの運動による角運動量

角運動量の法則についてもう少し考察を進めよう．図 7.12 に示すように地球は太陽の周りを公転運動するとともに自転運動している．そのため太陽

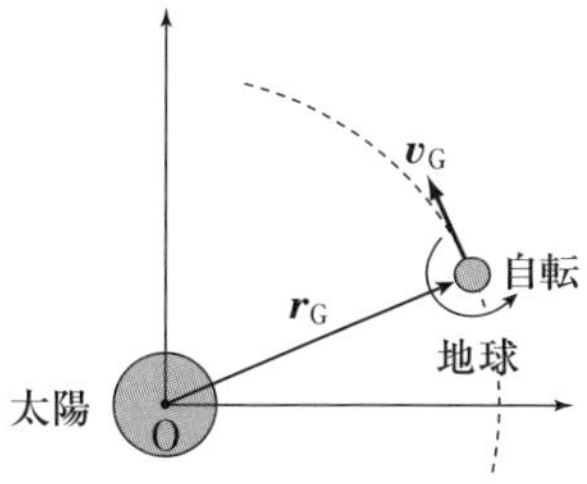

(a) 地球の自転と公転による角運動量

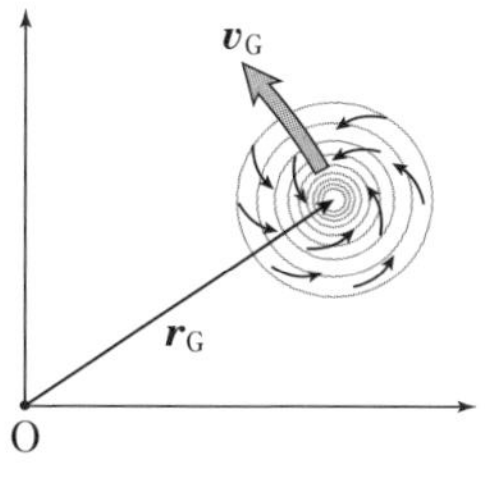

(b) 竜巻の渦と中心の移動による角運動量

図 7.12

の周りの地球の角運動量には，公転運動による寄与と自転運動による寄与が存在するはずである．同様に，竜巻のように渦巻き状の運動をしつつ渦の中心が移動する場合，竜巻の角運動量には重心の運動と，重心を中心とする渦の原点の周りの運動がともに寄与するだろう．実は，地球や竜巻に限らず，以下に示すように，(7.23) で与えられる質点系の全角運動量は，一般に重心の運動による成分 $\boldsymbol{L}_{\mathrm{G}}$ と，重心に対する相対運動（重心の周りの回転）による成分 $\boldsymbol{L}'$ に分けることができ，それぞれを独立に扱うことができるのである．

(7.23) の

$$\boldsymbol{L} = \sum_{i=1}^{n} (\boldsymbol{r}_i \times m_i \boldsymbol{v}_i)$$

を，重心の位置ベクトル $\boldsymbol{r}_{\mathrm{G}} = \sum_{i=1}^{n} m_i \boldsymbol{r}_i / M$（ただし，$M = \sum_{i=1}^{n} m_i$）と，重心からの相対位置ベクトル $\boldsymbol{r}_i'$ を使って書き直そう．質点 i の位置 $\boldsymbol{r}_i$ は $\boldsymbol{r}_{\mathrm{G}}$ と $\boldsymbol{r}_i'$ によって

$$\boldsymbol{r}_i = \boldsymbol{r}_{\mathrm{G}} + \boldsymbol{r}_i' \tag{7.28}$$

と表せる．また，(7.28) の両辺の項をそれぞれ時間で微分することで，質点 i の速度 $\boldsymbol{v}_i$ が

$$\boldsymbol{v}_i = \boldsymbol{v}_{\mathrm{G}} + \boldsymbol{v}_i' \tag{7.29}$$

と表せることに注意しよう．ただし，$\boldsymbol{v}_{\mathrm{G}} = d\boldsymbol{r}_{\mathrm{G}}/dt$ は重心の速度であり，$\boldsymbol{v}_i' = d\boldsymbol{r}_i'/dt$ は重心に対する質点 i の相対速度である．(7.23) に (7.28) と (7.29) を代入し，$\boldsymbol{r}_{\mathrm{G}}$ や $\boldsymbol{v}_{\mathrm{G}}$ は i に依存しないので $\sum_{i=1}^{n}$ の外に出し，また $M = \sum_{i=1}^{n} m_i$ に注意すると，

$$\begin{aligned} \boldsymbol{L} &= \sum_{i=1}^{n} [(\boldsymbol{r}_{\mathrm{G}} + \boldsymbol{r}_i') \times \{m_i(\boldsymbol{v}_{\mathrm{G}} + \boldsymbol{v}_i')\}] \\ &= \boldsymbol{r}_{\mathrm{G}} \times M\boldsymbol{v}_{\mathrm{G}} + \boldsymbol{r}_{\mathrm{G}} \times \sum_{i=1}^{n} m_i \boldsymbol{v}_i' + \sum_{i=1}^{n} m_i \boldsymbol{r}_i' \times \boldsymbol{v}_{\mathrm{G}} + \sum_{i=1}^{n} (\boldsymbol{r}_i' \times m_i \boldsymbol{v}_i') \end{aligned} \tag{7.30}$$

となる．ここで，重心の位置ベクトルの表式 $\boldsymbol{r}_{\mathrm{G}} = \sum_{i=1}^{n} m_i \boldsymbol{r}_i / M$ に $\boldsymbol{r}_i = \boldsymbol{r}_{\mathrm{G}} + \boldsymbol{r}_i'$

を代入すると

$$\sum_{i=1}^{n} m_i \boldsymbol{r}_i' = \boldsymbol{0} \tag{7.31}$$

が得られ，さらに両辺を時間で微分して

$$\sum_{i=1}^{n} m_i \boldsymbol{v}_i' = \boldsymbol{0} \tag{7.32}$$

を得る．(7.31) と (7.32) により，(7.30) の最後の式の第2項と第3項はゼロとなり，結局，

$$\boldsymbol{L} = \boldsymbol{r}_{\mathrm{G}} \times \boldsymbol{P} + \sum_{i=1}^{n} (\boldsymbol{r}_i' \times m_i \boldsymbol{v}_i') \tag{7.33}$$

が得られる．ただし，$\boldsymbol{P} = M\boldsymbol{v}_{\mathrm{G}}$ は全運動量である．(7.33) の第1項は重心の運動による原点Oの周りの角運動量

$$\boldsymbol{L}_{\mathrm{G}} \equiv \boldsymbol{r}_{\mathrm{G}} \times \boldsymbol{P} \tag{7.34}$$

であり，第2項は重心の周りの角運動量

$$\boldsymbol{L}' \equiv \sum_{i=1}^{n} (\boldsymbol{r}_i' \times m_i \boldsymbol{v}_i') \tag{7.35}$$

である．よって，(7.33) は

$$\boxed{\boldsymbol{L} = \boldsymbol{L}_{\mathrm{G}} + \boldsymbol{L}'} \tag{7.33$'$}$$

と書ける．重心が静止している質点系では $\boldsymbol{L}_{\mathrm{G}} = \boldsymbol{0}$ である．したがって，重心が静止している場合は，どの点の周りで考えても全角運動量 $\boldsymbol{L}$ は同じであり，よって，重心の周りの角運動量 $\boldsymbol{L}'$ を考えれば，それが全角運動量に等しい ($\boldsymbol{L} = \boldsymbol{L}'$)．

また，外力による力のモーメント $\boldsymbol{N}^{(e)} = \sum_{i=1}^{n} (\boldsymbol{r}_i \times \boldsymbol{F}_i^{(e)})$ に $\boldsymbol{r}_i = \boldsymbol{r}_{\mathrm{G}} + \boldsymbol{r}_i'$ を代入すると，$\boldsymbol{F}^{(e)} = \sum_{i=1}^{n} \boldsymbol{F}_i^{(e)}$ より

$$\boldsymbol{N}^{(e)} = \boldsymbol{r}_{\mathrm{G}} \times \boldsymbol{F}^{(e)} + \sum_{i=1}^{n} (\boldsymbol{r}_i' \times \boldsymbol{F}_i^{(e)}) \tag{7.36}$$

と書き直せる．この式から，$\boldsymbol{N}^{(e)}$ は重心を原点Oの周りに回転させるモーメント

$$\boldsymbol{N}_{\mathrm{G}}^{(e)} \equiv \boldsymbol{r}_{\mathrm{G}} \times \boldsymbol{F}^{(e)} \tag{7.37}$$

と，重心の周りに回転させるモーメント

$$\boldsymbol{N}'^{(e)} \equiv \sum_{i=1}^{n} (\boldsymbol{r}_i' \times \boldsymbol{F}_i^{(e)}) \tag{7.38}$$

の2つからなることがわかる．つまり，

$$\boxed{\boldsymbol{N}^{(e)} = \boldsymbol{N}_{\mathrm{G}}^{(e)} + \boldsymbol{N}'^{(e)}} \tag*{(7.36)$'$}$$

と書ける．

$\boldsymbol{L}_{\mathrm{G}}$ と $\boldsymbol{L}'$ の運動方程式を導くために，まず (7.34) の両辺を時間で微分すると

$$\frac{d\boldsymbol{L}_{\mathrm{G}}}{dt} = \boldsymbol{v}_{\mathrm{G}} \times \boldsymbol{P} + \boldsymbol{r}_{\mathrm{G}} \times \frac{d\boldsymbol{P}}{dt}$$

が得られるが，$\boldsymbol{P} = M\boldsymbol{v}_{\mathrm{G}}$ より，右辺第1項は互いに平行なベクトルの外積なのでゼロとなる．さらに，第2項で $d\boldsymbol{P}/dt = \boldsymbol{F}^{(e)}$ (7.13) に注意して

$$\frac{d\boldsymbol{L}_{\mathrm{G}}}{dt} = \boldsymbol{r}_{\mathrm{G}} \times \boldsymbol{F}^{(e)}$$

つまり，

$$\boxed{\frac{d\boldsymbol{L}_{\mathrm{G}}}{dt} = \boldsymbol{N}_{\mathrm{G}}^{(e)}} \tag{7.39}$$

が得られる．これが $\boldsymbol{L}_{\mathrm{G}}$ の運動方程式である．

次に，$\boldsymbol{L}'$ の運動方程式を導くために $\boldsymbol{L}'$ を時間で微分して直接求めてもよいが，その必要はない．全角運動量 $\boldsymbol{L}$ の運動方程式 $d\boldsymbol{L}/dt = \boldsymbol{N}^{(e)}$ と (7.39)，および $\boldsymbol{L} = \boldsymbol{L}_{\mathrm{G}} + \boldsymbol{L}'$ と $\boldsymbol{N}^{(e)} = \boldsymbol{N}_{\mathrm{G}}{}^{(e)} + \boldsymbol{N}'^{(e)}$ から直ちに

$$\boxed{\frac{d\boldsymbol{L}'}{dt} = \boldsymbol{N}'^{(e)}} \tag{7.40}$$

が結論できる．

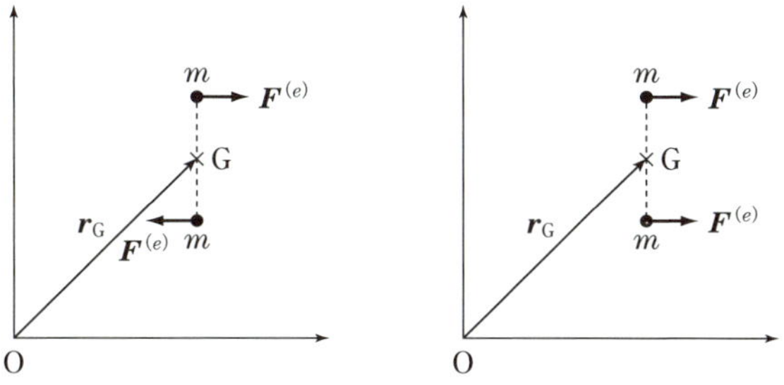

(a) L_G は変化せず，L' が変化する．

(b) L_G が変化し，L' は変化しない．

図 7.13

ここでわかったこととして，L_G と L' の運動方程式 (7.39) と (7.40) が，連立微分方程式ではなくそれぞれ独立な微分方程式であることが重要である．つまり，L_G と L' は互いに関連する従属的な物理量ではなく，独立な 2 つの物理量と考えるべきなのである．もう少し解説すると，もちろん力のモーメント $N_G^{(e)}$ と $N'^{(e)}$ は同一の外力 $F_i^{(e)}$ $(i = 1, 2, \cdots, n)$ から生じるため，完全に独立な量とはいえない．しかし，図 7.13 で単純な例を示すように，(a) $N_G^{(e)} = \mathbf{0}$ だが $N'^{(e)} \neq \mathbf{0}$ の場合や，逆に，(b) $N_G^{(e)} \neq \mathbf{0}$ だが $N'^{(e)} = \mathbf{0}$ の場合などが可能である．一般に，$N_G^{(e)}$ と $N'^{(e)}$ には事実上任意に多様な組み合わせが可能である．そして，与えられた $N_G^{(e)}$ と $N'^{(e)}$ に応じて (重心の運動による) 角運動量 L_G と (重心の周りの回転による) 角運動量 L' は互いに影響を及ぼし合うことなく独自の異なる時間変化をするのである．

〈発展〉 軌道角運動量とスピン角運動量

電子，陽子，中性子等の素粒子は，粒子の運動にともなう「軌道角運動量」に加えて，粒子の“自転運動”に対応したスピン角運動量とよばれる角運動量をもつことが知られている．「スピン角運動量」は量子力学的な物理量であって，古典的な自転運動をそのまま想定することはできない．しかし，ここで論じた古典的な質点系の L_G と L' が，量子力学における軌道角運動量とスピン角運動量の関係に似ているのは興味深い．

例題 7.4

質量 m の2つの質点が xy 平面 $(z=0)$ 上で重心の点G（位置ベクトル $\boldsymbol{r}_{\mathrm{G}}$）を中心として，半径 a の円周上を角速度 ω_1 で $+z$ 方向から見て反時計回りに回転運動している．

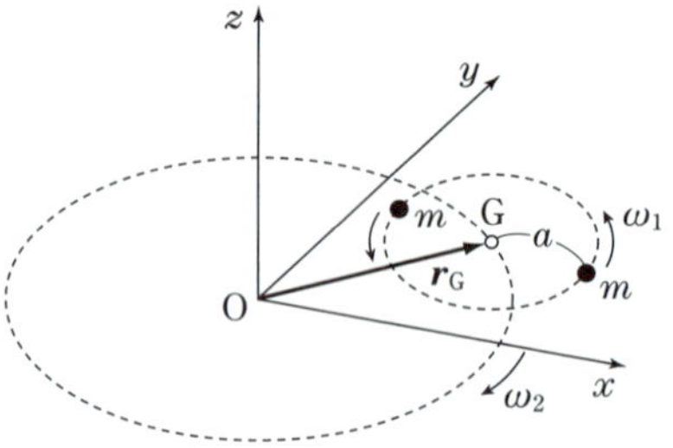

（1）　点Gが静止している場合の原点Oの周りの2つの質点の角運動量を求めよ．

（2）　2つの質点が点Gの周りを回転すると同時に，点Gが xy 平面上で原点Oの周りを角速度 ω_2 で $+z$ 方向から見て時計回りに回転している．原点Oの周りの2つの質点の角運動量を求めよ．

【解】　(7.33)′ より，原点Oの周りの角運動量 $\boldsymbol{L}$ は，原点Oの周りの重心Gの運動による角運動量 $\boldsymbol{L}_{\mathrm{G}}$ と重心Gの周りの2つの質点の角運動量 $\boldsymbol{L}'$ の和である．

$$\boldsymbol{L} = \boldsymbol{L}_{\mathrm{G}} + \boldsymbol{L}'$$

（1）　重心Gは静止しているので $\boldsymbol{L}_{\mathrm{G}} = \boldsymbol{0}$．$\boldsymbol{L}'$ は例題7.3 (p. 124) より得られるので，$\boldsymbol{L} = \boldsymbol{L}' = (0,\ 0,\ 2m\omega_1 a^2)$ となる．

（2）　$\boldsymbol{L}_{\mathrm{G}} = \boldsymbol{r}_{\mathrm{G}} \times \boldsymbol{P}$ は，質量 $M = 2m$ の物体が原点Oを中心に半径 r_{G}，角速度 ω_2 で時計周りに回転することを考えればよいので，$P = 2mv_{\mathrm{G}} = 2mr_{\mathrm{G}}\,\omega_2$ より $\boldsymbol{L}_{\mathrm{G}} = (0,\ 0,\ -2m\omega_2\, r_{\mathrm{G}}{}^2)$．したがって，$\boldsymbol{L} = \boldsymbol{L}_{\mathrm{G}} + \boldsymbol{L}' = (0,\ 0,\ -2m\omega_2\, r_{\mathrm{G}}{}^2 + 2m\omega_1\, a^2)$．

(e)　回転するコマはなぜ倒れないか

回転するコマがなぜ倒れないのかの疑問を思い出そう．この問題は角運動量を通して理解することができる．定量的な取り扱いは第8章で解説する剛体の力学の知識を必要とするが，定性的には，この節で得た知識で十分である．

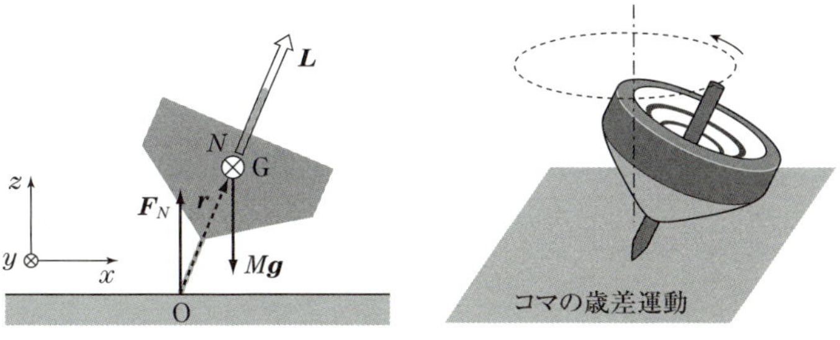

図 7.14

図 7.14 のように，コマが中心軸の周りに軸の上方から見て反時計回りに回っているとする．中心軸と床の接点（原点 O）の周りの角運動量 $\boldsymbol{L}$ を (7.33)′ で考えよう．重心は回転により動くことはないので $\boldsymbol{L}_{\mathrm{G}} = \boldsymbol{0}$ であり，全角運動量 $\boldsymbol{L}$ は重心の周りの角運動量 $\boldsymbol{L}'$ に等しく，軸に沿って斜め上向きである．もしコマが重力によって図 7.14 の xz 平面内で傾きを増すと，角運動量 $\boldsymbol{L}$ の向きもコマの軸と一緒に図の面内（xz 平面内）で変化することになる．ところが $\boldsymbol{L}$ が xz 平面内で変化するためには，力のモーメントが同じく xz 平面内に存在しなければならない．

原点 O の周りで考えているので，これは重心に対して紙面の奥から手前へ向かう向き（$-y$ 方向）に力がはたらくことを意味する．ところが，そんな力は存在しないので，コマは倒れることができない．実際には重心には鉛直方向下向き（$-z$ 方向）の重力が加わっており，そのために紙面の手前から奥へ向かう向き（$+y$ 方向）に力のモーメント $\boldsymbol{N}$ がはたらいている．したがって，角運動量 $\boldsymbol{L}$ はこの $\boldsymbol{N}$ の方向（$+y$ 方向）に変化しなければならない．このために，中心軸の鉛直からの傾きを一定にしたまま，いわゆる味噌擂り（みそすり）運動をすることになる．これを歳差運動とよぶ．

ちなみに，コマが回っていなければ，最初に角運動量はゼロであり，重心による $+y$ 方向の力のモーメントによって $+y$ 方向の角運動量が生ずる．これは，中心軸が図 7.14 の紙面で反時計回りに回転してコマが倒れることによって生ずる角運動量である.

7.4 運動エネルギー

角運動量と同様，運動エネルギーも重心の運動からの寄与と，重心に対する相対運動からの寄与とに分けることができる．まず，通常の座標による全運動エネルギー

$$K = \sum_{i=1}^{n}\left(\frac{1}{2}m_i|\boldsymbol{v}_i|^2\right) = \sum_{i=1}^{n}\left(\frac{1}{2}m_i v_i^2\right)$$

を，重心の速度 $\boldsymbol{v}_{\mathrm{G}}$，重心に対する質点 i の相対速度 $\boldsymbol{v}_i'$ を用いて (7.29) より書き換えると，

$$\begin{aligned} K &= \sum_{i=1}^{n}\left\{\frac{1}{2}m_i(\boldsymbol{v}_{\mathrm{G}} + \boldsymbol{v}_i')\cdot(\boldsymbol{v}_{\mathrm{G}} + \boldsymbol{v}_i')\right\} \\ &= \sum_{i=1}^{n}\left(\frac{1}{2}m_i v_{\mathrm{G}}^2 + \frac{1}{2}m_i v_i'^2 + m_i\boldsymbol{v}_{\mathrm{G}}\cdot\boldsymbol{v}_i'\right) \end{aligned}$$

を得る．$\boldsymbol{v}_{\mathrm{G}}$ は i に依存しないので $\sum$ の前に出して整理すると，

$$K = \frac{1}{2}v_{\mathrm{G}}^2\sum_{i=1}^{n}m_i + \sum_{i=1}^{n}\left(\frac{1}{2}m_i v_i'^2\right) + \boldsymbol{v}_{\mathrm{G}}\cdot\sum_{i=1}^{n}m_i\boldsymbol{v}_i'$$

と書け，さらに右辺第3項は (7.32) でゼロとなるので，

$$K = \frac{1}{2}Mv_{\mathrm{G}}^2 + \sum_{i=1}^{n}\left(\frac{1}{2}m_i v_i'^2\right) \tag{7.41}$$

を得る．ただし，$\sum_{i=1}^{n}m_i = M$ である．右辺第1項，第2項はそれぞれ「重心の運動による運動エネルギー」と「重心に対する相対運動による運動エネルギー」であり，K_{G}，K' で表す．つまり，

$$K = K_{\mathrm{G}} + K' \tag{7.42}$$

となる．なお，K_{G} は全運動量 $\boldsymbol{P} = M\boldsymbol{v}_{\mathrm{G}}$ を用いて，$K_{\mathrm{G}} = \dfrac{P^2}{2M}$ と書くこともできる．

(7.41) または (7.42) は，重心が加速度運動しているかどうかに関わりなく，運動エネルギーが重心運動による寄与と重心に対する相対運動による寄与に分離できることを示している．

例えば，静止したヤカンに熱いお湯が入っていれば，重心は運動しないので (7.41)，(7.42) の第 1 項はゼロだが，水分子やヤカンの金属原子が重心に対して激しく熱運動しているため，第 2 項は大きい．一方，冷たい水を入れたヤカンを放り投げれば第 1 項が生じるが，第 2 項は相対的に小さい．

以下に，質点系の全法則をまとめる．

質点系についての全法則

	運動量	力	運動方程式
質点系	$\boldsymbol{P}=\sum_{i=1}^{n} m_i\boldsymbol{v}_i$ または $\boldsymbol{P}=M\boldsymbol{v}_{\mathrm{G}}$	$\boldsymbol{F}^{(e)}=\sum_{i=1}^{n}\boldsymbol{F}_i^{(e)}$	$\dfrac{d\boldsymbol{P}}{dt}=\boldsymbol{F}^{(e)}$ $M\dfrac{d\boldsymbol{v}_{\mathrm{G}}}{dt}=\boldsymbol{F}^{(e)}$

	角運動量	力のモーメント	運動方程式
原点 O の周りの質点系	$\boldsymbol{L}=\sum_{i=1}^{n}(\boldsymbol{r}_i\times m_i\boldsymbol{v}_i)$ $\boldsymbol{L}=\boldsymbol{L}_{\mathrm{G}}+\boldsymbol{L}'$	$\boldsymbol{N}^{(e)}=\sum_{i=1}^{n}(\boldsymbol{r}_i\times\boldsymbol{F}_i^{(e)})$ $\boldsymbol{N}^{(e)}=\boldsymbol{N}_{\mathrm{G}}^{(e)}+\boldsymbol{N}'^{(e)}$	$\dfrac{d\boldsymbol{L}}{dt}=\boldsymbol{N}^{(e)}$
原点 O の周りの重心運動	$\boldsymbol{L}_{\mathrm{G}}=\boldsymbol{r}_{\mathrm{G}}\times M\boldsymbol{v}_{\mathrm{G}}$	$\boldsymbol{N}_{\mathrm{G}}^{(e)}=\boldsymbol{r}_{\mathrm{G}}\times\boldsymbol{F}^{(e)}$	$\dfrac{d\boldsymbol{L}_{\mathrm{G}}}{dt}=\boldsymbol{N}_{\mathrm{G}}^{(e)}$
重心の周りの相対運動	$\boldsymbol{L}'=\sum_{i=1}^{n}(\boldsymbol{r}_i'\times m_i\boldsymbol{v}_i')$	$\boldsymbol{N}'^{(e)}=\sum_{i=1}^{n}(\boldsymbol{r}_i'\times\boldsymbol{F}_i^{(e)})$	$\dfrac{d\boldsymbol{L}'}{dt}=\boldsymbol{N}'^{(e)}$

運動エネルギー　$$K=K_{\mathrm{G}}+K'=\frac{1}{2}Mv_{\mathrm{G}}^2+\sum_{i=1}^{n}\left(\frac{1}{2}m_iv_i'^2\right)$$

K_{G}：重心の運動による寄与，K'：重心に対する相対運動による寄与

$\boldsymbol{r}_i=\boldsymbol{r}_{\mathrm{G}}+\boldsymbol{r}_i'$，$\boldsymbol{v}_i=\boldsymbol{v}_{\mathrm{G}}+\boldsymbol{v}_i'$：質点 i の位置と速度

$\boldsymbol{r}_{\mathrm{G}}$，$\boldsymbol{v}_{\mathrm{G}}$：重心の位置と速度

$\boldsymbol{r}_i'$，$\boldsymbol{v}_i'$：重心に対する質点 i の位置と速度，$M=\sum_{i=1}^{n}m_i$：全質量

$F_i^{(e)}$：質点 i が受ける外力

Point 1 表中では外力と外力による力のモーメント $\boldsymbol{F}_i^{(e)}$, $\boldsymbol{F}^{(e)}$, $\boldsymbol{N}^{(e)}$ 等を用いたが，内力を含む $\boldsymbol{F}_i$, $\boldsymbol{F}$, $\boldsymbol{N}$ 等を用いても，すべての等式は等しく成立する．ここでは，内力が打ち消し合って外力だけが有効に作用することを明示するために，$\boldsymbol{F}_i^{(e)}$, $\boldsymbol{F}^{(e)}$, $\boldsymbol{N}^{(e)}$ 等を用いている．

Point 2 角運動量と力のモーメントの基準点に注意する．

（1） $\boldsymbol{L}$ と $\boldsymbol{N}^{(e)}$ および $\boldsymbol{L}_G$ と $\boldsymbol{N}_G^{(e)}$

座標の原点の周りで定義されている．もっと一般的に，慣性（座標）系に固定した任意の点（$\boldsymbol{r}_0$）の周りで定義することもできるが，その場合には，各表式中の $\boldsymbol{r}_i$ を $\boldsymbol{r}_i - \boldsymbol{r}_0$ で置き換える．

（2） $\boldsymbol{L}'$ と $\boldsymbol{N}'^{(e)}$

重心（$\boldsymbol{r}_G$）を基準点として，重心の周りで定義されている．その際，重心の運動にはいろいろな場合（静止，等速運動，加速度運動）があるが，重心はどんな運動をしていてもよい．そのことは，(7.35) および (7.38) の定義式から理解できるだろう．つまり，重心がどんな運動をしていようと $\dfrac{d\boldsymbol{L}'}{dt} = \boldsymbol{N}'^{(e)}$ が成り立つ．

章末問題

[7.1] ロケットは，保有する燃料（例えば液体酸素と液体水素）を化学反応（燃焼）させて得られる高温のガスを高速で後方に噴射することで推進力を得る．あるロケットが時刻 $t = 0$ から $t = t_1$ の間に燃焼ガスをロケット本体に対して一定の相対速度（の大きさ）$u(> 0)$ で噴射することで鉛直上向きに上昇した．時刻 $t = 0$ における燃料を含めたロケットの質量は M_0 であり，速度は $v_0 = 0$ であった．また，単位時間当たりの噴出ガスの質量は一定で β であった．重力加速度を g とする．

（1） 時刻 t におけるロケットの速さ v はいくらか．

（2） ロケットが $t = 0$ で上昇を開始するために β と u が満たすべき条件を求めよ．

[7.2] $\boldsymbol{A}$, $\boldsymbol{B}$ の x, y, z 成分表示 $\boldsymbol{A} = (A_x, A_y, A_z)$, $\boldsymbol{B} = (B_x, B_y, B_z)$ による外積の定義

$$\boldsymbol{A} \times \boldsymbol{B} = (A_y B_z - A_z B_y,\ A_z B_x - A_x B_z,\ A_x B_y - A_y B_x)$$

を用いて以下の関係式を示せ．ただし，c は定数であり，$\boldsymbol{C} = (C_x, C_y, C_z)$ である．

① $\boldsymbol{A} \times \boldsymbol{B} = -\boldsymbol{B} \times \boldsymbol{A}$

② $\boldsymbol{A} \times \boldsymbol{A} = \boldsymbol{0}$

③ $(\boldsymbol{A} + \boldsymbol{B}) \times \boldsymbol{C} = \boldsymbol{A} \times \boldsymbol{C} + \boldsymbol{A} \times \boldsymbol{B}$

④ $\boldsymbol{A} \times (\boldsymbol{B} + \boldsymbol{C}) = \boldsymbol{A} \times \boldsymbol{B} + \boldsymbol{A} \times \boldsymbol{C}$

⑤ $\boldsymbol{A} \times (c\boldsymbol{B}) = c\,(\boldsymbol{A} \times \boldsymbol{B})$

⑥ $\boldsymbol{A} \cdot (\boldsymbol{B} \times \boldsymbol{C}) = (\boldsymbol{A} \times \boldsymbol{B}) \cdot \boldsymbol{C}$

⑦ $\boldsymbol{A} \times (\boldsymbol{B} \times \boldsymbol{C}) = (\boldsymbol{A} \cdot \boldsymbol{C})\boldsymbol{B} - (\boldsymbol{A} \cdot \boldsymbol{B})\boldsymbol{C}$

⑧ $\dfrac{d}{dt}(\boldsymbol{A} \times \boldsymbol{B}) = \dfrac{d\boldsymbol{A}}{dt} \times \boldsymbol{B} + \boldsymbol{A} \times \dfrac{d\boldsymbol{B}}{dt}$

［**7.3**］ x, y, z 軸方向の単位ベクトルを $\boldsymbol{i}, \boldsymbol{j}, \boldsymbol{k}$ とするとき，$\boldsymbol{i} \times \boldsymbol{j} = \boldsymbol{k}$，$\boldsymbol{j} \times \boldsymbol{k} = \boldsymbol{i}$，$\boldsymbol{k} \times \boldsymbol{i} = \boldsymbol{j}$ が成り立つことを，単位ベクトルの成分を用いて示せ．

［**7.4**］ 任意のベクトル $\boldsymbol{A}$ と $\boldsymbol{B}$（互いに角度 θ をなす）が与えられたとき，x 軸が $\boldsymbol{A}$ の向きに一致し，xy 平面上に $\boldsymbol{B}$ があるように x, y, z 軸を選ぶことができる．外積 $\boldsymbol{A} \times \boldsymbol{B}$ の成分による定義をこの座標系で適用することで，$\boldsymbol{A} \times \boldsymbol{B}$ の大きさは $\boldsymbol{A}$ と $\boldsymbol{B}$ の張る平行四辺形の面積に等しく，向きは $\boldsymbol{A}$ から $\boldsymbol{B}$ への回転で右ねじが進む向きであることを示せ．

［**7.5**］ xy 平面上で $y = h$ の直線上を x 軸の正の向きに質量 m の質点が速さ v で等速直線運動している．このとき，原点 O の周りの質点の角運動量を求め，その大きさが一定であることを示せ．

［**7.6**］ xy 平面上（$z = 0$）に直線があり，原点からその直線に下ろした垂線の長さは a である．この直線上を速さ v（$= |\boldsymbol{v}|$）で等速直線運動する質点（質量 m）の原点の周りの角運動量ベクトル $\boldsymbol{L}$ を考える．

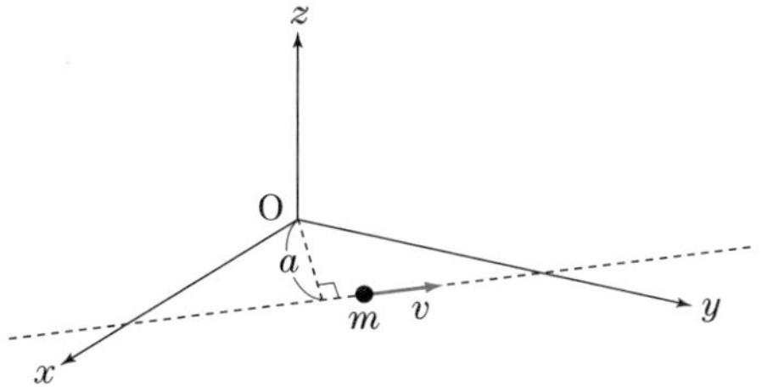

（1） $\boldsymbol{L}$ は質点が直線上のどこにいても変化せず一定であり，向きが z 軸の正の向きで，大きさが amv に等しいことを示せ．

以下では，同様なことを x, y, z 座標の成分で確認する．

（2） $\boldsymbol{L}$ の x, y, z 成分を，質点の位置と速度の成分表示 (x, y) と $(dx/dt, dy/dt)$ を用いて書き下せ．

（3） さらに，質点が等速直線運動することを考慮して，（2）の答えが（1）の答えと同じ結果を与えることを確かめよ．ただし，軌道の直線を $y = -bx + d$ で表す．

［**7.7**］ 距離 $2r$ 離れた2つの質点（ともに質量 m）がその中心G（重心）を中心にして角速度 ω_1 で反時計回りに回っており，同時にその重心Gは原点の周りを角速度 ω_2 で時計回りに回っている．半径 R の円周も半径 r の円周もともに xy 平面上にあるとして，以下の問に答えよ．

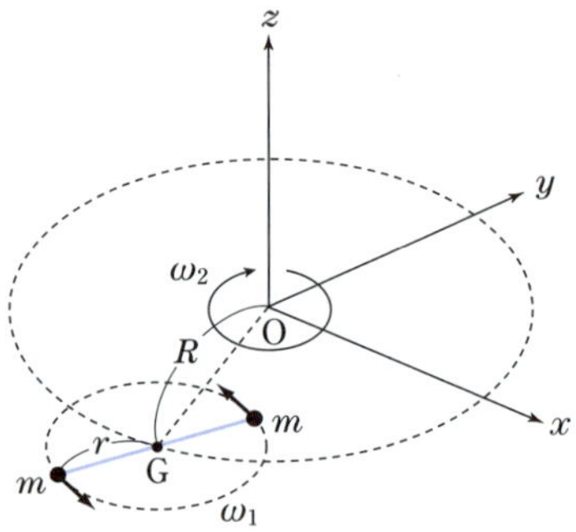

（1） 2つの質点の原点Oの周りの角運動量 $\boldsymbol{L}$ を求めよ．

（2） $\boldsymbol{L} = \boldsymbol{0}$ となるための ω_1 と ω_2 の関係を求めよ．

［**7.8**］ 自由に回転するターンテーブルの上に，回転する車輪の軸をもった人間が乗っている．最初，車輪の軸は水平（y 軸方向）で左図の向きに回転しており，人間は車軸を保持して静止していた．次に，この人が車輪の軸の向きを右図のように

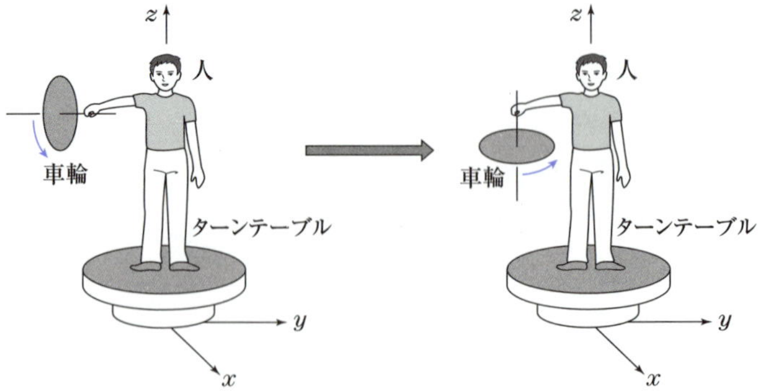

下向きに変化させたところ，車輪は図のように回転を続けた．

（1） この過程で人がターンテーブル上で回転を始める．その回転の向きは上（$+z$ 方向）から見て時計回りか反時計回りか．角運動量の保存則を考慮して答えよ．

（2） この過程で人が車輪に加える力のモーメントを考えることで，人が回転を始める理由を説明せよ．

［**7.9**］ 小球（質量 m）につながったひもが水平な台の小さな穴を通って他端のおもり（質量 M）につながっている．おもり M は台の穴の真下にあって別の支持台に乗っている．ひものたるみをなくし，小球の位置が穴から距離 r_0 になったところで，小球を半径 r_0，速さ v_0（角速度 $\omega_0 = v_0/r_0$）で等速円運動をさせた．

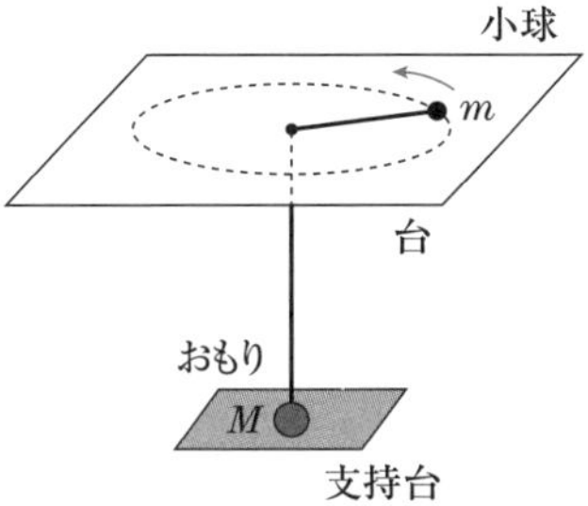

この状態で時刻 $t = 0$ におもりの支持台を外すと，おもりが下降し始めた．小球と台の間に摩擦ははたらかず，またひもと穴の間にも摩擦はなく，重力加速度を g とする．必要があれば，小球の円運動による角運動量 L を考慮せよ．

（1） 支持台を取り除いた後の時刻 t における小球の穴からの距離 $r(t)$ に対する運動方程式を導け．

（2） $t = 0$ におもりが下降を開始するために r_0 の満たすべき条件を v_0 を用いて表せ．

（3） おもりは $t = 0$ で下降し始めた後に最下点に達して再度上昇し，以後，上下運動を繰り返す．おもりと小球の運動を定性的に論じよ．

（4） 小球とおもりの全力学的エネルギー E が一定であることを示せ．

（5） おもりが最下点に達したときの r の値を求めよ．

第8章

剛 体 の 力 学

前章までは質点と質点系を扱ってきたが，我々を取り巻く現実の世界は，主に決まった大きさと形をもつ物体からできている．そこで，本章ではすでに学んだ質点系の力学の知識を使って，それら現実の物体の運動を取り扱うことを考えよう．

8.1 剛体の運動の記述

現実の物体は力を受けると，その硬さに応じて変形したり，ひずみが生じるが，その変形やひずみは小さな場合が多い．そこで，変形やひずみが無視できる理想的な物体を想定し，その物体の運動を考えることにしよう．このような変形しない理想的な物体を剛体とよぶ．剛体を無限に小さな体積要素に分割して考えれば，質点間の相対的な位置が変化しない質点系と見なすことができるので，第7章で導いた結果は，すべてそのまま剛体の議論に適用することができる．

そればかりか，剛体では質点間の相対的な位置が固定されているため，その運動を質点系よりはるかに単純に記述することができる．というのは，剛体の重心に対する相対運動は“重心を通る軸の周りの回転”に限られるからである（そうでないと剛体は変形してしまう）．つまり，剛体の運動を記述するには，重心の運動と重心の周りの回転運動のみを考えればよいのである[注]．

具体的に述べると，剛体の運動状態は全運動量 $\boldsymbol{P} = M\boldsymbol{v}_\mathrm{G}$ と重心の周りの角運動量 $\boldsymbol{L}'$ を与えれば決まってしまう．これは（$\boldsymbol{P}$ と $\boldsymbol{L}'$ がともに x, y, z 方向の自由度をもつので）合計6個の変数だけを決めればよいことを意味し，膨大な変数を必要とする質点系の運動の記述とは大きく異なる．

（注） 厳密にいうと，初期条件として時刻 $t = 0$ での重心の位置と剛体の向きを指定する必要がある．

剛体の運動は，$\boldsymbol{P} = M\boldsymbol{v}_{\mathrm{G}}$ と $\boldsymbol{L}'$ の運動方程式で表すことができ，それらはすでに第 7 章で論じたように，外力 $\boldsymbol{F}^{(e)}$ と（重心の周りの）外力のモーメント $\boldsymbol{N}'^{(e)}$ を用いて

$$\frac{d\boldsymbol{P}}{dt} = \boldsymbol{F}^{(e)} \tag{8.1}$$

$$\frac{d\boldsymbol{L}'}{dt} = \boldsymbol{N}'^{(e)} \tag{8.2}$$

で与えられる．

なお，(7.33)′ で示したように，全角運動量は重心の運動による角運動量 $\boldsymbol{L}_{\mathrm{G}}$ と重心の周りの角運動量 $\boldsymbol{L}'$ の和

$$\boldsymbol{L} = \boldsymbol{L}_{\mathrm{G}} + \boldsymbol{L}'$$

で表されるが，重心の運動による角運動量 $\boldsymbol{L}_{\mathrm{G}} = \boldsymbol{r}_{\mathrm{G}} \times \boldsymbol{P}$ は全運動量 $\boldsymbol{P}$ によって決まるため，重心の周りの角運動量 $\boldsymbol{L}'$ の代わりに全角運動量 $\boldsymbol{L}$ を用いてもよく，その場合は (8.2) の代わりに，

$$\frac{d\boldsymbol{L}}{dt} = \boldsymbol{N}^{(e)} \tag{8.3}$$

を採用する．

剛体が外から力やモーメントを受けて加速や回転を生じるとき，剛体内部の各微小領域の間には互いの相対距離を一定に保つために，一般に複雑な力が生じるはずである．しかし，それらは内力であり，どんなに複雑な力がはたらくとしても，剛体は変形しないためそれらの力は仕事をせず，また内力の合計や力のモーメントの総和はゼロであるため，内力はいっさい考慮する必要がない．そこで，本章ではすべて外力を念頭に議論を進める．そのため，以下ではあえて添字の上付き (e) は付けずに，単に $\boldsymbol{F}$ や $\boldsymbol{N}'$ で表すことにす

る. 当然だが, 剛体がつり合いの状態で静止するためには $\boldsymbol{F}=\boldsymbol{0}$ かつ $\boldsymbol{N}'=\boldsymbol{0}$ $(\boldsymbol{N}=\boldsymbol{0})$ が必要条件となる.

8.2　固定軸の周りの剛体の回転

人類は文明の発展過程で, ころ・滑車・各種車輪・風車・エンジン・モーターなど, 回転を利用した様々な道具や機械を発明し, おおいにその効能を享受してきた. 回転する物体の重要性はこれからも変わらないだろう. 以下の数節で, 剛体の運動の中で特に重要な, 固定した軸の周りの回転運動を取り上げ, 詳しく述べることにする.

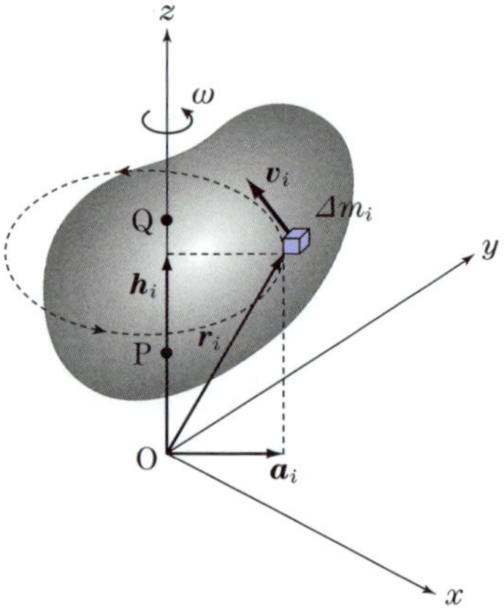

図 8.1

図 8.1 のように, ある剛体が表面上の 2 点 P, Q を結ぶ直線を回転軸として角速度 ω で回転している. 回転軸 PQ を z 軸に重なるように直交座標を選び, この剛体の原点 O の周りの全角運動量を考えよう. 剛体は任意の形でよく, また回転軸 PQ が剛体の重心を通らなくてもよい.

剛体を無限個の微小な体積要素に分割し, i 番目の微小体積の位置, 速度, 質量をそれぞれ $\boldsymbol{r}_i$, $\boldsymbol{v}_i$, Δm_i で表すと, 全角運動量 $\boldsymbol{L}$ は

$$\boldsymbol{L}=\begin{pmatrix}L_x\\L_y\\L_z\end{pmatrix}=\lim_{n\to\infty}\sum_{i=1}^{n}(\boldsymbol{r}_i\times\Delta m_i\boldsymbol{v}_i) \qquad (8.4)$$

と書ける. 剛体は回転しているので, 剛体中のすべての微小体積 (Δm_i) も回

転軸の周りで回転し，それに応じて速度 $\boldsymbol{v}_i$ の方向が変化する．したがって，(8.4) の $\boldsymbol{r}_i$，$\boldsymbol{v}_i$ は時間の関数であり，(8.4) 式で計算される全角運動量も一般には時間の関数になる．

ここで，各微小体積からの寄与が $\boldsymbol{r}_i \times \boldsymbol{v}_i$ の方向を向いており，その総和である $\boldsymbol{L}$ の向きが一般には回転軸（z 軸）に平行ではないことに注意しよう．角運動量の z 成分と xy 平面上の成分を区別して考えるために，図 8.1 のように位置ベクトル $\boldsymbol{r}_i$ を，z 軸と xy 平面へのそれぞれの正射影ベクトル $\boldsymbol{h}_i$ と $\boldsymbol{a}_i$ を用いて $\boldsymbol{r}_i = \boldsymbol{h}_i + \boldsymbol{a}_i$ と書こう．これを (8.4) に代入すると

$$\boldsymbol{L} = \lim_{n\to\infty}\sum_{i=1}^{n}(\boldsymbol{h}_i \times \Delta m_i \boldsymbol{v}_i) + \lim_{n\to\infty}\sum_{i=1}^{n}(\boldsymbol{a}_i \times \Delta m_i \boldsymbol{v}_i) \tag{8.5}$$

となるが，$\boldsymbol{h}_i$ が z 軸に平行なためにこの式の右辺第 1 項の $\boldsymbol{h}_i \times \Delta m_i \boldsymbol{v}_i$ は xy 平面上のベクトルであり，そのため，剛体全体の総和も xy 平面上のベクトルとなる．第 2 項の $\boldsymbol{a}_i \times \Delta m_i \boldsymbol{v}_i$ は，$\boldsymbol{a}_i$ も $\boldsymbol{v}_i$ も xy 平面上にあるため z 軸方向のベクトルである．つまり，角運動量を xy 平面上の成分と z 成分とに分離して書くことができた．それを以下のようにあからさまに書いておこう．

$$\boldsymbol{L} = \boldsymbol{L}_{xy} + \boldsymbol{L}_z$$

$$\boldsymbol{L}_{xy} = \begin{pmatrix} L_x \\ L_y \\ 0 \end{pmatrix} = \lim_{n\to\infty}\sum_{i=1}^{n}(\boldsymbol{h}_i \times \Delta m_i \boldsymbol{v}_i) \tag{8.6}$$

$$\boldsymbol{L}_z = \begin{pmatrix} 0 \\ 0 \\ L_z \end{pmatrix} = \lim_{n\to\infty}\sum_{i=1}^{n}(\boldsymbol{a}_i \times \Delta m_i \boldsymbol{v}_i) \tag{8.7}$$

Point $\boldsymbol{h}_i$, $\boldsymbol{a}_i$ は位置ベクトル $\boldsymbol{r}_i$ をそれぞれ z 軸，xy 平面へと正射影したベクトルを表す. また, 回転軸を z 軸にとり, 角運動量の基準点を原点 O にとった.

このように，z 軸の周りに回転しているにも関わらず，角運動量は z 成分 L_z だけでなく，一般には x, y 成分 L_x, L_y をもつことに注意しよう. つまり，一般には角運動量の向きは回転軸の向きに一致しないのである（このことは 8.3 節でさらに詳しく述べる).

$\boldsymbol{h}_i$, $\boldsymbol{a}_i$, $\boldsymbol{v}_i$ の大きさは時間とともに変化しないので，(8.6)，(8.7) から $\boldsymbol{L}_{xy}$, $\boldsymbol{L}_z$ の大きさも一定である．また，$\boldsymbol{h}_i$ が z 軸方向を向き，$\boldsymbol{v}_i$ が xy 平面内を角速度 ω で回転することにより，(8.6) から $\boldsymbol{L}_{xy}$ の向きが xy 平面内を（$\boldsymbol{v}_i$ と垂直を保ちつつ）角速度 ω で回転することもわかる.

さて，(8.5) は「原点 O の周りの角運動量」を表すが，回転軸 PQ の延長線上にあるこの基準点を，原点 O から回転軸に沿ってずらすと角運動量はどうなるだろうか. 回転軸（z 軸）に沿って基準点をずらすと，(8.6) の $\boldsymbol{h}_i$ が変化するために $\boldsymbol{L}_{xy}$ は変化するが，(8.7) の $\boldsymbol{a}_i$ は不変なために $\boldsymbol{L}_z$ は変化しない．つまり，$\boldsymbol{L}_{xy}$ を議論する際は回転軸上のどの点の周りで考えているのかが重要だが，$\boldsymbol{L}_z$ を議論する際は，回転軸さえ意識しておけばよいのである. なお，回転軸が重心を通る場合は $\boldsymbol{L}_{xy}$ も基準点の選択に依存しない（これは 8.4 節で示す).

ここまで見てきたように，回転体の角運動量は回転軸方向の成分に加えて回転軸に垂直な方向にも成分をもち，それら 2 つの成分の性質は大きく異なる．工学的な観点からいうと，物体の回転を利用する機構のほとんどは，回転軸方向の角運動量 $\boldsymbol{L}_z$ を利用している．一方，回転軸に垂直な $\boldsymbol{L}_{xy}$ は回転体の軸対称からの変形や工作誤差などによって生じ，回転による振動発生など，工学での応用上は多くの場合，望ましくない効果をもたらす．以下の節で，$\boldsymbol{L}_z$ と $\boldsymbol{L}_{xy}$ を区別してより詳しく考察しよう.

8.3　角運動量の回転軸方向の成分 L_z と慣性モーメント I

回転体の $\boldsymbol{L}_z$ の理解を進めるために，(8.7) の z 軸成分についてさらに考えよう．$\boldsymbol{a}_i$ と $\boldsymbol{v}_i$ は互いに垂直で外積の大きさが $a_i v_i$ であるため，

$$L_z = \lim_{n\to\infty}\sum_{i=1}^{n}(\Delta m_i a_i v_i) \tag{8.8}$$

と書ける．ここで $v_i = a_i\omega$，および ω が i によらないことを考慮して，

$$L_z = \left(\lim_{n\to\infty}\sum_{i=1}^{n} a_i^2 \Delta m_i\right)\omega \tag{8.9}$$

を得る. (8.9) は L_z が角速度 ω に比例することを示している. その比例定数

$$\boxed{I = \lim_{n\to\infty}\sum_{i=1}^{n}(a_i^2 \Delta m_i)} \tag{8.10}$$

は**慣性モーメント**とよばれており，剛体の質量分布（形と材質）で決まる．

(8.9) は慣性モーメントの記号 I を使って

$$\boxed{L_z = I\omega} \tag{8.11}$$

と書ける．ちなみに，(8.10) の慣性モーメントは，回転軸 PQ を指定することで定義される量であることに注意しよう．また，角運動量の運動方程式 (8.3) の z 成分 $dL_z/dt = N_z$ より，

$$\boxed{I\frac{d\omega}{dt} = N_z} \tag{8.12}$$

を得る．

(8.11) を言葉で書けば，

$$\boxed{（角運動量）=（慣性モーメント）\times（角速度）}$$

となるが，この式は，運動量に対する，

$$(\text{運動量}) = (\text{慣性質量}) \times (\text{速さ})$$

に対応している．また，(8.12) は

$$(\text{慣性モーメント}) \times (\text{角速度の時間変化}) = (\text{力のモーメント})$$

となるが，これは運動量に関する法則

$$(\text{慣性質量}) \times (\text{速度の時間変化}) = (\text{力})$$

に対応する．

このように，運動量に対する慣性質量の役割と，角運動量に対する慣性モーメントの役割は対応している．慣性質量は物体の重心の運動に対する性質を特徴づけるが，慣性モーメントは物体の回転に対する性質を特徴づける量である．

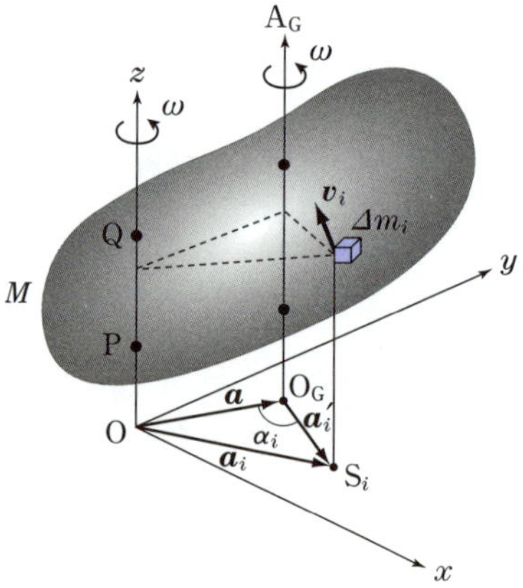

図 8.2

ある剛体を別の回転軸の周りで回転させると，生じる L_z の値が変化し，したがって慣性モーメントの値も変化する．図 8.2 に示すような重心 G を通らない任意の回転軸 PQ の周りで回転させる際の慣性モーメント I と，この回転軸に平行で重心 G を通る回転軸 A_G の周りで回転させる場合の慣性モーメント I' の関係を調べよう．2つの回転軸の間の距離を a，剛体の質量を M とする．軸 PQ の周りの慣性モーメント I は微小体積 i の軸 PQ からの距離を a_i として (8.10) の

$$I = \lim_{n\to\infty} \sum_{i=1}^{n} (a_i^2 \Delta m_i) \tag{8.13}$$

で与えられる．同様に，i 番目の微小体積の軸 A_G からの距離を a_i' とすれば慣性モーメント I' は

$$I' = \lim_{n\to\infty}\sum_{i=1}^{n}(a_i'^2 \varDelta m_i) \tag{8.14}$$

である．

ここで，軸 $\mathrm{A_G}$ が $z = 0$ の xy 平面を貫く点を $\mathrm{O_G}$，i 番目の微小体積を xy 平面に垂直に投影した点を S_i とし，原点 O から点 $\mathrm{O_G}$ へのベクトルを $\boldsymbol{a}$，点 $\mathrm{O_G}$ から点 S_i へのベクトルを $\boldsymbol{a}_i'$ とすると，$\boldsymbol{a}_i = \boldsymbol{a} + \boldsymbol{a}_i'$ の関係があるため，それぞれのベクトルの大きさに対して余弦定理を用いると，$a_i^2 = a^2 + a_i'^2 - 2aa_i' \cos\alpha_i$ (α_i：$\mathrm{OO_G}$ と $\mathrm{O_GS}_i$ のなす角度) が成立する．これを (8.13) に代入して整理すると

$$\begin{aligned} I &= a^2 \lim_{n\to\infty}\sum_{i=1}^{n}\varDelta m_i + \lim_{n\to\infty}\sum_{i=1}^{n}(a_i'^2\varDelta m_i) - 2a\lim_{n\to\infty}\sum_{i=1}^{n}(a_i' \cos\alpha_i \varDelta m_i) \\ &= a^2 M + I' - 2a\lim_{n\to\infty}\sum_{i=1}^{n}(a_i' \cos\alpha_i \varDelta m_i) \end{aligned}$$

となる．ここで最後の式の右辺第 3 項はゼロとなることに注意しよう．なぜなら，質点系に対して (7.31) で示したように，重心から測った各質点の位置ベクトル $\boldsymbol{r}_i'$ に質量 m_i を掛けて加え合わせたベクトルはゼロになるからである．つまり，$\sum_{i=1}^{n} m_i \boldsymbol{r}_i' = \boldsymbol{0}$ なのだが，上の式の第 3 項の和の中身は $m_i \boldsymbol{r}_i'$ のベクトル $\boldsymbol{a}_{\mathrm{G}}$ の方向への正射影であり，その和がゼロになるからである．したがって，

$$\boxed{I = Ma^2 + I'} \tag{8.15}$$

を得る．

右辺第 1 項の Ma^2 は，重心に全質量 M が集中する場合の軸 PQ の周りの慣性モーメントであることに注意しよう．(8.15) は，重心からずれた軸の周りの慣性モーメントは，Ma^2 (重心が軸の周りにもつ慣性モーメント) に I' (重心の周りの慣性モーメント) を加えて得られることを示している．これは同時に，平行な回転軸の中で重心を通る軸の周りの慣性モーメントが最小値

を与えることを意味する．

材料力学や機械設計などの分野で，回転する様々な物体を設計する際に慣性モーメントの計算が重要になる．計算の見通しを良くするために (8.10) を変形しておこう．剛体の i 番目の微小領域の体積と密度をそれぞれ $\varDelta V_i$, $\rho_i = \rho(\boldsymbol{r}_i)$ として，(8.10) に $\varDelta m_i = \rho_i \varDelta V_i = \rho(\boldsymbol{r}_i)\varDelta V_i$ を代入すれば，

$$I = \lim_{n\to\infty}\sum_{i=1}^{n}(a_i^2\rho_i\varDelta V_i) \tag{8.16}$$

となるが，これを積分の形（体積積分とよぶ）で

$$I = \int a^2(\boldsymbol{r})\,\rho(\boldsymbol{r})\,dV \tag{8.17}$$

と表すこともできる．dV は x, y, z 座標を用いれば $dx\,dy\,dz$ を意味する．

以下では，いくかの例で慣性質量がどのように計算されるのかを見ていこう．

[例 1] 図 8.3 のように，長さ l の一様な棒（質量 M で太さは無視できる）の中心を通り，棒に垂直な軸の周りの慣性モーメント I を求めよう．

棒を長さ方向に多数回分割して，i 番目の微小区間 $\varDelta x_i$ の回転軸からの距離を x_i すると，(8.10) で $a_i = x_i$ と $\varDelta m_i = M\varDelta x_i/l$ に考慮して

$$I = \lim_{n\to\infty}\sum_{i=1}^{n}(a_i^2\,\varDelta m_i) = \lim_{n\to\infty}\sum_{i=1}^{n}\left(x_i^2 M\frac{\varDelta x_i}{l}\right)$$

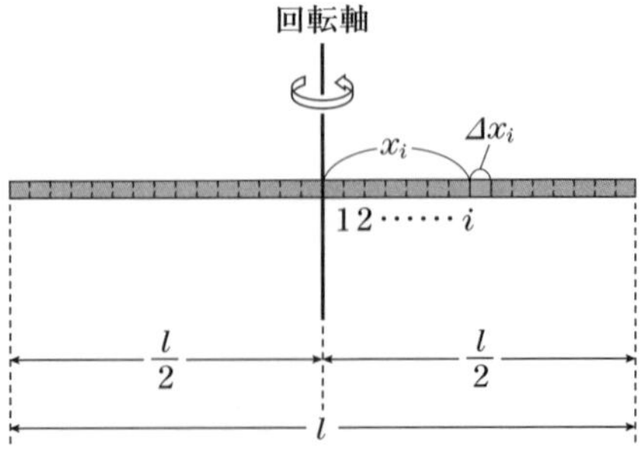

図 8.3

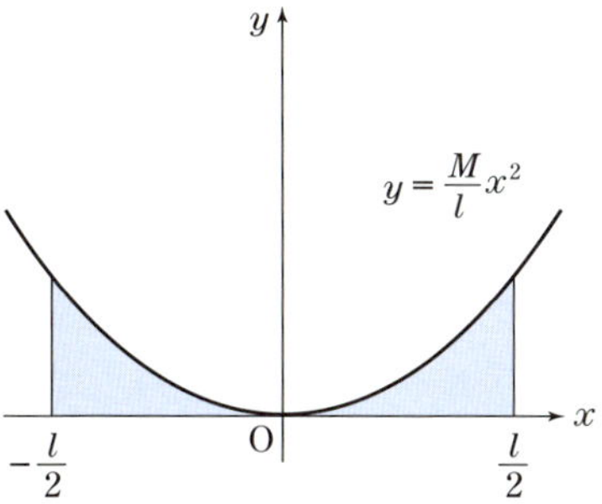

図 8.4

となる．この式は図 8.4 からもわかるように，変数 x での積分を意味する．さらに積分区間の $-l/2 \leqq x \leqq l/2$ を考慮して，

$$I = \int_{-\frac{l}{2}}^{\frac{l}{2}} x^2 \frac{M}{l} dx$$

$$= \frac{1}{12} Ml^2$$

が得られる．このように，棒に垂直な軸の周りの棒の慣性モーメントは質量に比例し，長さの 2 乗に比例する．

［例 2］　［例 1］と同じ棒（長さ l，質量 M で，太さは無視できる）を，棒に垂直で棒の端を通る回転軸の周りで回転させる場合の慣性モーメント I を求めよう．

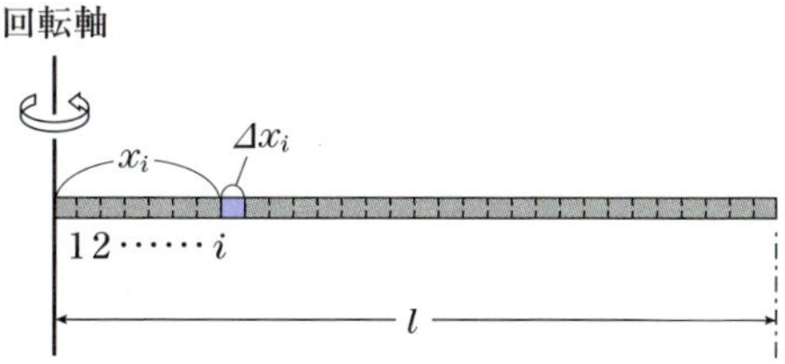

図 8.5

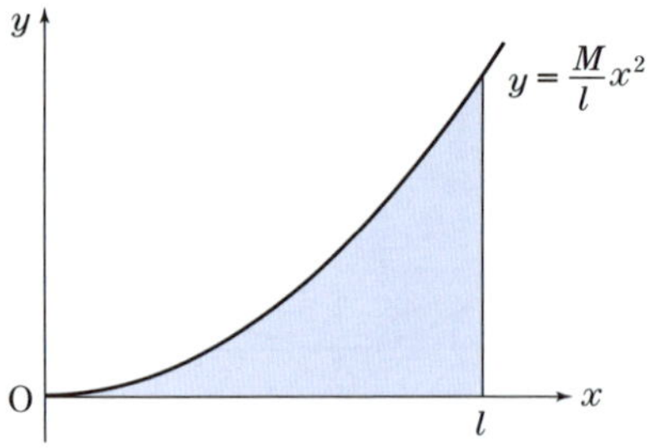

図 8.6

［例 1］と同様に微小区間に分割して

$$I = \lim_{n \to \infty} \sum_{i=1}^{n} (a_i^2 \varDelta m_i) = \lim_{n \to \infty} \sum_{i=1}^{n} \left(x_i^2 M \frac{\varDelta x_i}{l} \right)$$

と書けるが，今度は図 8.6 に示すように積分区間が $0 \leqq x \leqq l$ となる．そこで，

$$I = \int_0^l x^2 \frac{M}{l} dx = \frac{1}{3} Ml^2$$

を得る．

別解として，(8.15) と［例 1］の結果を使えば，直ちに

$$I = Ma^2 + I' = \frac{1}{4} Ml^2 + \frac{1}{12} Ml^2 = \frac{1}{3} Ml^2$$

が得られる．

長い棒の中心付近をもてば簡単に振り回せるが，端をもつと振り回しにくいという経験があるだろう．上記の例はその体験に説明を与えており，端の周りの棒の慣性モーメントが中心（重心）の周りの慣性モーメントより顕著に大きいことを示している．どこをもつかによって棒の慣性モーメントが異なるのは (8.15) から明らかである．さらにいうと，慣性モーメントは重心を回転軸にした場合に最小値をとるので，棒は重心をもつと最も振り回しやすいのである．

［例 3］ 中心軸を回転軸とする一様な円板の慣性モーメント I

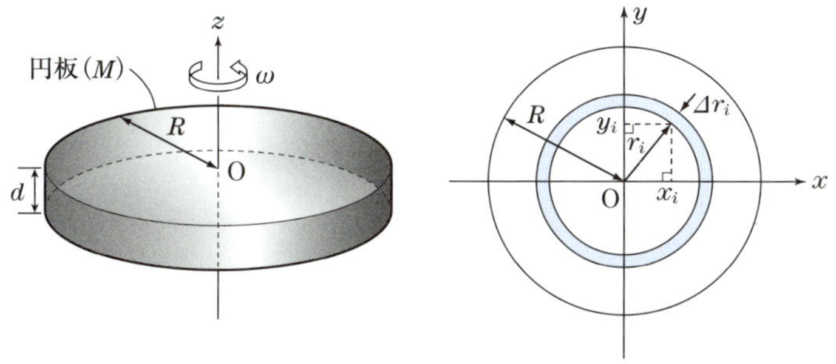

図 8.7

図 8.7 のように半径 R, 厚さ d, 質量 M の一様な円板を考える．この円板を微小な体積要素に分割する際，円板が中心軸の周りに軸対称であることを利用して，図 8.7 の右図のように微小な円環に分割するとよい．i 番目の微小円環の中心から内周までの距離を r_i とすると，微小円環の円周は $2\pi r_i$, 半径方向の厚みが $\varDelta r_i$, 高さが d なので，微小体積が $\varDelta V_i = 2\pi r_i \varDelta r_i d$ となり，密度が $\rho_i = M/\pi R^2 d$ であることから，質量が

$$\varDelta m_i = \rho_i \varDelta V_i = M\frac{2\pi r_i \varDelta r_i d}{\pi R^2 d} = \frac{2Mr_i \varDelta r_i}{R^2}$$

となる．さらに (8.10) で $a_i = r_i$ に考慮すると，慣性モーメント I は

$$I = \lim_{n\to\infty}\sum_{i=1}^{n}(a_i^2 \varDelta m_i) = \lim_{n\to\infty}\sum_{i=1}^{n}\left(\frac{2Mr_i^3 \varDelta r_i}{R^2}\right)$$

となる．この式は変数 r による積分を意味するので，積分区間 $0 \leqq r \leqq R$ を考慮して，

$$I = \int_0^R \frac{2Mr^3}{R^2}dr = \frac{1}{2}MR^2$$

を得る．

例題 8.1

長さ l，質量 M の一様な棒（太さは無視）の端を支点として吊り下げて振り子（**実体振り子**とよばれる）にする．図のように振り子の回転軸を z 軸とし，鉛直下向きに x 軸，水平右向きに y 軸をとり，棒が鉛直方向となす角を θ とする．支点の摩擦や空気抵抗を無視して振り子の運動を考える．

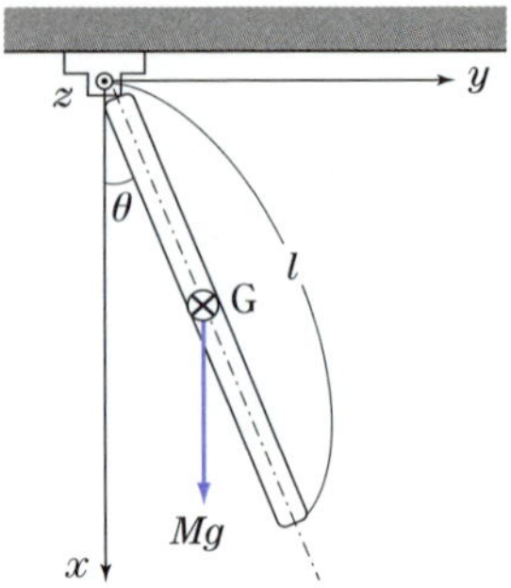

（1）振り子の運動方程式を書き下して運動を論じよ．また，振り子の振幅が小さい（$|\theta| \ll 1$）場合の振動の周期を求めよ．

（2）この実体振り子は，重力が支点から距離 $l/2$ にある棒の重心にはたらくので，長さ $l/2$ のひもに質量 M のおもりを付けた単振り子に似ている．しかし，振動の周期は異なる．それはなぜかを説明せよ．

【解】（1）運動の自由度は θ だけなので運動方程式は1つあればよく，それには z 軸の周りの角運動量の運動方程式 $\dfrac{dL_z}{dt} = N_z$ を考えればよい．角運動量 L_z は棒の端の周りの慣性モーメント $I = Ml^2/3$［例 2］と振り子の角速度 $\omega = d\theta/dt$ を用いて $L_z = I\omega = Ml^2\omega/3$ と表せる．力のモーメント N_z は重力が支点から距離 $l/2$ の重心にはたらくことを考慮して $N_z = -l/2 \times Mg\sin\theta$ である．したがって，運動方程式は $Ml^2\dot{\omega}/3 = -(l/2)Mg\sin\theta$ より，$\dot{\omega} = d^2\theta/dt^2$ を考慮して

$$\frac{d^2\theta}{dt^2} = -\frac{3g}{2l}\sin\theta$$

で与えられる．これは3.2節で述べた，長さ l の単振り子の運動方程式 (3.21)

$$\frac{d^2\theta}{dt^2} = -\frac{g}{l}\sin\theta$$

と同じ形をしているので，運動は単振り子と同じである．振幅が小さい場合は

$\sin\theta \fallingdotseq \theta$ と近似して，周期 $T_{実体} = 2\pi\sqrt{2l/3g}$ を得る．

（2） 両方の振り子を，共通の運動方程式 $I\dfrac{d\omega}{dt} = N_z$ で考えることができる．振り子に加わる力のモーメントは両者で等しい．しかし，慣性モーメントは，単振り子では重心の運動 $I = Ml^2/4$ からの寄与しかないが，実体振り子（棒）では (8.15) により，重心の周りの回転による寄与 $(I' = Ml^2/12)$ が加わる．そのため，実体振り子の方がゆっくり振動し，周期が長くなる．

8.4　角運動量の3つの方向成分

固定した軸の周りで回転する剛体の角運動量の向きが，一般には回転軸の向きと一致しないことを 8.2 節で述べた．実際の回転体は，ほとんどの場合，回転軸を固定するために軸受け（図 8.11 を参照）で支えられているが，角運動量が回転軸の方向と一致しないと回転にともなう振動や不安定さを生じるため，実用上，好ましくない問題を引き起こすことが多い．

図 8.1 のように，任意の形をした剛体が軸 PQ（z 軸にとる）の周りで回転するときの回転軸上の原点 O の周りの角運動量を考える．ここでは垂直な角運動量成分 $\boldsymbol{L}_{xy}$ について再度考えよう．

図 8.8 は PQ を軸として回転している剛体の，ある時刻 t での xz 平面 $(y = 0)$ 上での断面図である．図 8.1 の場合と同様，回転の向きは $+z$ 方向から見て反時計回りで角速度を ω とする．図 8.8 で回転軸の右側（$+x$ 方向）の領域は回転によって紙面の手前から奥（$+y$ 方向）に動いており，左側の領域は紙面の奥から手前（$-y$ 方向）に動いている．したがって，右側と左側の任意の質量成分 Δm_1，

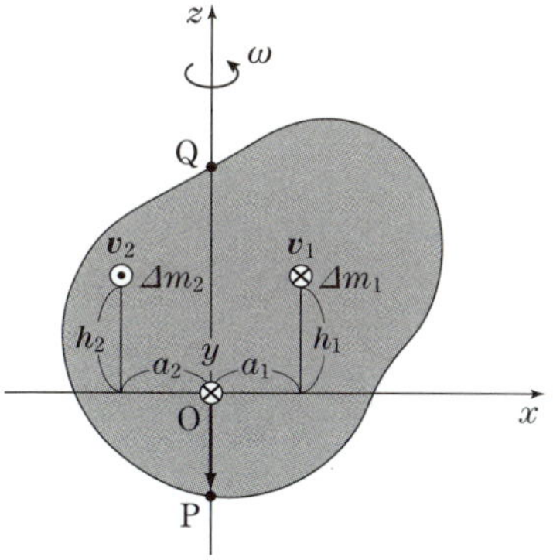

図 8.8

$\varDelta m_2$ の回転軸からの距離と高さをそれぞれ a_1, a_2 および h_1, h_2 とすると，(8.6) から，それぞれ回転軸に垂直な角運動量成分

$$L_{xy,1} = \varDelta m_1\, h_1\, a_1 \omega$$
$$L_{xy,2} = -\varDelta m_2\, h_2\, a_2 \omega$$

が得られる．このように，回転軸の反対側にある質量成分がつくる角運動量成分は符号が逆で互いに打ち消し合うのだが，物体の材質が不均一だったり形にゆがみがあると，この打ち消し合いが完全でなく，剛体全体としての $\boldsymbol{L}_{xy}$ がゼロでなくなるのである.（図 8.8 の例は軸対称から大きく外れているので，無論打ち消し合いは完全でない.）

また，この $\boldsymbol{L}_{xy}$ がゼロでないとき，角運動量ベクトル $\boldsymbol{L}_{xy}$ は，その大きさは時間によらず一定で ω に比例するが，その向きは剛体の回転にともなって角速度 ω で回転する．回転軸が重心を通る場合も，以上の結論は変わらない．

ここで重要なことは，角運動量ベクトル $\boldsymbol{L}_{xy}$ が時間的に変化することから，運動方程式

$$\frac{d\boldsymbol{L}}{dt} = \boldsymbol{N}$$

に従って力のモーメント $\boldsymbol{N}$ が存在しなければならないことである．$\boldsymbol{L}_{xy}$ が一定の大きさを保ちつつ xy 平面上を角速度 ω で回転するので，この方程式から，$\boldsymbol{N}$ も一定の大きさを保ちつつ，$\boldsymbol{L}_{xy}$ と垂直な方向を保って角速度 ω で xy 平面上を回転することがわかる（図 8.9 を参照）．

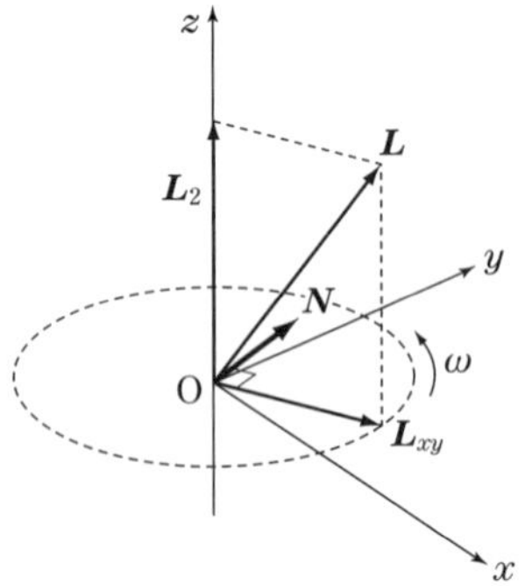

図 8.9

さて，この $\boldsymbol{N}$ は回転軸を一定に保つために「軸受け」が発生している．軸受けとは，図 8.8 を例にとると，点 P と点 Q の位置を固定しつつ摩擦なく回転を許すような機構のことである．もし軸受けがなく，剛体が自由に（$\boldsymbol{N} = \boldsymbol{0}$ で）

回転するなら，角運動量が保存されて一定になる代わりに，軸受けを外した瞬間 $(t = t_0)$ に剛体がもっていた角運動量 $\boldsymbol{L}(t_0)$ が一定に保たれるように，剛体は新たな回転軸の周りで回転を始める．

以上に述べた事柄をさらに直観的に理解するため，図 8.10 の単純な系について具体的に考えておこう．2 つの質点 (質量 m) が長さ a の棒に取り付けられており，棒は回転軸上の距離 $2h$ 隔たった場所に，軸に直角かつ互いに軸の反対側に取り付けられている．軸と腕は変形せず，質量は無視できる．(2 つの質点の相対的な位置が変化しないので，この 2 つの質点は“剛体”の単純な例と見なせる)．軸を z 方向に選び，中点 (重心) を座標原点に置く．この系が軸の周りに (+z 方向から見て反時計回りに) 角速度 ω で回転する．重心は静止しているため，全角運動量 $\boldsymbol{L}$ (7.33) は基準点によらず，重心の周りの角運動量 $\boldsymbol{L}'$ (7.35) に等しい．

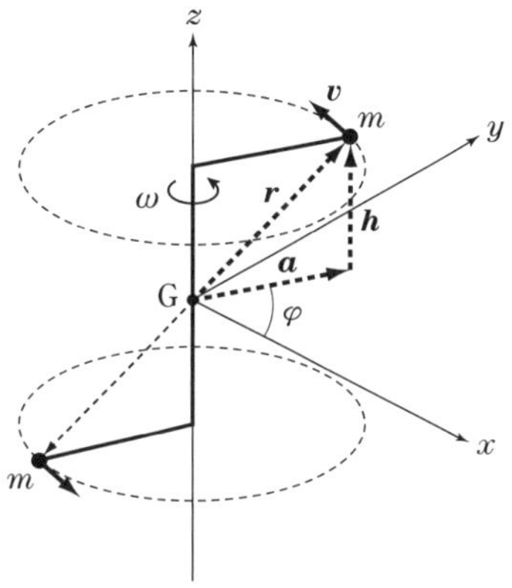

図 8.10

図 8.10 のように，+z 側の質点の位置ベクトルを xy 平面成分と z 方向成分に分解 $(\boldsymbol{r} = \boldsymbol{a} + \boldsymbol{h})$ し，$\boldsymbol{a}$ の x 軸からの偏角を $\varphi = \omega t$，初期条件は $t = 0$ で $\varphi(0) = 0$ とする．(8.6)，(8.7) に戻って考えると

$$L_z = |\boldsymbol{a} \times m\boldsymbol{v}| = ma^2\omega, \qquad L_x = (\boldsymbol{h} \times m\boldsymbol{v})_x, \qquad L_y = (\boldsymbol{h} \times m\boldsymbol{v})_y$$

となるが，$\boldsymbol{h}$ と $\boldsymbol{v}$ は垂直，かつ $\boldsymbol{h} \times m\boldsymbol{v}$ は $-\boldsymbol{a}$ 方向を向いているので，

$$L_x = -mvh\cos\varphi = -ma\omega h\cos\varphi$$

$$L_y = -mvh\sin\varphi = -ma\omega h\sin\varphi$$

となる．$-z$ 側の質点は $+z$ 側の質点に対して位置ベクトルと速度がともに反対向き $(\boldsymbol{r} \to -\boldsymbol{r},\ \boldsymbol{v} \to -\boldsymbol{v})$ なので，$\boldsymbol{L}$ の各成分に同一の寄与をする．したがって，

$$\boldsymbol{L} = 2ma\omega \begin{pmatrix} -h\cos\omega t \\ -h\sin\omega t \\ a \end{pmatrix} \tag{8.18}$$

が得られる．

図 8.11 のように，L_{xy} は一定の大きさ $|L_{xy}| = \sqrt{{L_x}^2 + {L_y}^2} = 2mah\omega$ をもつベクトルで，質点系の回転とともに xy 平面上を角速度 ω で回転する．全角運動量 L は回転軸と質点を含む平面上にあり，回転軸から

$$\tan\alpha = \frac{h}{a}$$

をなす角度 α で傾いている．

角運動量が (8.18) のように時間変化することから，運動方程式 (8.2) または (8.3) の

$$\frac{d\boldsymbol{L}}{dt} = \boldsymbol{N}$$

に従って，力のモーメント

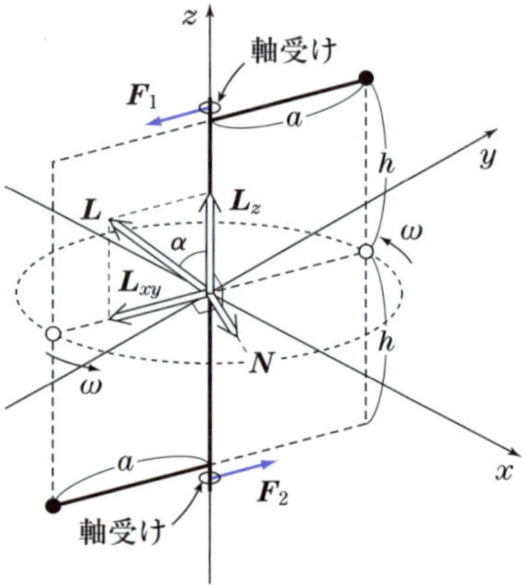

図 8.11

$$\boldsymbol{N} = 2mah\omega^2 \begin{pmatrix} \sin\omega t \\ -\cos\omega t \\ 0 \end{pmatrix} \tag{8.19}$$

が質点系にはたらいている．軸受けが図 8.11 に示すように，$z = +h$ と $z = -h$ にあるとすると，力のモーメントは，

$$\boldsymbol{N} = \begin{pmatrix} 0 \\ 0 \\ h \end{pmatrix} \times \begin{pmatrix} -ma\omega^2\cos\omega t \\ -ma\omega^2\sin\omega t \\ 0 \end{pmatrix} + \begin{pmatrix} 0 \\ 0 \\ -h \end{pmatrix} \times \begin{pmatrix} ma\omega^2\cos\omega t \\ ma\omega^2\sin\omega t \\ 0 \end{pmatrix}$$

のように，それぞれの軸受けが回転軸に大きさ $F = ma\omega^2$ の力を加えることで生じていることになる．この力の向きは質点を回転軸に引き寄せる向きであり，この力が，等速円運動をする質点が必要とする向心力 $ma\omega^2$ にちょうど等しいことがわかる．

応用上の問題として，xy 平面内で回転する $\boldsymbol{L}_{xy}$ が，運動方程式 $d\boldsymbol{L}/dt = \boldsymbol{N}$ による力のモーメント $\boldsymbol{N}$ の存在を意味し，$\boldsymbol{N}$ が $\boldsymbol{L}_{xy}$ と $90°$ の角度を保って xy 平面上を回転することが重要である．この力のモーメントは軸受けから回転軸に加わり，逆に回転軸は軸受けに力を及ぼす．このことによって，$\boldsymbol{L}_{xy}$ がゼロでない回転体はガタガタと揺さぶられる．日常生活の例でいえば，扇風機の羽根やモーターの回転子の対称性が悪いと，回転軸がガタガタと揺れて振動音を発する．高速回転になればなるほど，軸に加わる力（のモーメント）が角速度の 2 乗に比例して増大するため，顕著な効果を生じる．

例えば，旅客機のターボジェットエンジンは超高速で回転するタービン（羽根車）を使っているが，タービンはわずかな歪みもないように細心の注意を払って仕上げられている．鳥が飛び込んでエンジンが破壊される（バードストライクとよばれる）事故があるが，これは鳥が飛び込むことによる直接の破壊というより，衝撃によってタービン（またはローター）の対称性が損なわれ，高速回転によってそれが極めて大きな力のモーメント $\boldsymbol{N}$ を発生し，そのことで自らを破壊する面が強い．

図 8.8 から図 8.11 に関連した議論から，回転軸を中心として質量が対称に分布する物体なら，角運動量の方向は回転軸に一致することがわかる．一般に対称性の高い物体には，回転で生じる角運動量の向きが回転軸の方向に一致する軸が多数ある．実は，どんなに対称性の低い形をした剛体でも，ある適切な回転軸を選ぶことができ，角運動量をその回転軸の方向に一致させることができるのである．そのような軸は重心を通っていて必ず 3 軸あり，その 3 軸は互いに直交している．つまり，どんなに歪んだ形の剛体でも，うまい軸を見つけてその周りに回してやると，軸受けは何の力も受けずに自然

に回ることが可能であり，しかもそのような軸は最低でも3つあって，互いに直交している．このような軸を**慣性主軸**とよぶ．なぜ慣性主軸が一般に3つ存在するのか，以下で説明しよう．

重心を通る軸の周りで剛体を角速度 ω で回転させるとき，回転軸の方向まで含めて，この回転をベクトル

$$\boldsymbol{\omega} = \begin{pmatrix} \omega_x \\ \omega_y \\ \omega_z \end{pmatrix} \tag{8.20}$$

で表すことができる(注)．ただし，$\boldsymbol{\omega}$ の大きさは $\omega = \sqrt{{\omega_x}^2 + {\omega_y}^2 + {\omega_z}^2}$ であり，$\boldsymbol{\omega}$ の向きは回転によって右ねじが進む方向である．

(注)　(8.20) は x, y, z の3軸の周りにそれぞれ角速度 $\omega_x, \omega_y, \omega_z$ で同時に回転させると，それが $(\omega_x, \omega_y, \omega_z)$ の向きの軸の周りの角速度 $\omega = \sqrt{{\omega_x}^2 + {\omega_y}^2 + {\omega_z}^2}$ の回転と同じであることを意味する．つまり，回転はベクトルで表せる．それは自明ではないが，ここでは証明を省く．

回転軸が重心を通る場合を考えるが，その場合でも角運動量

$$\boldsymbol{L} = \begin{pmatrix} L_x \\ L_y \\ L_z \end{pmatrix}$$

の方向は一般に $\boldsymbol{\omega}$ とは異なるため，2つのベクトルの間の関係は行列 $\boldsymbol{I}$ を用いて，

$$\begin{pmatrix} L_x \\ L_y \\ L_z \end{pmatrix} = \begin{pmatrix} I_{xx} & I_{xy} & I_{xz} \\ I_{yx} & I_{yy} & I_{yz} \\ I_{zx} & I_{zy} & I_{zz} \end{pmatrix} \begin{pmatrix} \omega_x \\ \omega_y \\ \omega_z \end{pmatrix} \tag{8.21}$$

と書ける．この行列 $\boldsymbol{I}$ の各成分 $I_{xx}, I_{xy}, \cdots$ は，回転のある時刻 t の瞬間の剛体に関して (8.6)，(8.7) と同様の積分を各座標成分に対して実行することで得られる．

一般に，I の対角成分 I_{xx}, I_{yy}, I_{zz} は時間 t によらず一定値をとるが，それ以外の非対角成分は角振動数 ω で周期的に変化し，それにともない，L_x, L_y, L_z も角振動数 ω で周期的に変化する．ここで，非対角成分の対称要素はそれぞれ等しく，$I_{xy} = I_{yx}$, $I_{xz} = I_{zx}$, $I_{yz} = I_{zy}$ が成り立つ．なぜなら，例えば $I_{xz} = I_{zx}$ に関して，z 軸の周りの回転による角運動量の x 成分 L_x の積分と，x 軸の周りの回転による角運動量の z 成分 L_z の積分にそれぞれ x と z が対称的に現れるからである．つまり，$\boldsymbol{I}$ は実対称行列である．そして，線形代数によれば,「実対称行列は直交行列による変換で対角化される」ことがわかっており，直交行列は座標変換に対応する．したがって，互いに直交する適切な x', y', z' 軸を選ぶことで

$$\begin{pmatrix} L_x{}' \\ L_y{}' \\ L_z{}' \end{pmatrix} = \begin{pmatrix} I'_{xx} & 0 & 0 \\ 0 & I'_{yy} & 0 \\ 0 & 0 & I'_{zz} \end{pmatrix} \begin{pmatrix} \omega_x{}' \\ \omega_y{}' \\ \omega_z{}' \end{pmatrix}$$

と表せるのである．このように選んだ x', y', z' 軸が，3つの慣性主軸を与える．

慣性主軸の存在が理解のヒントを与える現象として,「逆立ちゴマ」がある．図 8.12 のように，このコマは球状の本体に柄が付いた形をしている．図

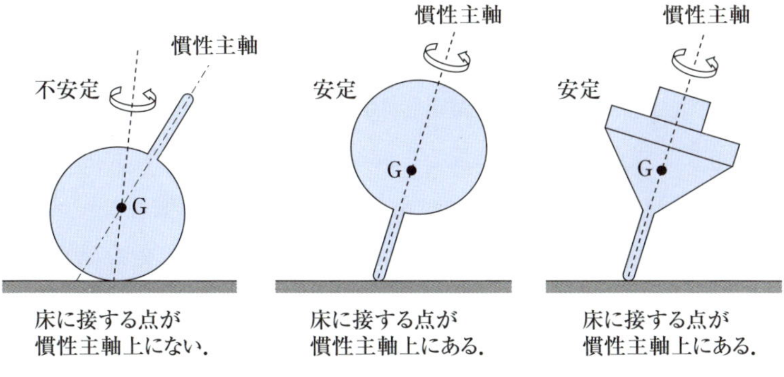

図 8.12

の左端のように球状の本体を下にして回すと，すぐに逆立ちして柄の端を床に接して回り始める．その理由のあらましを考えよう．

この逆立ちゴマは，対称性から柄の中心に沿う中心線が慣性主軸の1つであるのは明らかである．重心は球の中心点より少し柄に近い側にある(重心を通って中心軸に垂直な任意の方向が，その他2つの慣性主軸を与える)．重要なのは，逆立ちゴマが本体を下にして回ると，図8.12の左端に示すように慣性主軸が地面に接しないことである．そのため，慣性主軸からずれた点が床に接し，摩擦によって慣性主軸と異なる軸の周りで回転することになり，一定の回転軸の周りで回転することができず，コマは暴れ回ることになる．そこで何かの拍子で逆立ちしたとすれば，図8.12の中央に示すように，慣性主軸上に床との接点ができ，右側の普通のコマと同様に慣性主軸の周りで回転することになって安定する．

8.5 軸が固定されない回転

回転軸の方向を固定しない場合，一般に角運動量だけでなく回転軸の方向も時間的に変化する．外部からはたらく力のモーメントに応じて無数の多様性があるが，ここでは，代表例として図7.14でとり上げたコマの歳差運動を再度考えよう(図8.13)．

中心軸が床に接する点(原点O)は滑らず，動かないとする．全く自由な回転ではなく，回転軸の1点を固定した回転になる．そのため，角速度(回転軸) $\boldsymbol{\omega}$ の向きは原点からコマの重心に向けた位置ベクトル $\boldsymbol{r}_G$ に平行である．コマの質量を M，中心軸の周りの(8.10)で定義される慣性モーメントを I とし，水平な床を xy 平面，鉛直方向を z 軸とする．コマは軸対称性をもっているので原点Oの周りの角運動量 $\boldsymbol{L}$ は回転軸 $\boldsymbol{\omega}$ の方向を向いており，

$$\boldsymbol{L} = I\boldsymbol{\omega}$$

で与えられ，原点Oの周りの力のモーメント $\boldsymbol{N}$ は，重力 $M\boldsymbol{g} = (0, 0, -Mg)$

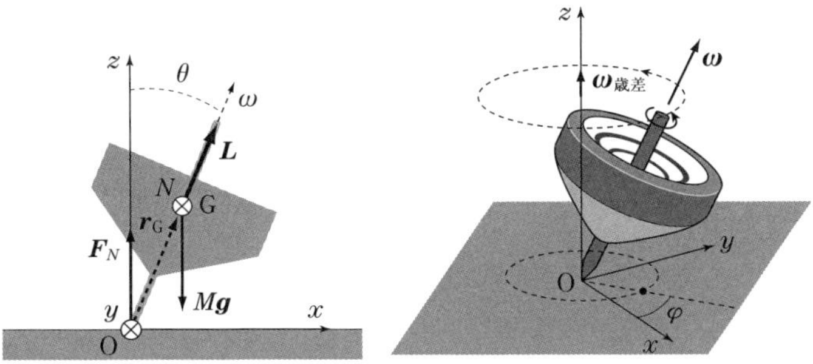

図 8.13

を用いて，

$$N = r_G \times Mg$$

で与えられる．ここから N の大きさは一定 ($|N| = r_G Mg \sin\theta$) で，その向きは xy 平面内に限られ，かつ L に垂直である．そして，運動方程式 $dL/dt = N$ から L の大きさは変化せず，その方向が xy 平面内で一定の変化率で変化することがわかる．

時刻 $t = 0$ でコマが角速度 ω で回転しており，回転の中心軸が xz 平面にあって z 軸から角度 θ 傾いているとすると，この $t = 0$ の瞬間において，$r_G = (r_G \sin\theta, 0, r_G \cos\theta)$，$\omega = (\omega \sin\theta, 0, \omega\cos\theta)$ であることより，$L = (I\omega\sin\theta, 0, I\omega\cos\theta)$，$N = (0, r_G Mg \sin\theta, 0)$ となるので，運動方程式 $dL/dt = N$ から，微小時間 $\varDelta t$ の間に角運動量の y 成分が

$$\varDelta L_y = r_G Mg \sin\theta \cdot \varDelta t$$

だけ変化する．これは角運動量ベクトルの xy 平面への射影 ($L \sin\theta$) と x 軸のなす角度が

$$\varDelta\varphi = \frac{\varDelta L_y}{L\sin\theta} = \frac{r_G Mg}{I\omega}\varDelta t$$

だけ変化することを意味する (ただし，$\varDelta\phi$ が微小角であるとして $\tan\varDelta\phi \fallingdotseq \varDelta\phi$ を用いた)．このことから，コマの中心軸が角速度

$$\omega_{\text{歳差}} = \frac{\varDelta\varphi}{\varDelta t} = \frac{r_{\mathrm{G}}Mg}{I\omega}$$

で xy 平面上を歳差運動をすることがわかる．

このように，歳差運動はコマの角速度 ω と慣性モーメント I が大きいほどゆっくりとなり，コマは安定して回る．一方，コマの回転が足りないと歳差運動（$\omega_{\text{歳差}}$）が速くなり，不安定になる．コマ回しの遊びで，はじめのうちは勢い良く安定して回転しているが，回転が落ちてくると次第に首振り運動（歳差運動）が激しく（速く）なった経験を思い出すだろう．

さらにもう少し考えを進めよう．以上の議論では原点 O の周りの角運動量を $\boldsymbol{L} = I\boldsymbol{\omega}$ としたが，これは近似である．つまり，歳差運動によってコマの重心が動くことによって角運動量 $\boldsymbol{L}_{\mathrm{G}} = \boldsymbol{r}_{\mathrm{G}} \times \boldsymbol{P}$（$\boldsymbol{P}$：全運動量）が付け加わるので，歳差運動をしている際の全角運動量は (7.33)′ より

$$\boldsymbol{L} = \boldsymbol{L}_{\mathrm{G}} + \boldsymbol{L}' = \boldsymbol{L}_{\mathrm{G}} + I\boldsymbol{\omega}$$

である（$I\boldsymbol{\omega}$ は正確には重心の周りの角運動量 $\boldsymbol{L}' = I\boldsymbol{\omega}$ である）．定常的な運動を考える限り $\boldsymbol{L}_{\mathrm{G}}$ を忘れてもよく，上の議論は有効である．しかし，実際にコマを回す際，まずコマを回転させてから床に置くことを考えよう．

床に置いた瞬間のコマはまだ歳差運動をはじめておらず，$\boldsymbol{L}_{\mathrm{G}} = \boldsymbol{0}$ のために全角運動量は

$$\boldsymbol{L} = I\boldsymbol{\omega}$$

である．その後，コマは重力による力のモーメントを受けて歳差運動を開始するのだが，そのためには z 方向の角運動量 $\boldsymbol{L}_{\mathrm{G}}$ が新たに加わらなければならない．そのために，歳差運動に必要な $\boldsymbol{L}_{\mathrm{G}}$を，もともともっていた角運動量 $I\boldsymbol{\omega}$ の方向を倒すことで供給するのである．つまり，角運動量の z 成分を考えると，回転軸の傾きを増大（$\theta \to \theta + \varDelta\theta$）させることで回転による角運動量 $I\boldsymbol{\omega}$ の z 成分を減らして，$\boldsymbol{L}_{\mathrm{G}}$ による z 成分の増大分の埋め合わせをするのである．必要な角運動量の z 成分の大きさは $L_z = M(r_{\mathrm{G}} \sin\theta)^2 \omega_{\text{歳差}}$ で，$\omega_{\text{歳差}}$ が大きいほど増加する．つまり，ω が小さいほど大きい．したがって，

コマの回転数（角速度 ω）がある限界以下では，歳差運動に要する角運動量が大きすぎて，そのために，コマが傾きを増大させるとコマの傘が床に接触して回転が不可能になるのである．

このように，コマが歳差運動を開始する際，コマは必ず傾き角を大きくする（少し倒れる）のである．これが，コマを回すためにある程度以上速く回す必要がある理由である．

図 8.14 はジャイロコンパスとよばれ，円板の回転軸が空間のいずれの方向でも向くことができ，重心の周りでどの軸の周りでも自由に回転できるように工夫されている．力のモーメントを与えなければ，円板の回転軸の方向は角運動量の保存則から不変に保たれる．そのため，例えば宇宙船の中にジャイロスコープを持ち込めば，ジャイロスコープの回転軸の方向を観測することで，自分の宇宙船の姿勢（方向）を知ることができる．このような性質を利用して，ジャイロコンパスは羅針盤や姿勢制御などに応用されている．

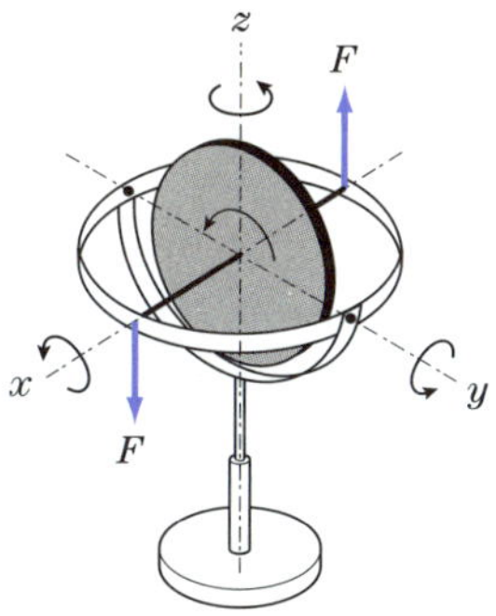

図 8.14

8.6 運動エネルギー

7.4 節の (7.41) および (7.42) の

$$K = K_{\mathrm{G}} + K'$$

によって，質点系の運動エネルギー K が重心の運動による寄与 K_{G} と，重心に対する相対運動による寄与 K' に分離できることを見た．剛体の場合，重心に対する相対運動は，重心を通る軸の周りの回転なので，その角速度を ω として，K' は

$$K' = \sum_{i=1}^{n} \left(\frac{1}{2} m_i v_i'^2 \right)$$
$$= \frac{1}{2} \sum_{i=1}^{n} (m_i a_i'^2) \omega^2$$

と書ける．ただし，a_i' は i 番目の微小領域の回転軸からの距離である（回転軸は重心を通り，z 軸に平行である）．

一般に，重心は任意の加速度運動をしているかもしれないが，ここでの議論はそれでも構わない．また，剛体の回転軸は時間とともに方向が変化するかもしれないが，その場合は，ある時刻 t の瞬間における回転軸の向きを z 軸にとる．ここで $\sum_{i=1}^{n} (m_i a_i'^2)$ は重心を通る z 軸の周りの慣性モーメントであり，(8.14) の I' で与えられるので

$$K' = \frac{1}{2} I' \omega^2$$

と書ける．さらに，回転軸の方向を z 軸にとれば，角運動量の z 成分は $L_z' = I'\omega$ なので，

$$K' = \frac{L_z'^2}{2I'}$$

と表してもよい．したがって，剛体の運動エネルギーを以下の単純な形にまとめることができる．

$$K = K_G + K' = \frac{1}{2} M v_G^2 + \frac{1}{2} I' \omega^2$$
$$= \frac{P^2}{2M} + \frac{L_z'^2}{2I'} \tag{8.22}$$

回転にともなう運動エネルギーには，回転軸方向の角運動量成分 L_z' だけが寄与し，軸に垂直な成分 L_x', L_y' は寄与しないことに注意しよう．これは回転軸が固定されている場合でも，固定されておらず時間とともに変化する場合でも同じである．

例題 8.2

角速度 ω で回転する図 8.10 の 2 つの質点の運動エネルギーを求め，回転軸に垂直な角運動量成分 L_x, L_y からの寄与がないことを示せ．

【解】 $K = 2\cdot\frac{1}{2}mv^2 = ma^2\omega^2 = \frac{1}{2}I\omega^2$, ただし $I = 2ma^2$

L_x, L_y は 2 つの質点の z 方向のずれ $2h$ に比例するが，K は h を変数として含まないから．

以下，剛体についての法則をまとめる．

剛体の運動方程式

運動量に対する運動方程式：

$$\frac{d\boldsymbol{P}}{dt} = \boldsymbol{F} \qquad \text{ただし，全運動量 } \boldsymbol{P} = M\boldsymbol{v}_{\mathrm{G}}$$

角運動量に対する運動方程式：

$$\frac{d\boldsymbol{L}}{dt} = \boldsymbol{N} \qquad \text{ただし，全角運動量 } \boldsymbol{L} = \boldsymbol{L}_{\mathrm{G}} + \boldsymbol{L}'$$

($\boldsymbol{L}_{\mathrm{G}} = \boldsymbol{r}_{\mathrm{G}} \times \boldsymbol{P}$：原点 O の周りの重心の角運動量，$\boldsymbol{L}'$：重心の周りの角運動量)

重心を通る z 軸の周りで角速度 ω で回転する場合：

$$I'\frac{d\omega}{dt} = N_z', \qquad L_z' = I'\omega$$

運動エネルギー：

$$K = \frac{1}{2}Mv_{\mathrm{G}}^2 + \frac{1}{2}I'\omega^2 = \frac{P^2}{2M} + \frac{L_z'^2}{2I'}$$

Point 1 $\boldsymbol{F}$ と $\boldsymbol{N}$ は一般に内力を含むが，剛体全体では打ち消し合うので，内力を省いた外力 $\boldsymbol{F}^{(e)}$，外力によるモーメント $\boldsymbol{N}^{(e)}$ を用いても式は同じである．

すなわち，$\dfrac{d\boldsymbol{P}}{dt}=\boldsymbol{F}^{(e)}$，$\dfrac{d\boldsymbol{L}}{dt}=\boldsymbol{N}^{(e)}$.

Point 2 I' は回転軸（z 軸）周りの慣性モーメントである．L_z' は回転軸方向の成分を表す．回転軸の方向は z 軸であり，回転軸の方向が時間とともに変化する場合は，考えている時刻 t での回転軸の方向を z 軸に選ぶ.

8.7 斜面を転がる円板の運動

運動量と角運動量が結び付いて現れる例として，図 8.15 に示す斜面を転がる円板の運動を考えよう．半径 R，質量 M で一様な厚みと密度をもつ円板が傾斜角 θ の斜面を転がり下りる. 円板は倒れることなく，また斜面との摩擦のために滑らないとし，空気抵抗を無視する．重力加速度の大きさを g とし，円板が運動を開始した時刻を $t=0$ として，時刻 t における円板の角速度 ω，重心の速度 $\boldsymbol{v}_G$，斜面上を進んだ距離 l，および運動エネルギー K を求めよう.

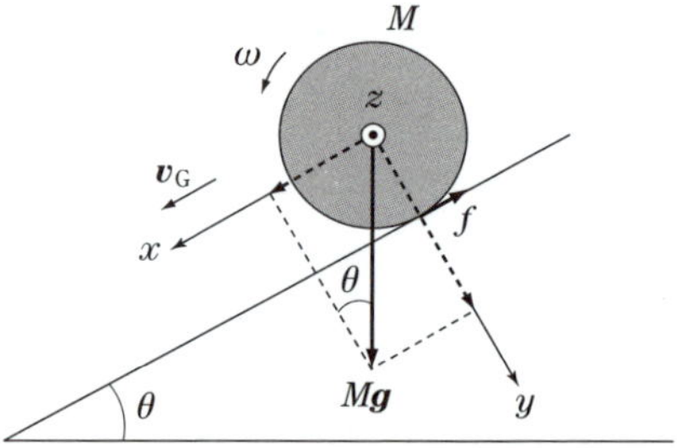

図 8.15

剛体の運動は全運動量 $\boldsymbol{P}=M\boldsymbol{v}_G$ と重心の周りの角運動量 $\boldsymbol{L}'$ で完全に決まるので，それぞれの運動方程式から $\boldsymbol{P}(t)$ と $\boldsymbol{L}'(t)$ を求めればよい．図のように斜面に沿って x 軸，円板の中心軸に沿って z 軸をとる．円板は鉛直下向きに Mg，斜面からの垂直抗力（図には描いていない），および斜面から摩擦力 f を受けている．全運動量は x 成分だけをもつので，前頁に記した剛体の運動量に対する運動方程式より

$$M\frac{dv_G}{dt}=Mg\sin\theta-f \tag{8.23}$$

を得る．ただし，$Mg\sin\theta$ は重力の（斜面に沿う）x 方向成分，f は斜面から

の摩擦力である．

円板の重心（中心軸）周りの角運動量 $\boldsymbol{L}'$ は z 方向成分だけをもつ．力のモーメントは摩擦力 f から発生し，(8.12) より

$$I'\frac{d\omega}{dt} = Rf \tag{8.24}$$

を得る．ただし，I' は［例 3］より $I' = MR^2/2$ で与えられる円板の中心軸周りの慣性モーメントである．(8.23) と (8.24) はそれぞれ円板の重心が進む速さ v_G と回転の角速度 ω に対する方程式だが，円板が滑らないため，$v_G = R\omega$ の関係がある．これを利用して (8.23)，(8.24) から f を消去し，

$$\frac{d\omega}{dt} = \frac{2g\sin\theta}{3R},\quad \frac{dv_G}{dt} = \frac{2g\sin\theta}{3} \quad \text{および} \quad f = \frac{Mg\sin\theta}{3}$$

が得られる．

さらに，初期条件（$v_G(0) = 0$，$\omega(0) = 0$）より速度と角速度が

$$v_G = \frac{2g\sin\theta}{3}t, \qquad \omega = \frac{2g\sin\theta}{3R}t$$

と求まる．これらの値から，全運動量と重心の周りの角運動量の大きさ $P(t) = Mv_G$，$L'(t) = I'\omega = MR^2\omega/2$ が決まる．さらに，重心の運動による運動エネルギー K_G と回転による運動エネルギー K' がそれぞれ

$$K_G = \frac{1}{2}Mv_G{}^2 = \frac{2}{9}Mg^2\sin^2\theta\cdot t^2$$

$$K' = \frac{1}{2}I'\omega^2 = \frac{1}{9}Mg^2\sin^2\theta\cdot t^2$$

となるので，全運動エネルギー K は

$$K = K_G + K' = \frac{1}{3}Mg^2\sin^2\theta\cdot t^2$$

である．この全運動エネルギーの増大は，円板が斜面を下ることによって位置エネルギーが減少することでまかなわれているはずである．それを確かめ

るために，時刻0から時刻tまでの間に円板がどれだけ斜面を下るかを考えよう．

まず，斜面に沿って進む距離lはv_Gを時刻0から時刻tまで積分して$l = g\sin\theta\cdot t^2/3$である．したがって，重心が鉛直方向に下降した距離$h$は$h = l\sin\theta = g\sin^2\theta\cdot t^2/3$となる．そのために位置エネルギー$U$が

$$U = -Mgh = -\frac{1}{3}Mg^2\sin^2\theta\cdot t^2$$

だけ変化（減少）しており，この値は運動エネルギーの増大分に等しい．つまり，力学的エネルギー$K+U$が保存していることがわかる．

章末問題

［**8.1**］ 第6章の章末問題［6.9］を，角運動量を考慮することで求めよ．

［**8.2**］ 滑らかな軸をもつ半径Rの定滑車（軸周りの慣性モーメントI）に糸を巻き付け，端に質量mの小球を付けて手を放すと落下し始めた．巻き付けた糸は滑車に対して滑らないとし，糸の質量および空気抵抗は無視する．小球の鉛直下向きの加速度αと糸の張力Tを求めよ．

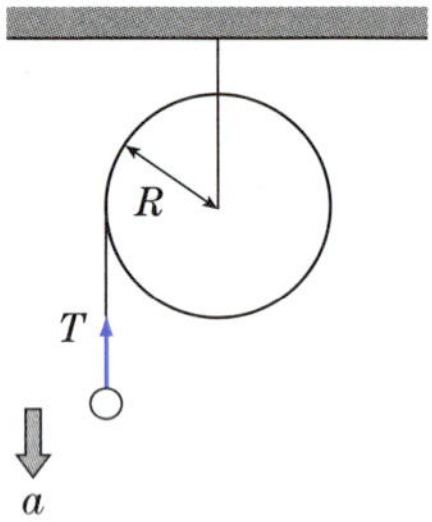

［**8.3**］ ［8.2］と同様の滑車に糸をかけ，両端に質量m_1, m_2 $(m_1 > m_2)$の小球1，2を付けて静かに放すと運動を始めた．糸の質量および空気抵抗は無視する．

（1） 小球1, 2が受ける糸の張力T_1, T_2は等しいか．もし等しくなければ，その理由を述べよ．

（2） 小球1の加速度α（鉛直下向きを正にとる）および，糸の張力T_1，T_2をそれぞれ求めよ．

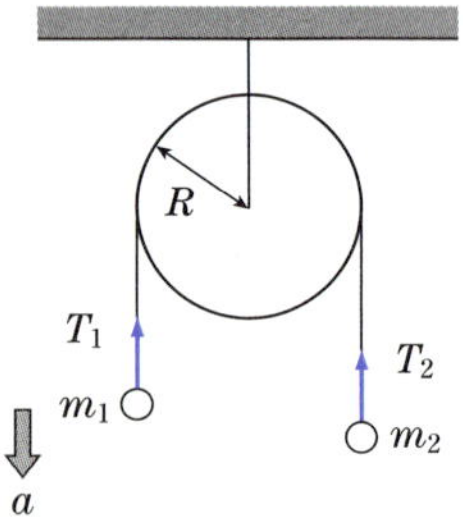

［**8.4**］ 異なる質量をもつ2つの質点 ($m_1 < m_2$) が長さ a の棒の両端に取り付けられている．棒は変形せず質量は無視できる．それらの質点を棒に垂直で重心Gを通る軸 (z 軸) の周りに角速度 ω で回転させる．

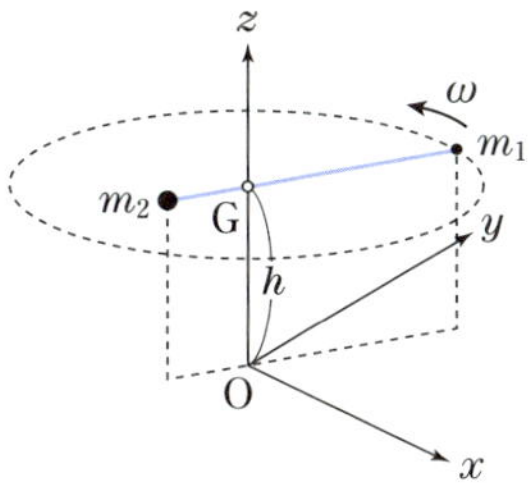

（1） 回転軸の周りの角運動量の z 方向成分 L_z に対して，2つの質点 m_1 と m_2 からの寄与が互いに異なることを確かめよ．

（2） 質点系の角運動量 $\boldsymbol{L}$ をどの点の周りで定義しても，z 軸方向の成分しかもたないことを示せ．

［**8.5**］ 水平な氷面上に質量 M，半径 R の一様な木製の平たい円板が静止している．円板に，質量 m の弾丸を水平方向に速度 v で撃ち込む (弾丸は自転しないものとする)．ただし，円板は十分に薄くて鉛直方向の運動は無視でき，氷の上を摩擦なしに滑るとせよ．また，弾丸が撃ち込まれることによって生じる円板の変形等は考えなくてよい．

まず，図のように円板の中心に撃ち込む場合を考える．

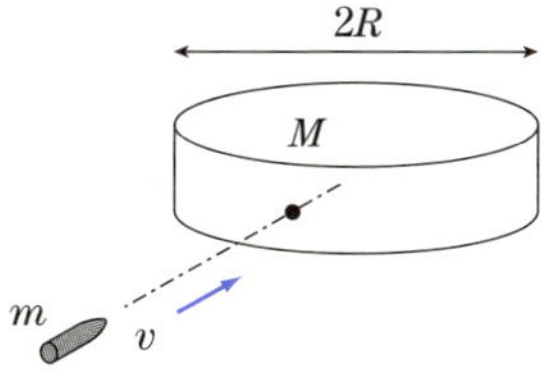

（1） 弾丸が円板をまっすぐ貫通し，速度 $v/2$ に減速して外に飛び出た場合，弾丸が貫通した後の円板の速度 (大きさと向き) を求めよ．

（2） 弾丸が円板にめり込んで中心で止まった場合，その後の円板の速度 (大きさと向き) を求めよ．

（3） （1）と（2）において衝突後の全運動エネルギーを求めよ．また，全運動エネルギーは保存するか．保存しないならば，その理由を述べよ．

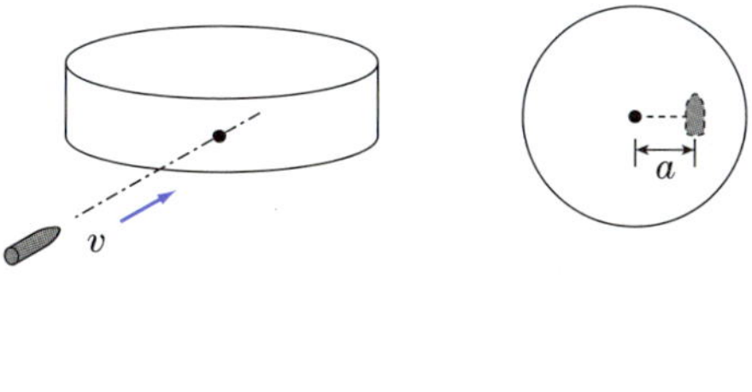

次に，図のように円板の中心から距離 a だけずれた場所に弾丸を撃ち込んだところ，弾丸は円板の中心から距離 a の位置に止まった．

（4）　弾丸と円板の合体後の運動を論ぜよ．並進運動の速度（大きさと向き），回転運動の有無，回転運動の軸および回転の角速度等について触れよ．

（5）　衝突後の運動エネルギーを求め，衝突前と比べよ．

［**8.6**］　水平な床に置かれた糸巻き（質量 M，中心軸の周りの慣性モーメント I，外枠の半径 R，芯の半径 r）の芯に糸が巻き付けられている．糸を水平面と角度 θ をなす向きに大きさ F_0 の力で引っ張るとき，糸巻きが左右のどちらに向かうかを求めよ．ただし，糸巻きは床から離れることも，床を滑ることもないとし，空気抵抗は無視する．

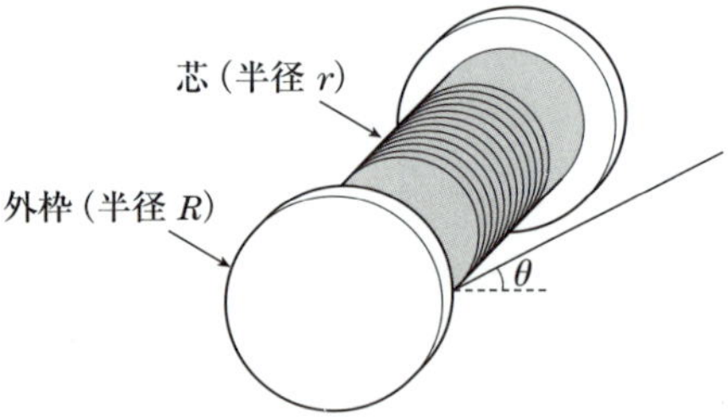

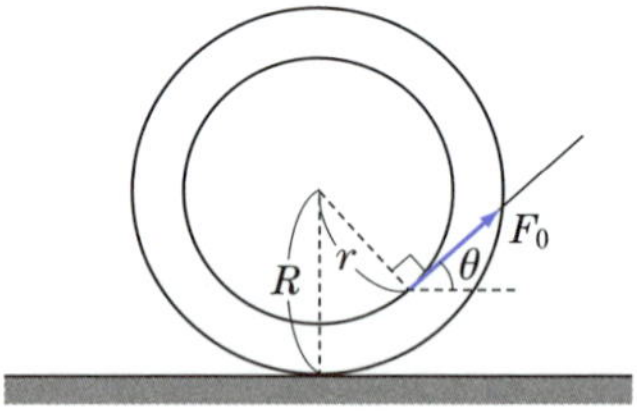

［**8.7**］　図のような地球ごま（ジャイロスコープ）がある．慣性モーメント I の回転円板の軸が枠 A の軸受け（a と a′）に支えられている．枠 A は，円板の重心を挟んで水平方向反対位置に 2 箇所の軸受け（b と b′）で枠 B に支えられており，枠 B に対して自由に回転できる．ただし，aa′ と bb′ は互いに直交する．さらに，枠 B の中央下部に固定された垂直の軸 c が土台 C によって支えられており，枠 B は垂直軸の周りに自由に回転できる．

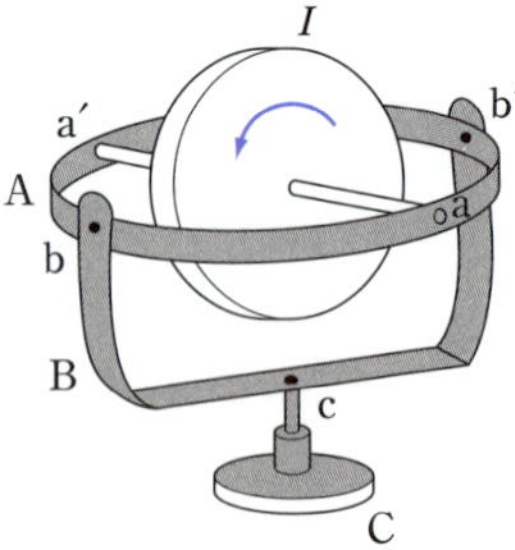

まず，軸 aa′（枠 A）を水平にした状態で円板を図の矢印の向きに角速度 ω で回転させた．重力加速度を g とし，枠 A や B の質量，各軸受けの摩擦や空気の摩擦は

無視せよ.

（1） 円板の角運動量の向きと大きさを求めよ.

（2） 軸受け a は円板の重心から距離 X にある. A の軸受け a の上部位置に質量 m のおもりを載せたとき, どのような運動が起こるかを記述せよ. ただし, おもりは円板の回転を妨げないとする.

（3） （2）の小問の結果は, 自転車に乗る際に我々が日常的に経験している. それは何か.

（4） 質量 m のおもりを取り除き, 再度, 円板の回転軸 (aa′) が水平で静止するようにした. この状態から, 回転軸 (aa′) を垂直にしたい. どこにどのような作用を加えればよいか, 図で示せ.

付録

補足事項

A.1　複素指数関数

実数 x の指数関数 e^x

$$e^x = 1 + x + \frac{1}{2!}x^2 + \frac{1}{3!}x^3 + \cdots + \frac{1}{n!}x^n + \cdots = \sum_{n=0}^{\infty}\frac{1}{n!}x^n$$

にならって，任意の複素数 $\zeta = a + ib$ (a, b：実数，i：純虚数) に対して複素指数関数 e^ζ が以下のように定義される．

複素指数関数 e^ζ の定義

$$e^\zeta = 1 + \zeta + \frac{1}{2!}\zeta^2 + \frac{1}{3!}\zeta^3 + \cdots + \frac{1}{n!}\zeta^n + \cdots = \sum_{n=0}^{\infty}\frac{1}{n!}\zeta^n$$

この複素指数関数 e^ζ は，以下に示す ①～⑥ の性質をもつ．

① $e^\zeta = e^{a+ib} = e^a \cdot e^{ib}$

② $e^{\zeta_1} \cdot e^{\zeta_2} = e^{\zeta_1+\zeta_2}$

③ $e^{ib} = \cos b + i \sin b$

④ $\cos b = \dfrac{e^{ib} + e^{-ib}}{2}$,　　$\sin b = \dfrac{e^{ib} - e^{-ib}}{2i}$

⑤ 複素数 $e^\zeta = e^{a+ib} = e^a \cdot e^{ib}$ を複素平面上で表すと，図 A.1 のように原点からの距離が e^a で，実軸からの偏角（ラジアン）が b の点になる．つまり，$e^\zeta = x + iy$ (x, y:実数) としたとき

$$\begin{cases} x = e^a \cos b \\ y = e^a \sin b \end{cases} \quad \text{または} \quad \begin{cases} e^a = \sqrt{x^2 + y^2} \\ \tan b = \dfrac{y}{x} \end{cases}$$

である．

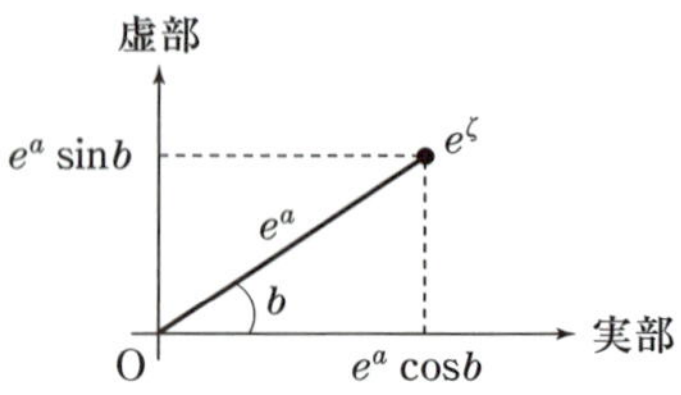

図 A.1

⑥　実数の指数関数と同様，

$$\boxed{\frac{de^{\zeta}}{d_{\zeta}} = e^{\zeta}}$$

が成立する．

上記の性質を簡単に導いておく．

①　$e^{\zeta} = e^{a+ib}$

$$= \sum_{n=0}^{\infty} \frac{(a+ib)^n}{n!}$$

$$= \sum_{n=0}^{\infty} \left\{ \sum_{k=0}^{n} \frac{n(n-1)\cdots(n-k+1)}{n!\,k!} a^k (ib)^{n-k} \right\}$$

$$= \sum_{n=0}^{\infty} \left\{ \sum_{k=0}^{n} \frac{a^k (ib)^{n-k}}{k!(n-k)!} \right\}$$

一方，$e^a \cdot e^{ib} = \left(\sum_{m=0}^{\infty} \frac{a^m}{m!} \right) \left\{ \sum_{l=0}^{\infty} \frac{(ib)^l}{l!} \right\} = \sum_{m=0}^{\infty} \sum_{l=0}^{\infty} \frac{a^m (ib)^l}{m!\,l!}$ で，$m + l = n$ となる項をまとめて書いて，$e^a \cdot e^{ib} = \sum_{n=0}^{\infty} \left\{ \sum_{m=0}^{n} \frac{a^m (ib)^{n-m}}{m!(n-m)!} \right\}$ を得る．

②　$\zeta_1 = a_1 + ib_1$，$\zeta_2 = a_2 + ib_2$ として，

$$e^{\zeta_1} e^{\zeta_2} = e^{a_1} e^{ib_1} e^{a_2} e^{ib_2} = e^{a_1} e^{a_2} e^{ib_1} e^{ib_2} = e^{a_1 + a_2} e^{i(b_1 + b_2)} = e^{\zeta_1 + \zeta_2}$$

③　$e^{ib} = 1 + ib + \frac{1}{2!}(ib)^2 + \frac{1}{3!}(ib)^3 + \cdots + \frac{1}{n!}(ib)^n + \cdots$　の奇数番目と偶数番目の項をまとめて，

$$e^{ib} = \left(1 - \frac{1}{2!} b^2 + \frac{1}{4!} b^4 - \frac{1}{6!} b^6 + \cdots \right) + i \left(b - \frac{1}{3!} b^3 + \frac{1}{5!} b^5 - \cdots \right)$$

$$= \cos b + i \sin b$$

④　③より導かれる．

⑤　$e^{\zeta} = e^a e^{ib} = e^a (\cos b + i \sin b)$

⑥　複素数変数による微分は実数の場合と同様に，$\frac{de^{\zeta}}{d\zeta} = \lim_{\Delta\zeta \to 0} \frac{e^{\zeta + \Delta\zeta} - e^{\zeta}}{\Delta\zeta}$ で定義されるが，$\Delta\zeta = \Delta a + i\Delta b$ として $\Delta\zeta \to 0$ とする際，$\Delta a \to 0$，$\Delta b \to 0$ のとり方に関わらず，$\frac{e^{\zeta + \Delta\zeta} - e^{\zeta}}{\Delta\zeta}$ が1つの値に収束しなければならない．

$$\frac{de^{\xi}}{d\zeta} = \lim_{\varDelta\zeta\to 0}\frac{e^{\zeta}(e^{\varDelta\zeta}-1)}{\varDelta\zeta}$$

$$= \lim_{\varDelta\zeta\to 0}\frac{e^{\zeta}}{\varDelta\zeta}\left[\left\{1+\varDelta\zeta+\frac{1}{2!}(\varDelta\zeta)^2+\frac{1}{3!}(\varDelta\zeta)^3+\cdots\right\}-1\right]$$

$$= \lim_{\varDelta\zeta\to 0} e^{\zeta}\left(1+\frac{1}{2!}\varDelta\zeta+\frac{1}{3!}(\varDelta\zeta)^2+\cdots\right) = e^{\zeta}$$

最後の等号は $\varDelta\zeta\to 0$ $(\varDelta a\to 0,\ \varDelta b\to 0)$ のとり方によらず成立することに注意する.

A.2 線形微分方程式の解法（特性方程式が重解をもつ場合）

$$C_n\frac{d^nz}{dt^n}+C_{n-1}\frac{d^{n-1}z}{dt^{n-1}}+\cdots+C_1\frac{dz}{dt}+C_0z=0 \qquad \text{(A2.1)}$$

$z=e^{\lambda t}$ を代入して得られる λ に対する n 次の特性方程式

$$C_n\lambda^n+C_{n-1}\lambda^{n-1}+\cdots+C_1\lambda+C_0=0 \qquad \text{(A2.2)}$$

が k 個の重解 $\lambda=a$ と $n-k$ 個の異なる解 $\lambda=a_i(i=1,2,\cdots n-k)$ をもつ場合，(A2.1) は k 個の独立な解 $z_l=t^le^{at}(l=0,1,2,\cdots,k-1)$ と $n-k$ 個の独立な解 $z_i=e^{a_it}(i=1,2,\cdots,n-k)$をもつ.

【証明】 $z_i=e^{a_it}$ が (A2.1) の解であることは明らかなので，以下では $z_l=t^le^{at}$ が解であることを示す.

題意から，(A2.2) は $C_n(\lambda-a_1)(\lambda-a_2)\cdots(\lambda-a_{n-k})(\lambda-a)^k=0$ と表せ，(A2.1) と (A2.2) から λ が d/dt に対応することを考慮すると，微分方程式 (A2.1) は

$$C_n\left(\frac{d}{dt}-a_1\right)\left(\frac{d}{dt}-a_2\right)\cdots\left(\frac{d}{dt}-a_{n-k}\right)\left(\frac{d}{dt}-a\right)^kz=0 \qquad \text{(A2.3)}$$

と書ける. ここで $\left(\dfrac{d}{dt}-a\right)^kt^le^{at}$ を計算すると，まず $k=1$ では

$$\left(\frac{d}{dt}-a\right)t^le^{at}=lt^{l-1}e^{at}+t^lae^{at}-at^le^{at}=lt^{l-1}e^{at}$$

となり，$k=2$ では

$$\left(\frac{d}{dt}-a\right)^2 t^l e^{at} = \left(\frac{d}{dt}-a\right) l t^{l-1} e^{at} = l(l-1)\,t^{l-2} e^{at}$$

となるので，同様に考えて，$k=l$ では

$$\left(\frac{d}{dt}-a\right)^l t^l e^{at} = l!\, e^{at}$$

となる．よって，$k=l+1$ に対しては

$$\left(\frac{d}{dt}-a\right)^{l+1} t^l e^{at} = \left(\frac{d}{dt}-a\right) l!\, e^{at} = 0$$

を得る．以上から，$\left(\frac{d}{dt}-a\right)^k t^l e^{at} = 0\ (k > l)$ となり，$z_l = t^l e^{at}\ (l = 0, 1, 2, \cdots, k-l)$ が

$$C_n\left(\frac{d}{dt}-a_1\right)\left(\frac{d}{dt}-a_2\right)\cdots\left(\frac{d}{dt}-a_{n-k}\right)\left(\frac{d}{dt}-a\right)^k z = 0$$

を満たすことがわかる．したがって，$z_l = t^l e^{at}$ が (A2.1) の解であることを示せた．

A.3　保存力についての補足の議論

図 6.5 において，本文では束縛力を含まない力 $\boldsymbol{F}$ に従う物体の辿る経路を C としたが，そのように限定する必要はない．経路 C, E, $\overline{\mathrm{E}}$ のどれも，摩擦なしの理想的ガードレールで誘導されていると考えても構わない．なぜなら，ガードレールによる束縛力は仕事に影響しないので，力 $\boldsymbol{F}$ の性質を調べる議論の一般性を損ねることはないからである．そうすると，ガードレールのために経路 C（または経路 E）を辿って点 a から点 b に行く際，点 a で特定の運動エネルギーをもつ必要はなく，ある一定以上の運動エネルギーをもっていればよい．点 b には経路 C から経路 $\overline{\mathrm{E}}$ に運動の向きが変化する（摩擦がなく十分急カーブで運動方向が変化する）ようガードレールに工夫がしてある．ただし，運動方向だけが変化し運動エネルギーは変化しないので，経路 $\overline{\mathrm{E}}$ の出発点 b での運動エネルギー K_b' は，運動エネルギー K_a で点 a を出発した物体が C を経て点 b に達したときの運動エネルギー K_b に等しい．（もし K_b' の値が足りないために経路 $\overline{\mathrm{E}}$ を通って点 a に戻ることができない

なら，出発時点での K_a の値をより大きく選べばよい.）

そのようにして点 a に戻って来た物体の運動エネルギー K_a' は，もし $K_b = K_a = {}_{\mathrm{C}}\int_{r_a}^{r_b} \boldsymbol{F}\cdot d\boldsymbol{r} > {}_{\mathrm{E}}\int_{r_a}^{r_b} \boldsymbol{F}\cdot d\boldsymbol{r} = K_b' - K_a'$ なら最初の K_a より大きい．そのため，点 a では運動エネルギー K_a' の一部を外にとり出して利用し，K_a に等しくした上で，経路 C に再投入することができる．このサイクルを繰り返すことで，1 周期ごとに $K_a' - K_a$ のエネルギーを何回でも無尽蔵に外にとり出すことができ，それはあり得ないことであるため，任意の経路 C，E に対して $K_b' - K_a' = {}_{\mathrm{E}}\int_{r_a}^{r_b} \boldsymbol{F}\cdot d\boldsymbol{r}$ が成立する（保存力である）と結論できる.

A.4　偏微分（位置エネルギーと力）

6.5 節において，位置 $\boldsymbol{r} = (x, y, z)$ とその近傍の位置 $\boldsymbol{r} + \Delta\boldsymbol{r} = (x + \Delta x, y + \Delta y, z + \Delta z)$ の間の位置エネルギーの差

$$\Delta U = U(x + \Delta x, y + \Delta y, z + \Delta z) - U(x, y, z) \qquad \text{(A4.1)}$$

が力 $\boldsymbol{F} = (F_x, F_y, F_z)$ によって

$$F_x\,\Delta x + F_y\,\Delta y + F_z\,\Delta z = -\Delta U \qquad \text{(A4.2)}$$

で与えられることを示し，このことから，力が位置エネルギーの偏微分係数

$$\left.\begin{aligned}
F_x &= -\frac{\partial U}{\partial x} = -\lim_{\Delta x \to 0} \frac{U(x + \Delta x, y, z) - U(x, y, z)}{\Delta x} \\
F_y &= -\frac{\partial U}{\partial y} = -\lim_{\Delta y \to 0} \frac{U(x, y + \Delta y, z) - U(x, y, z)}{\Delta y} \\
F_z &= -\frac{\partial U}{\partial z} = -\lim_{\Delta z \to 0} \frac{U(x, y, z + \Delta z) - U(x, y, z)}{\Delta z}
\end{aligned}\right\} \qquad \text{(A4.3)}$$

で与えられることを述べた．以下では，(A4.2) から (A4.3) が導かれる過程をより詳しく検討する.

(A4.1) の ΔU は，図 A.2 における点 G と点 A の位置エネルギーの差である．したがって，例えば図 A.3 に示すように

$$\begin{aligned}
\Delta U &= (\text{AB 間の差}) + (\text{BC 間の差}) + (\text{CG 間の差}) \\
&= \Delta U_1 + \Delta U_2 + \Delta U_3
\end{aligned} \qquad \text{(A4.4)}$$

である．ここで，それぞれの差が

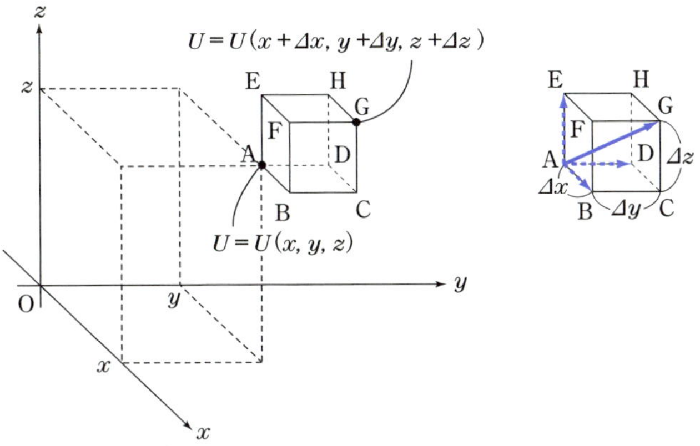

図 A.2

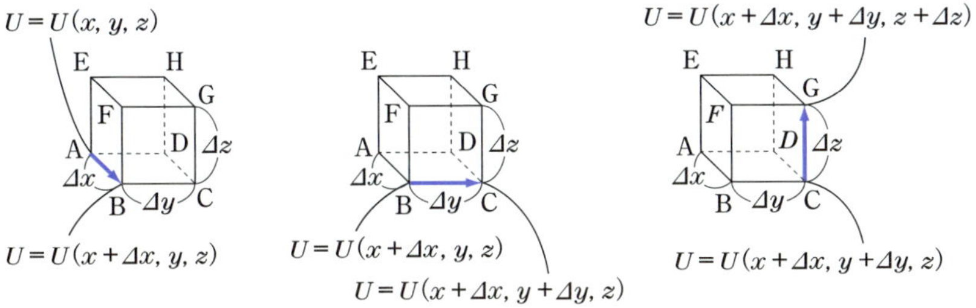

図 A.3

$$\Delta U_1 = U(x + \Delta x,\ y,\ z) - U(x,\ y,\ z)$$

$$\Delta U_2 = U(x + \Delta x,\ y + \Delta y,\ z) - U(x + \Delta x,\ y,\ z)$$

$$\Delta U_3 = U(x + \Delta x,\ y + \Delta y,\ z + \Delta z) - U(x + \Delta x,\ y + \Delta y,\ z)$$

で表されるので

$$\Delta U = \frac{\partial U(x,\ y,\ z)}{\partial x}\Delta x + \frac{\partial U(x + \Delta x,\ y,\ z)}{\partial y}\Delta y + \frac{\partial U(x + \Delta x,\ y + \Delta y,\ z)}{\partial z}\Delta z \tag{A4.5}$$

である．ところが，(A4.3) は

$$\Delta U = \frac{\partial U(x, y, z)}{\partial x}\Delta x + \frac{\partial U(x, y, z)}{\partial y}\Delta y + \frac{\partial U(x, y, z)}{\partial z}\Delta z \tag{A4.6}$$

を意味し，また (A4.6) は，図 A.2 の右図の点線で示す変位による差の和が ΔU に等しいこと，つまり

$$\Delta U = (\text{AB 間の差}) + (\text{AD 間の差}) + (\text{AE 間の差})$$

を意味している．このように，(A4.5) と (A4.6) は見かけ上は異なる．しかし，実は等しいと考えて構わないことを以下で示す．

まず，BC 間の差 $\frac{\partial U(x+\Delta x, y, z)}{\partial y}\Delta y$ が AD 間の差 $\frac{\partial U(x, y, z)}{\partial y}\Delta y$ に等しいことを示す．B → C での y に関する偏微分は x 座標が Δx だけずれた直線に沿って行なうが，$U(x+\Delta x, y, z) = U(x, y, z) + \frac{\partial U(x, y, z)}{\partial x}\Delta x$ を考慮して

$$\begin{aligned}\frac{\partial U(x+\Delta x, y, z)}{\partial y}\Delta y &= \frac{\partial}{\partial y}\left\{U(x, y, z) + \frac{\partial U(x, y, z)}{\partial x}\Delta x\right\}\Delta y \\ &= \frac{\partial U(x, y, z)}{\partial y}\Delta y + \frac{\partial^2 U(x, y, z)}{\partial y\,\partial x}\Delta x\,\Delta y\end{aligned}$$

となる．ところが，2 行目の第 2 項は 2 次の微小量 $\Delta x\,\Delta y$ なので，Δx, Δy を無限に小さくする過程で 1 次の微小項 Δy に比べて際限なく小さくすることができる．したがって，Δx, Δy が無限小の極限では $\Delta U_2 = \frac{\partial U(x, y, z)}{\partial y}\Delta y$ に等しいとしてよい．同様に，CG 間の差が AD 間の差 $\Delta U_3 = \frac{\partial U(x, y, z)}{\partial z}\Delta z$ に等しいとしてよいことも示せる．以上の考察から (A4.3) が導かれる．

ちなみに，図 A.4 のように A から G に至る別の経路を考慮することもできる．

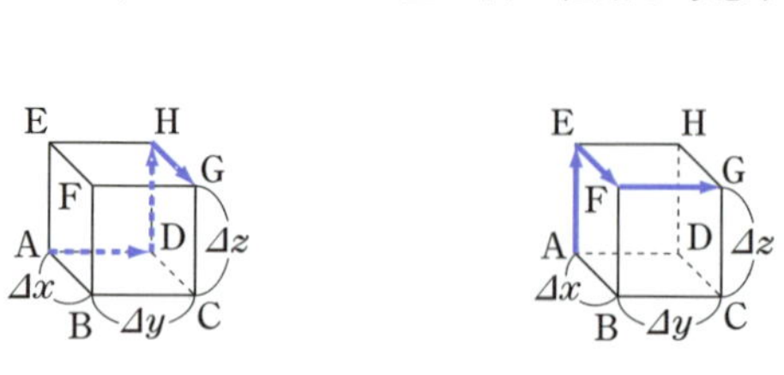

図 A.4

例えば $\varDelta U =$ (AD 間の差) $+$ (DH 間の差) $+$ (HG 間の差) や $\varDelta U =$ (AE 間の差) $+$ (EF 間の差) $+$ (FG 間の差) などである．これらの場合も同様の議論で同じ結果を得る．

章末問題解答

第 1 章

[1.1] $\boldsymbol{v}(t) = \dfrac{d\boldsymbol{r}}{dt} = \left(\dfrac{dx}{dt}, \dfrac{dy}{dt}, \dfrac{dz}{dt}\right) = (b, c, d - 2et)$, $\boldsymbol{a}(t) = \dfrac{d\boldsymbol{v}}{dt} = (0, 0, -2e)$, $\boldsymbol{F}(t) = m\boldsymbol{a} = (0, 0, -2em)$.

[1.2] $\boldsymbol{h} = (h_x, h_y, h_z)$ と直交座標成分で書き下すことにより，

$$\begin{aligned}\frac{d}{dt}(c\boldsymbol{h}) &= \frac{d}{dt}(ch_x, ch_y, ch_z) = \left(\frac{dc}{dt}h_x + c\frac{dh_x}{dt}, \frac{dc}{dt}h_y + c\frac{dh_y}{dt}, \frac{dc}{dt}h_z + c\frac{dh_z}{dt}\right)\\ &= \left(\frac{dc}{dt}h_x, \frac{dc}{dt}h_y, \frac{dc}{dt}h_z\right) + \left(c\frac{dh_x}{dt}, c\frac{dh_y}{dt}, c\frac{dh_z}{dt}\right)\\ &= \frac{dc}{dt}(h_x, h_y, h_z) + c\left(\frac{dh_x}{dt}, \frac{dh_y}{dt}, \frac{dh_z}{dt}\right)\\ &= \frac{dc}{dt}\boldsymbol{h} + c\frac{d\boldsymbol{h}}{dt}\end{aligned}$$

[1.3] ベクトル $\boldsymbol{a}$, $\boldsymbol{b}$ の各成分を $\boldsymbol{a} = (a_x, a_y, a_z)$, $\boldsymbol{b} = (b_x, b_y, b_z)$ とすると，$\boldsymbol{a}\cdot\boldsymbol{b} = (a_x, a_y, a_z)\cdot(b_x, b_y, b_z) = a_xb_x + a_yb_y + a_zb_z$ と書けるので，

$$\begin{aligned}\frac{d}{dt}(\boldsymbol{a}\cdot\boldsymbol{b}) &= \frac{da_x}{dt}b_x + a_x\frac{db_x}{dt} + \frac{da_y}{dt}b_y + a_y\frac{db_y}{dt} + \frac{da_z}{dt}b_z + a_z\frac{db_z}{dt}\\ &= \frac{da_x}{dt}b_x + \frac{da_y}{dt}b_y + \frac{da_z}{dt}b_z + a_x\frac{db_x}{dt} + a_y\frac{db_y}{dt} + a_z\frac{db_z}{dt}\\ &= \left(\frac{da_x}{dt}, \frac{da_y}{dt}, \frac{da_z}{dt}\right)\cdot(b_x, b_y, b_z) + (a_x, a_y, a_z)\cdot\left(\frac{db_x}{dt}, \frac{db_y}{dt}, \frac{db_z}{dt}\right)\\ &= \boldsymbol{a}\cdot\frac{d\boldsymbol{b}}{dt} + \frac{d\boldsymbol{a}}{dt}\cdot\boldsymbol{b}\end{aligned}$$

[1.4] $v^2 = \boldsymbol{v}\cdot\boldsymbol{v}$ に注意して，[1.3] で $\boldsymbol{a} = \boldsymbol{b} = \boldsymbol{v}$ とおけば，$\dfrac{d}{dt}(v^2) = 2\boldsymbol{v}\cdot\dfrac{d\boldsymbol{v}}{dt} = 2\boldsymbol{v}\cdot\dfrac{d^2\boldsymbol{r}}{dt^2}$ を得る．

[1.5] 図のように，$\varDelta t$ の間に $\boldsymbol{v}(t)$ が $\boldsymbol{v}(t + \varDelta t) = \boldsymbol{v}(t) + \dfrac{d\boldsymbol{v}}{dt}\varDelta t$ に変化する．

$$\left|\frac{d\boldsymbol{v}}{dt}\right| = \lim_{\varDelta t\to 0}\left|\frac{\boldsymbol{v}(t + \varDelta t) - \boldsymbol{v}(t)}{\varDelta t}\right|$$

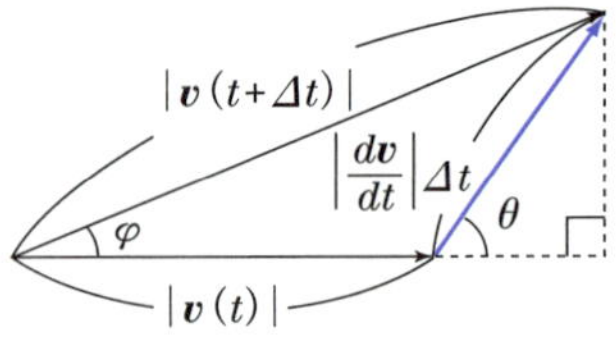

は，図の青い矢印の長さ（を $\varDelta t$ で割った量）に等

しい．一方，

$$\frac{dv}{dt}=\lim_{\varDelta t\to 0}\frac{|\boldsymbol{v}(t+\varDelta t)|-|\boldsymbol{v}(t)|}{\varDelta t}$$

は図の 2 つの黒い矢印（$\boldsymbol{v}(t+\varDelta t)$ と $\boldsymbol{v}(t)$）の長さの差（を $\varDelta t$ で割った量）に等しい．$\varDelta t\to 0$ により 2 つのベクトルのなす角は無限小（$\varphi \fallingdotseq 0$）なので，$\cos\varphi=1$ と近似できる．

したがって，$|\boldsymbol{v}(t+\varDelta t)|=|\boldsymbol{v}(t)|+\left|\dfrac{d\boldsymbol{v}}{dt}\right|\varDelta t\cos\theta$ が得られ，$\dfrac{dv}{dt}=\left|\dfrac{d\boldsymbol{v}}{dt}\right|\cos\theta$ が導かれる．

第 2 章

[2.1]（1）鉛直方向の加速度がゼロなので $0=S\cos\theta-mg$．したがって，$S=\dfrac{mg}{\cos\theta}$．

（2）動径方向の運動方程式は $ma_r=-S\sin\theta$（a_r：動径方向の加速度，ω：角速度）．$a_r=-r\omega^2$，$v=r\omega$，$r=l\sin\theta$ より，$v=\sin\theta\sqrt{\dfrac{gl}{\cos\theta}}$．

（3）$T=\dfrac{2\pi l\sin\theta}{v}=2\pi\sqrt{\dfrac{l\cos\theta}{g}}$

[2.2] 地球の角速度を ω とすると，動径方向の運動方程式より $mr\omega^2=G\dfrac{Mm}{r^2}$（ただし，$\omega=\dfrac{2\pi}{T}$）．よって，

$$M=\frac{4\pi^2r^3}{GT^2}=\frac{4\times 3.14^2\times(1.5\times 10^{11})^3}{6.7\times 10^{-11}\times(3.2\times 10^7)^2}\fallingdotseq 1.9\times 10^{30}\,\mathrm{kg}$$

[2.3] 運動方程式より，

$$F_x=m\frac{d^2x}{dt^2}=-m\omega^2A\cos(\omega t+\theta_0),\quad F_y=m\frac{d^2y}{dt^2}=-m\omega^2B\sin(\omega t+\theta_0)$$

[2.4]（1）$r=\sqrt{(vt)^2+b^2}$，　$\theta=\cos^{-1}\left(\dfrac{b}{\sqrt{(vt)^2+b^2}}\right)$

（2）$\dfrac{dr}{dt}=\dfrac{v^2t}{\sqrt{(vt)^2+b^2}}$，　$\dfrac{d^2r}{dt^2}=\dfrac{b^2v^2}{\{(vt)^2+b^2\}^{3/2}}$，　$\dfrac{d\theta}{dt}=\dfrac{bv}{(vt)^2+b^2}$

これらを，動径方向と円周方向の運動方程式に代入すると，

$$m\left\{\frac{d^2r}{dt^2}-r\left(\frac{d\theta}{dt}\right)^2\right\}=F_r=0 \quad \text{および} \quad m\frac{1}{r}\frac{d}{dt}\left(r^2\frac{d\theta}{dt}\right)=F_\theta=0$$

を得る．

ここから r の時間変化率も θ の時間変化率も時間とともに変化するのだが，動径方向と円周方向の力および加速度はともにゼロになることが確認できた．

[2.5] 質点の x, y 座標は $x=f(\theta)\cos\theta$, $y=f(\theta)\sin\theta$ で与えられる．これから速度の x, y 成分は

$$v_x=\dot{x}=f'(\theta)\cos\theta\ \dot{\theta}-f(\theta)\sin\theta\ \dot{\theta}$$
$$v_y=\dot{y}=f'(\theta)\sin\theta\ \dot{\theta}+f(\theta)\cos\theta\ \dot{\theta}$$

さらに速さを v と書くと，$v^2={v_x}^2+{v_y}^2=\{f'(\theta)\}^2\cdot\dot{\theta}^2+f^2(\theta)\,\dot{\theta}^2$ より，$v=\dot{\theta}\sqrt{\{f'(\theta)\}^2+f^2(\theta)}$.

[2.6] 回転の中心を原点として，小球の水平面上での位置を $r(t)$ と $\theta(t)$ で表す．小球にはたらく水平方向の力が (F_r, F_θ) で与えられるときの運動方程式

$$m\left\{\frac{d^2r}{dt^2}-r\left(\frac{d\theta}{dt}\right)^2\right\}=F_r \quad \text{と} \quad m\frac{1}{r}\frac{d}{dt}\left(r^2\frac{d\theta}{dt}\right)=F_\theta$$

を用いる．

(1) 角速度が一定なので $\dfrac{d\theta}{dt}=\omega$ (一定)，およびパイプに摩擦がないことから $F_r=0$ を考慮して

$$\frac{d^2r}{dt^2}=r\omega^2 \quad \cdots ①, \qquad 2m\omega\frac{dr}{dt}=F_\theta \quad \cdots ②$$

を得る．① より直ちに，$r(t)=r_+e^{\omega t}+r_-e^{-\omega t}$ が得られ，さらに初期条件より，$r_+=r_-=L/2$ なので

$$\text{位置：}\quad r(t)=\frac{L}{2}(e^{\omega t}+e^{-\omega t}),\quad \theta(t)=\omega t$$

$$\text{速度：}\quad v_r(t)=\frac{L\omega}{2}(e^{\omega t}-e^{-\omega t}),\quad v_\theta(t)=r(t)\,\omega=\frac{L\omega}{2}(e^{\omega t}+e^{-\omega t})$$

が求まり，φ は

$$\tan\varphi(t)=\frac{v_\theta}{v_r}=\frac{e^{\omega t}+e^{-\omega t}}{e^{\omega t}-e^{-\omega t}}$$

で与えられる．

(2) 小球は渦巻き状の軌跡に沿ってパイプ内を速度を増しつつ中心から遠ざかる．この間，φ は最初 $(t=0)$ は直角 $\left(\varphi=\dfrac{\pi}{2}\right)$ で，時間とともに単調に減少して

$t \to \infty$ では $\tan\varphi = 1$，つまり 45 度$\left(\varphi = \dfrac{\pi}{4}\right)$ に収束する．パイプの長さが有限の場合，$r(t)$ がパイプの長さに達した瞬間に小球がパイプから角度 φ で飛び出す．

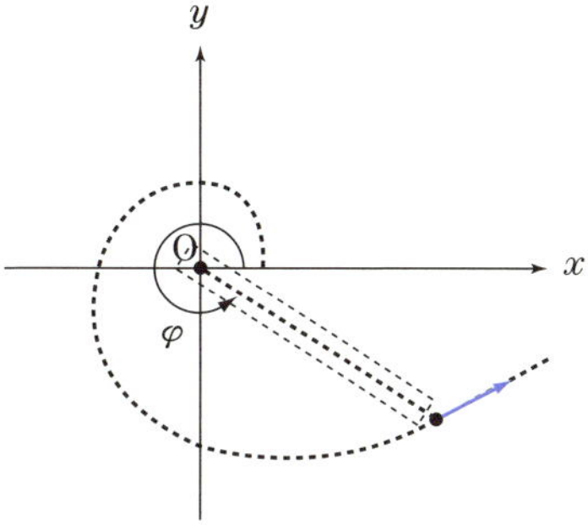

第 3 章

[3.1] （1） $\sin x = x - \dfrac{1}{3!}x^3 + \dfrac{1}{5!}x^5 - \cdots$

（2） $\cos x = 1 - \dfrac{1}{2!}x^2 + \dfrac{1}{4!}x^4 - \cdots$

（3） $e^x = 1 + x + \dfrac{1}{2!}x^2 + \dfrac{1}{3!}x^3 + \cdots$

[3.2] 質量 m の物体には，重力によって斜面に下向きに $mg\sin\alpha$ の力がはたらく．重力の斜面に垂直な成分は斜面からの垂直抗力とつり合い，かつ摩擦がないので忘れてよい．したがって，この単振り子は重力加速度が斜面によって有効的に $g' = g\sin\alpha$ に変化した状態での単振り子と見なせる．そのため，小振幅の範囲で求める周期 T は，$T = 2\pi\sqrt{\dfrac{l}{g'}} = 2\pi\sqrt{\dfrac{l}{g\sin\alpha}}$ となる．

[3.3] （1） 円板の中心の座標が $(x, y) = (a\theta, a)$ と書けることから，点 P の座標は $x = a\theta - a\sin\theta$，$y = a - a\cos\theta$．

（2） $\dfrac{dx}{d\theta} = a - a\cos\theta$，$\dfrac{dy}{d\theta} = a\sin\theta$ となる．これより，$s = \int ds$．ただし，$(ds)^2 = (dx)^2 + (dy)^2 = \left(\dfrac{dx}{d\theta}d\theta\right)^2 + \left(\dfrac{dy}{d\theta}d\theta\right)^2 = 2a^2(1-\cos\theta)\cdot(d\theta)^2 = 4a^2\sin^2\dfrac{\theta}{2}\cdot(d\theta)^2$.

よって，$s = 2a\displaystyle\int_0^\theta \sin\frac{\theta}{2}\,d\theta = 4a\left(1 - \cos\frac{\theta}{2}\right)$（ただし，$0 \leqq \theta \leqq 2\pi$）．

（3） $\tan\varphi = \dfrac{dy}{dx}$ である．よって，

$$\tan\varphi = \frac{dy}{dx} = \frac{dy/d\theta}{dx/d\theta} = \frac{\sin\theta}{1-\cos\theta} = \frac{2\sin(\theta/2)\cos(\theta/2)}{2\sin^2(\theta/2)} = \left(\tan\frac{\theta}{2}\right)^{-1}$$
$$= \tan\left(\frac{\pi}{2} - \frac{\theta}{2}\right)$$

したがって，$\varphi = \dfrac{\pi - \theta}{2}$.

（4） 曲線の接線が x 軸となす角度を φ' とすると，$\varphi' = \varphi = \dfrac{\pi-\theta}{2}$. したがって，重力の接線方向成分は $F_{s'} = -mg\sin\varphi' = -mg\sin\varphi = -mg\sin\left(\dfrac{\pi-\theta}{2}\right) = -mg\cos\dfrac{\theta}{2}$. ここで（2）より，$s' = -s + 4a = 4a\cos\dfrac{\theta}{2}$ なので，$F_{s'} = -\dfrac{mg}{4a}s'$ を得る.

（5） 運動方程式は　$m\dfrac{d^2s'}{dt^2} = -\dfrac{mg}{4a}s'$.

（6） 運動方程式の解が近似なしに，$s' = A\sin(\omega t + \theta_0)$ と求まるからである. ただし，角振動数は $\omega = \dfrac{1}{2}\sqrt{\dfrac{g}{a}}$，周期は $T = 4\pi\sqrt{\dfrac{a}{g}}$ となる（振幅 A と初期位相 θ_0 は初期条件で決まる）.

［3.4］ 運動方程式は，$m\dfrac{d\boldsymbol{v}}{dt} = q\boldsymbol{v}\times\boldsymbol{B}$ である．速度ベクトルを $\boldsymbol{v} = (v_x, v_y, v_z)$ とすると，右辺の各成分は，$\boldsymbol{v}\times\boldsymbol{B} = (v_x, v_y, v_z)\times(0, 0, B) = (v_yB, -v_xB, 0)$ となるので，運動方程式の x, y, z 成分がそれぞれ

$$m\frac{dv_x}{dt} = qBv_y \quad \cdots ①, \qquad m\frac{dv_y}{dt} = -qBv_x \quad \cdots ②, \qquad m\frac{dv_z}{dt} = 0 \quad \cdots ③$$

と書ける.

①，② は v_x, v_y の連立微分方程式である．① より，$v_y = -\dfrac{m}{qB}\dfrac{dv_x}{dt}$. これを ② に代入して得られる $\dfrac{d^2v_x}{dt^2} = -\left(\dfrac{qB}{m}\right)^2 v_x$ より $\omega = \dfrac{qB}{m}$ として $v_x = A\cos(\omega t + \theta_0)$ が求まる．続いて ① より $v_y = -A\sin(\omega t + \theta_0)$ が得られる（A と θ_0 は初期条件で決まる定数）．さらに ③ より，z 方向の速度成分は変化しないので，$v_z = v_{0z} =$ 一定（ただし，v_{0z} は $t = 0$ での z 方向の速度成分）．位置は t の積分で，

$$x = \frac{A}{\omega}\sin(\omega t + \theta_0) + C_1, \qquad y = \frac{A}{\omega}\cos(\omega t + \theta_0) + C_2, \qquad z = v_{0z}t + C_3$$

となる.

このように，xy 平面上で半径 A/ω の円運動を描きながら，z 軸方向に一定速度 v_{0z} で進むらせん軌道となる．その際の xy 平面上での円運動の半径 A/ω と初期位相 θ_0 および中心位置 (C_1, C_2) は初期条件で決まる．

[3.5] （1） x 方向の力が $-k(x-l)$ なので運動方程式は $m\dfrac{d^2x}{dt^2}=-k(x-l)$ となる．原点をずらして $x'=x-l$ を変数とすれば，x' に対する運動方程式は本文の (3.15) と同じになるので，解は (3.16) と同じく $x'(t)=A\cos(\omega t+\theta_0)$ となる．したがって，$x(t)=A\cos(\omega t+\theta_0)+l$ が得られる．初期条件 $x(0)=l+d$，$\dfrac{dx(0)}{dt}=0$ より，A と θ_0 を定めることができ，$x=l+d\cos\left(\sqrt{\dfrac{k}{m}}\,t\right)$ が得られる．

（2） $v=\dfrac{dx}{dt}=-d\sqrt{\dfrac{k}{m}}\sin\left(\sqrt{\dfrac{k}{m}}\,t\right)$．よって，

$$K=\frac{1}{2}mv^2=\frac{1}{2}kd^2\sin^2\left(\sqrt{\frac{k}{m}}t\right),\quad U=\frac{1}{2}k(x-l)^2=\frac{1}{2}kd^2\cos^2\left(\sqrt{\frac{k}{m}}t\right)$$

となり，ここから K と U の和は $K+U=\dfrac{1}{2}kd^2$ となり，一定とわかる．

第 4 章

[4.1] $Z=x+iy$ を $z=e^{a+ib}$ で表す．

$$a=\log_e\sqrt{x^2+y^2},\qquad \cos b=\frac{x}{\sqrt{x^2+y^2}},\qquad \sin b=\frac{y}{\sqrt{x^2+y^2}}$$

（1） $x=1$，$y=0$，$\sqrt{x^2+y^2}=1$ より，$a=0$，$b=0$．したがって，e^0．

（2） $x=-1$，$y=0$，$\sqrt{x^2+y^2}=1$ より，$a=0$，$b=\pi$．したがって，$e^{i\pi}$．

（3） $x=0$，$y=1$，$\sqrt{x^2+y^2}=1$ より，$a=0$，$b=\dfrac{\pi}{2}$．したがって，$e^{i\frac{\pi}{2}}$．

（4） $x=0$，$y=-1$，$\sqrt{x^2+y^2}=1$ より，$a=0$，$b=\dfrac{3}{2}\pi$．したがって，$e^{i\frac{3}{2}\pi}$．

（5） $x=0$，$y=e$，$\sqrt{x^2+y^2}=e$ より，$a=1$，$b=\dfrac{\pi}{2}$．したがって，$e^{1+i\frac{\pi}{2}}$．

（6） $x=0$，$y=-e^2$，$\sqrt{x^2+y^2}=e^2$ より，$a=2$，$b=\dfrac{3}{2}\pi$．したがって，$e^{2+i\frac{3}{2}\pi}$．

（7） $x=\sqrt{2}$，$y=\sqrt{2}$，$\sqrt{x^2+y^2}=2$ より，$a=\log_e 2$，$b=\dfrac{\pi}{4}$ となるので，$2e^{i\frac{\pi}{4}}$．

[4.2] $Z_1 = e^{a_1+ib_1}$, $Z_2 = e^{a_2+ib_2}$, $Z_3 = e^{a_3+ib_3}$とすると，$Z_3 = Z_1Z_2 = e^{a_1+ib_1}e^{a_2+ib_2} = e^{a_1+a_2}e^{i(b_1+b_2)}$. よって，$|Z_3| = e^{a_1+a_2} = |Z_1||Z_2|$, $b_3 = b_1 + b_2$.

[4.3] $P(\omega)$が共鳴ピークの位置は，$\gamma/\omega \ll 1$の条件下では近似的に$\omega = \omega_0$で与えられる．したがって，ピークの値$P(\omega_0)$の半分になる角周波数を$\omega_\pm = \omega_0 \pm \varDelta\omega/2$とおいて，$\dfrac{P(\omega_\pm)}{P(\omega_0)} = \dfrac{1}{2}$となる$\varDelta\omega$を求める．$\dfrac{P(\omega_\pm)}{P(\omega_0)} = \left\{\dfrac{r_0(\omega_0)}{r_0(\omega_\pm)}\right\}^2$にて，$r_0 = \sqrt{(\omega_0^2 - \omega^2)^2 + \gamma^2\omega^2}$に注意すると，$(\omega_0^2 - \omega_\pm^2)^2 = 2\gamma^2\omega_0^2 - \gamma^2\omega_\pm^2$が得られる．両辺を$\omega_0^4$で割って無次元化し，$\dfrac{\varDelta\omega}{\omega_0}$および$\dfrac{\gamma}{\omega_0}$が微小量であることに注意して，$\dfrac{\varDelta\omega}{\omega_0}$と$\dfrac{\gamma}{\omega_0}$の最低次の項を残すことで，$\varDelta\omega = \gamma$が得られる．

[4.4] （1） $m\dfrac{d^2x}{dt^2} = -m\gamma\dfrac{dx}{dt} - mg$

（2） 運動方程式は非同次の2階線形微分方程式である．複素数に拡張した同次式は$m\dfrac{d^2z}{dt^2} + m\gamma\dfrac{dz}{dt} = 0$となる．

$z = Ae^{\lambda t}$を代入して，$m\lambda^2 + m\gamma\lambda = 0$より，$\lambda_1 = 0$および$\lambda_2 = -\gamma$が得られるので，複素数の一般解は，$z = A_1 + A_2e^{-\gamma t}$となる．$\gamma$は実数なので$A_1$と$A_2$を実数として，$x = A_1 + A_2e^{-\gamma t}$が実数の一般解となる．

（3） $z = At$を（1）の運動方程式に代入して，$A = -g/\gamma$が得られる．したがって，一般解は（2）の解と加えて$x = A_1 + A_2e^{-\gamma t} - \dfrac{g}{\gamma}t$となる．ただし，$A_1$と$A_2$は実数パラメーター．

（4） $x(0) = A_1 + A_2 = h$, $\left.\dfrac{dx}{dt}\right|_{t=0} = \left(-A_2\gamma e^{-\gamma t} - \dfrac{g}{\gamma}\right)_{t=0} = -A_2\gamma - \dfrac{g}{\gamma} = 0$より，$A_1 = h + \dfrac{g}{\gamma^2}$, $A_2 = -\dfrac{g}{\gamma^2}$. したがって，$\dfrac{dx}{dt} = -\dfrac{g}{\gamma}(1 - e^{-\gamma t})$. 図のように，落下速度は時間とともに増大するが，重力と抵抗力がつり合う速度$v = -\dfrac{g}{\gamma}$に収束する．

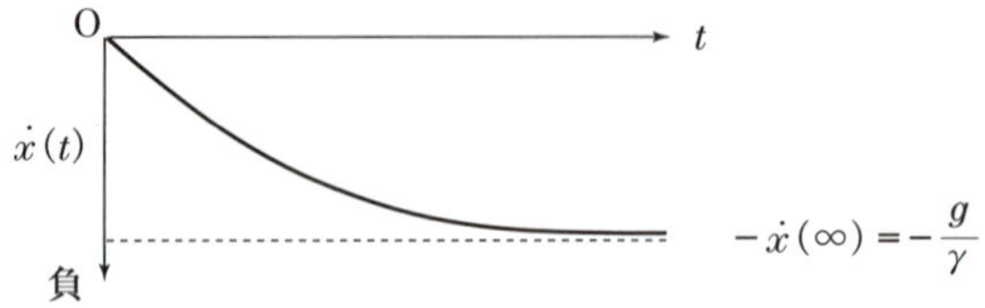

[4.5] （1） x 方向と y 方向の運動方程式はそれぞれ $m\dfrac{d^2x}{dt^2} = -m\gamma\dfrac{dx}{dt}$，$m\dfrac{d^2y}{dt^2} = -m\gamma\dfrac{dy}{dt} - mg$ である．これらは [4.4] と同様に解くことができる．x 方向に関しては [4.4] の同次式と同じであり，y 方向については運動方程式と同じであることから，一般解として，$x = D_1 - \dfrac{C_1}{\gamma}e^{-\gamma t}$，$y = D_2 - \dfrac{g}{\gamma}t - \dfrac{C_2}{\gamma}e^{-\gamma t}$，および $\dfrac{dx}{dt} = C_1 e^{-\gamma t}$，$\dfrac{dy}{dt} = -\dfrac{g}{\gamma} + C_2 e^{-\gamma t}$ が得られる．初期条件は $x(0) = 0$，$y(0) = 0$，$\dfrac{dx(0)}{dt} = v_0\cos\theta$，$\dfrac{dy(0)}{dt} = v_0\sin\theta$ であり，これらから C_1，C_2，D_1，D_2 の実数パラメーターを決めることで，

$$x = \frac{v_0\cos\theta}{\gamma}(1 - e^{-\gamma t}), \qquad y = -\frac{g}{\gamma}t + \frac{1}{\gamma}\left(v_0\sin\theta + \frac{g}{\gamma}\right)(1 - e^{-\gamma t})$$

$$v_x = v_0\cos\theta\cdot e^{-\gamma t}, \qquad v_y = -\frac{g}{\gamma} + \left(v_0\sin\theta + \frac{g}{\gamma}\right)e^{-\gamma t}$$

を得る．

（2） $t\to\infty$ とすると，$v_x \to 0$，$v_y \to -\dfrac{g}{\gamma}$，$x \to \dfrac{v_0\cos\theta}{\gamma}$ なので，$(u_x, u_y) = \left(0, -\dfrac{g}{\gamma}\right)$，$L = \dfrac{v_0\cos\theta}{\gamma}$．

[4.6] （1） 求めるバネ定数を k とすると，力のつり合いの式は $0 = kd - mg$．∴ $k = \dfrac{mg}{d}$．

（2） $m\dfrac{d^2x}{dt^2} = mg - k(x + d)$．これに（1）を代入して整理すると，$m\dfrac{d^2x}{dt^2} = -kx$．

（3） （2）を解くと，$x = A\sin(\omega t + \theta_0)$，ただし $\omega = \sqrt{\dfrac{g}{d}}$．

ここで初期条件から $x(0) = A\sin\theta_0 = 0$，$\dfrac{dx(0)}{dt} = A\omega\cos\theta_0 = v_0$ が成り立つので，ここから $A = \dfrac{v_0}{\omega} = v_0\sqrt{\dfrac{g}{d}}$，$\theta_0 = 0$．よって，$x = v_0\sqrt{\dfrac{m}{k}}\sin\left(\sqrt{\dfrac{k}{m}}t\right)$．

[4.7] 各回路素子の両端に現れる電圧を，回路に沿って時計回りを正として加え合わせる．また，電流の極性は回路の時計回りを正とする．

（1） 回路を1周する電圧を考慮して，$V_0 \cos \omega t - L\dfrac{dI}{dt} = 0$．移項して $\dfrac{dI}{dt} = \dfrac{V_0}{L}\cos \omega t$ を直接時間で積分することにより，$I = \dfrac{V_0}{\omega L}\sin \omega t$ となる．ただし，積分定数（一定電流に対応する）はゼロとした．（方程式は非同次の1階線形微分方程式だが，ここでは直接積分して解を求めた．）

（2） 回路を1周する電圧を考慮して $V_0 \cos \omega t - \dfrac{Q}{C} = 0$. 両辺を時間で微分し，$I = \dfrac{dQ}{dt}$ を考慮して，$I = -\omega C V_0 \sin \omega t$.

（3） 回路を1周する際の各素子の電圧を考慮して，$V_0 \cos \omega t - RI - L\dfrac{dI}{dt} - \dfrac{Q}{C} = 0$．この方程式は $I = \dfrac{dQ}{dt}$ により Q の2階線形微分方程式 $\dfrac{d^2Q}{dt^2} + \dfrac{R}{L}\dfrac{dQ}{dt} + \dfrac{1}{LC}Q = \dfrac{V_0}{L}\cos \omega t$ になる．これは本章で扱った抵抗力のある場合の強制振動の運動方程式 $\dfrac{d^2x}{dt^2} + \gamma\dfrac{dx}{dt} + {\omega_0}^2 x = \dfrac{F}{m}\cos \omega t$（(4.25)）と同じ形をしている．そのため，十分時間が経過した後は Q はすでに求めた強制振動の解 (4.39) と同一の振る舞いをする．電流 I は Q に対して位相が $\pi/2$ だけずれ，振幅に ω がかかるが，振動数の変化に対する挙動は同じである．x は Q に，γ は R/L に，k/m は $1/\sqrt{LC}$ に，F/m は V_0/L に対応することから，回路は $\omega_0 = 1/\sqrt{LC}$ に固有角振動数をもち，$R/L \ll \omega_0 (R^2 \ll L/C)$ のとき減衰が小さく，$\omega \fallingdotseq \omega_0$ で鋭い共鳴が得られる．

第 5 章

［5.1］ エレベーターに固定した座標系で鉛直上向きに x 軸をとる．座標系が上向きに加速度 α をもつので，下向きに見かけの力 $m\alpha$ が加わり，運動方程式は $m\dfrac{d^2x}{dt^2} = mg + m\alpha$ となる．両辺を m で割ってから時間積分を2回繰り返して $x = -\dfrac{1}{2}(g+\alpha)t^2 + C_1 t + C_2$（$C_1$，$C_2$：定数）を得る．初期条件 $\left(t = 0 \text{ で } x = h,\ \dfrac{dx}{dt} = 0\right)$ より，$C_1 = 0$, $C_2 = h$. よって，求める時間を t_1 とすると，$h = \dfrac{1}{2}(g+\alpha){t_1}^2$.

$\therefore \quad t_1 = \sqrt{\dfrac{2h}{g+\alpha}}$.

［5.2］ $x'y'$ 座標系を，x' 軸が x 軸に重なり y' 軸が $t=0$ で y 軸に重なるように選ぶ．また，$t=0$ に小球を $(0, h)$ から離したとする．

（1） xy 座標系で小球にはたらく力は y 方向の重力 $-mg$ だけである．したがって，x 方向には初速度 v_0 を保ったまま等速運動をし，y 方向には高さ h から，初速度 0，加速度 $-g$ の等加速度運動をする．したがって，$x=v_0 t$，$y=h-\dfrac{1}{2}gt^2$ となり，軌跡 $y=h-\dfrac{g}{2v_0^2}x^2$ が求まる．

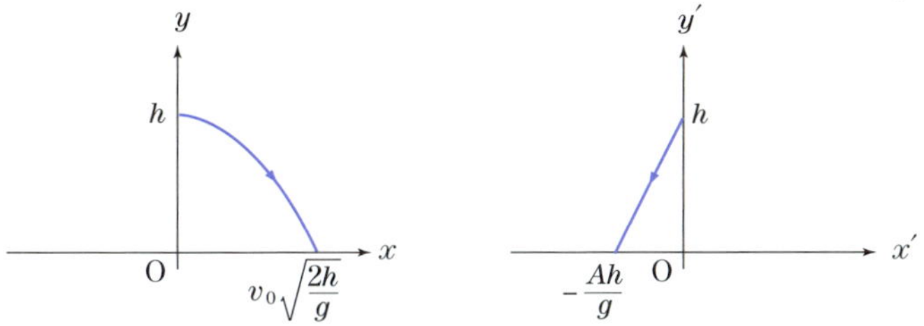

（2） $x'y'$ 座標系では，小物体の初速度は $(0, 0)$ だが，x' 方向に見かけの力 $-mA$，y 方向に重力 $-mg$ が加わるので，速度の x' 成分は $-At$，y' 成分は $-gt$ となる．したがって，$x'=-\dfrac{1}{2}At^2$，$y'=h-\dfrac{1}{2}gt^2$ となり，軌跡 $y'=h+\dfrac{g}{A}x'$ が得られる．

［5.3］ 列車に固定した座標系では，鉛直下向きの重力 mg に加えて，水平左向きに見かけの力 mA が存在する．したがって，合力は鉛直から左側に角度 $\phi=\tan^{-1}\dfrac{A}{g}$ だけ傾き，大きさは $g'=\sqrt{g^2+A^2}$ となる．この合力の中で振動するため，振り子は鉛直から左側に角度 $\phi=\tan^{-1}\dfrac{A}{g}$ の軸を中心に周期 $T'=2\pi\sqrt{\dfrac{l}{g'}}=2\pi\sqrt{\dfrac{l}{\sqrt{g^2+\alpha^2}}}$ で単振動を行なう．

［5.4］ 時刻 $t=0$ に小物体を y 軸の正の向きに放出したとする．

（1） 小物体には水平面内（xy 平面内）の力がはたらかず，等速直線運動する．したがって，$\theta=\dfrac{\pi}{2}$ の方向に中心から速度 v_0 で離れる．つまり $(r, \theta)=\left(v_0 t, \dfrac{\pi}{2}\right)$．左側の図に軌跡を示す．

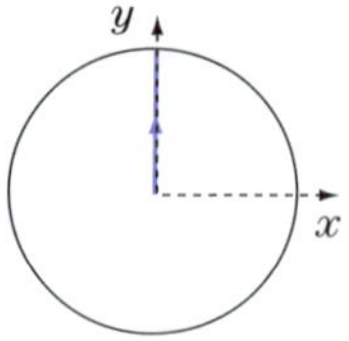

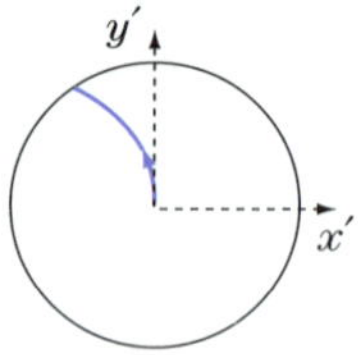

（2） 回転台の座標では $(r', \theta') = (r, \theta + \omega t) = \left(v_0 t, \dfrac{\pi}{2} + \omega t\right)$. 速度は $(v_r', v_\theta') = \left(\dfrac{dr'}{dt}, r'\dfrac{d\theta'}{dt}\right) = (v_0, v_0\,\omega t)$.

また，軌跡は (r', θ') の表式から t を消去して $r' = \dfrac{v_0}{\omega}\left(\theta' - \dfrac{\pi}{2}\right)$ となり，軌跡は上図の右側のようになる．

（3） 回転台の座標系で観察される小物体は見かけの力

$$\boldsymbol{F}' = \begin{pmatrix} F_r' \\ F_\theta' \end{pmatrix} = 2m\omega \begin{pmatrix} -v_\theta' \\ v_r' \end{pmatrix} + m \begin{pmatrix} r'\omega^2 \\ 0 \end{pmatrix}$$

を受ける．（回転が時計回りのため，反時計回りとした (5.18) に比べて第 1 項のコリオリの力の符号が逆である．）速度 $(v_r', v_\theta') = (v_0, v_0\,\omega t)$ と $r' = v_0 t$ を考慮すると，$\boldsymbol{F}' = (-mr'\omega^2, 2mv_0\omega)$ である．動径方向にはコリオリの力と遠心力の和が向心力 $F_r' = -mr'\omega^2$ となってはたらく．このため，動径方向に加速度 $a_r' = -r'\omega^2$ が生ずるが，これは (5.16)，(5.17) のまとめの下に記した表式 $a_r' = \dfrac{d^2r'}{dt^2} - r'\left(\dfrac{d\theta'}{dt}\right)^2$ からわかるように，動径方向で等速運動する $\left(\text{つまり } \dfrac{d^2r'}{dt^2} = 0 \text{ または } v_r' = v_0 = \text{一定}\right)$ ために必要な力である．また，円周方向のコリオリの力，$F_\theta = 2mv_0\,\omega$ によって小物体の円周方向の速度は反時計回りの向きに一定加速度で増大する．

[5.5] おもりの運動を，自由落下する小部屋に固定した極座標 (r', θ') で考える．座標系は下向きに加速度 g で運動するので，おもりには上向きに見かけの力（慣性力）mg が発生し，それが下向きの重力 mg と打ち消し合う．そのため，ひもによる張力 S 以外に力は存在しない．よって，$F_r' = -S$，$F_\theta' = 0$ となる．まず，おもりが長さ l のひもに付けられていることを考慮して，$r' = l =$ （一定）と仮定してみる．運動方程式（(2.12)，(2.13) を参照）$m\left\{\dfrac{d^2r'}{dt^2} - r'\left(\dfrac{d\theta'}{dt}\right)^2\right\} = F_r'$ と

$m\left(2\dfrac{dr'}{dt}\dfrac{d\theta'}{dt}+r'\dfrac{d^2\theta'}{dt^2}\right)=F_\theta{}'$ は与えられた条件下で

$$m\left\{-l\left(\frac{d\theta}{dt}\right)^2\right\}=-S \quad \cdots ①, \qquad ml\frac{d^2\theta'}{dt^2}=0 \quad \cdots ②$$

となる．② から角速度 $\omega=\dfrac{d\theta}{dt}=$ (一定) となるために，おもりは等速円運動することがわかる．以上の知識を基にして，それぞれの設問について考える．

（1） おもりは初速 v_0 で水平方向に等速直線運動しようとするが，ひもで支点につながれているために半径 l の円軌道を描くことになる．速さ v_0 の等速円運動である．$\omega=\dfrac{d\theta}{dt}=\dfrac{v_0}{l}$ を用いて，① より張力が $S(t)=ml\omega^2$ と得られる．

このように，S は時間によらず一定で等速円運動に必要な向心力を与える．また，張力が正であることからひもはたるむことはなく，$r'=l=$ (一定) の仮定が正しいことがわかる．おもりは初速 v_0 の大きさによらずに等速円運動をするが，その角速度は初速度に比例する $\left(\omega=\dfrac{v_0}{l}\right)$. また，初速度の向きが左向きか右向きかによって，回転が時計回りか反時計回りになる．

（2） 初速度がゼロなので，$\omega=\dfrac{d\theta}{dt}=0$ になり静止する．① より $S=0$ である．

（3） 最初からぐるぐる回っていて楕円関数で表される回転の場合も，初速 v_0 を保って（1）の場合と同様の等速円運動を行なう．$t=0$ での回転運動の位相の違いは，初速 v_0 の大きさに影響するだけである．

[5.6] 回転座標系での小球の位置を (r', θ')，小球にはたらく力を $(F_r{}', F_\theta{}')$ で表す．回転座標系の運動方程式

$$\begin{cases} m\left\{\dfrac{d^2r'}{dt^2}-r'\left(\dfrac{d\theta'}{dt}\right)^2\right\}=F_r+2mr'\dfrac{d\theta'}{dt}\omega+mr'\omega^2 \\ m\dfrac{1}{r'}\dfrac{d}{dt}\left(r'^2\dfrac{d\theta'}{dt}\right)=F_\theta-2m\dfrac{dr'}{dt}\omega \end{cases}$$

で，$\theta'=$ (一定) より $\dfrac{d\theta'}{dt}=0$ となること，および，パイプに摩擦がないため $F_r=0$ となることより，

$$\begin{cases} m\dfrac{d^2r'}{dt^2}=mr'\omega^2 & \cdots ① \\ 2m\omega\dfrac{dr'}{dt}=F_\theta & \cdots ② \end{cases}$$

を得る．第２章の問と同様，① より $r'(t) = \dfrac{L}{2}(e^{\omega t} + e^{-\omega t})$，$v_r'(t) = \dfrac{\omega L}{2}(e^{\omega t} - e^{-\omega t})$ が得られ，② からは $F_\theta = mL\omega^2(e^{\omega t} - e^{-\omega t})$ が得られる．

言葉で記述すると，① 式は小球が遠心力 $(mr'\omega^2)$ で $+r'$ 方向に加速されて速度 $v_r' = dr'/dt$ をもつことを意味する．このとき v' のためにコリオリの力 $2m\boldsymbol{v}' \times \boldsymbol{\omega}$ が生ずるが，小球がパイプ内に留まるため $\boldsymbol{v}'$ が θ 方向成分をもたないので，コリオリの力は円周方向を向き，$F_{\theta,\text{コリオリの力}} = -2m\omega\dfrac{dr'}{dt}$ となる．ところが，パイプが $F_{\theta,\text{コリオリの力}}$ を打ち消す $F_\theta = 2m\omega\dfrac{dr'}{dt}$ の力を小球に加えることで，小球は θ 方向の加速度（速度）をもたない．

このように，パイプを振って中の小球を加速させる際，要する力はコリオリの力に対する抗力である．

第 6 章

[6.1] （１） $\displaystyle\int_{C_1} \boldsymbol{F}\cdot d\boldsymbol{r} = \int_a^{3a} F_x\,dx = \int_a^{3a} kbx\,dx$

$$= \left[\frac{1}{2}kbx^2\right]_a^{3a} = \frac{1}{2}kb\cdot(3a)^2 - \frac{1}{2}kba^2 = 4ka^2b$$

（２） $\displaystyle\int_{C_2} \boldsymbol{F}\cdot d\boldsymbol{r} = \int_b^{2b} F_y\,dy = \int_b^{2b} 6kay\,dy$

$$= \left[3kay^2\right]_b^{2b} = 3ka\cdot(2b)^2 - 3kab^2 = 9kab^2$$

[6.2] $\boldsymbol{F}$ は経路Ｃの接線方向を向いており，一定の大きさ F_0 をもつ．したがって，

$$\int_C \boldsymbol{F}\cdot d\boldsymbol{r} = F_0\cdot\frac{\pi R}{2} = \frac{\pi F_0 R}{2}$$

（別解） $x = R\cos\theta$，$y = R\sin\theta$ より，$\dfrac{dx}{d\theta} = -R\sin\theta$，$\dfrac{dy}{d\theta} = R\cos\theta$，$\dfrac{dz}{d\theta} = 0$ である．また，積分経路で θ が $0 \leqq \theta \leqq \pi/2$ の範囲で変化することから，

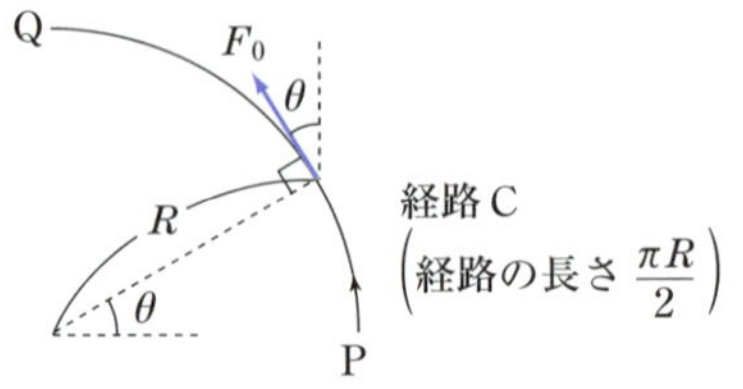

$$
\begin{aligned}
{}_{\mathrm{C}}\!\int \boldsymbol{F}\cdot d\boldsymbol{r} &= {}_{\mathrm{C}}\!\int F_x\,dx + {}_{\mathrm{C}}\!\int F_y\,dy + {}_{\mathrm{C}}\!\int F_z\,dz \\
&= \int_0^{\pi/2} F_x \frac{dx}{d\theta}\,d\theta + \int_0^{\pi/2} F_y \frac{dy}{d\theta}\,d\theta + \int_0^{\pi/2} F_z \frac{dz}{d\theta}\,d\theta \\
&= \int_0^{\pi/2} (-F_0 \sin\theta)\cdot(-R\sin\theta)\,d\theta + \int_0^{\pi/2} F_0\cos\theta\cdot R\cos\theta\,d\theta \\
&\qquad + \int_0^{\pi/2} 0\cdot 0\,d\theta \\
&= \int_0^{\pi/2} F_0 R(\sin^2\theta + \cos^2\theta)\,d\theta = \int_0^{\pi/2} F_0 R\,d\theta = \frac{\pi F_0 R}{2}
\end{aligned}
$$

[6.3] 垂直抗力 $\boldsymbol{N}$ と重力 $m\boldsymbol{g}$ の合力 $\boldsymbol{F} = \boldsymbol{N} + m\boldsymbol{g}$ の中で，$\boldsymbol{N}$ は質点の移動方向に垂直なので，

$$
\int_{\text{点a}}^{\text{点b}} \boldsymbol{F}\cdot d\boldsymbol{r} = \int_{\text{点a}}^{\text{点b}} \boldsymbol{N}\cdot d\boldsymbol{r} + \int_{\text{点a}}^{\text{点b}} (m\boldsymbol{g})\cdot d\boldsymbol{r} = \int_{\text{点a}}^{\text{点b}} (m\boldsymbol{g})\cdot d\boldsymbol{r}
$$

となる．$m\boldsymbol{g} = (0,\ -mg,\ 0)$ より，

$$
\int_{\text{点a}}^{\text{点b}} \boldsymbol{F}\cdot d\boldsymbol{r} = \int_h^0 (-mg)\,dy = [-mgy]_h^0 = mgh
$$

[6.4] $\boldsymbol{F}\cdot d\boldsymbol{r} = (\boldsymbol{N} + m\boldsymbol{g})\cdot d\boldsymbol{r} = m\boldsymbol{g}\cdot d\boldsymbol{r}$ を用いる．

（解法 1） $m\boldsymbol{g}\cdot d\boldsymbol{r} = |m\boldsymbol{g}||d\boldsymbol{r}|\cos\theta = mg\cos\theta\,dr$ において，θ が $d\theta$ だけ微小変化するとき小球が円周上を $dr = -h\,d\theta$ だけ進むことに注意する．（点 a → 点 b に沿う移動の向きを $dr > 0$ とするので，$d\theta < 0$ が $dr > 0$ に対応する．）したがって，

$$
\int_{\text{点a}}^{\text{点b}} \boldsymbol{F}\cdot d\boldsymbol{r} = \int_{\text{点a}}^{\text{点b}} (m\boldsymbol{g})\cdot d\boldsymbol{r} = \int_{\pi/2}^0 mg\cos\theta\cdot(-h\,d\theta) = -mgh[\sin\theta]_{\pi/2}^0 = mgh
$$

（解法 2） 線積分は (6.7) 式より x, y 成分の和で与えられるが，$F_x = 0$，$F_y = -mg$ なので，$\boldsymbol{F}\cdot d\boldsymbol{r} = -m\boldsymbol{g}\cdot d\boldsymbol{r} = -mg\,dy$. したがって，$\int_{\text{点a}}^{\text{点b}} \boldsymbol{F}\cdot d\boldsymbol{r} = \int_h^0 (-mg)\,dy = mgh$.

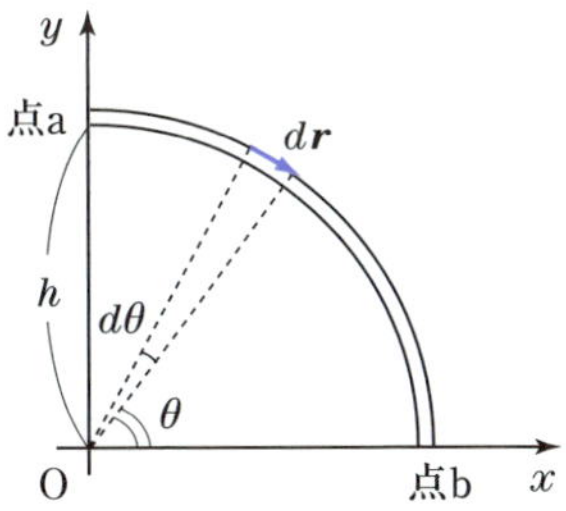

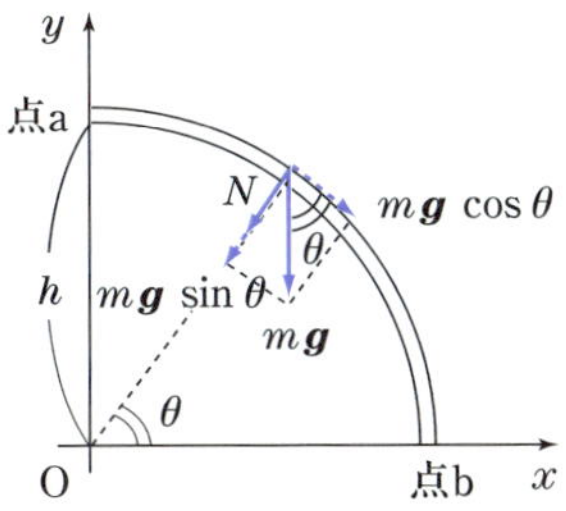

[6.5] (6.26)，つまり $\dfrac{\partial F_x}{\partial y} = \dfrac{\partial F_y}{\partial x}$ かつ $\dfrac{\partial F_y}{\partial z} = \dfrac{\partial F_z}{\partial y}$ かつ $\dfrac{\partial F_z}{\partial x} = \dfrac{\partial F_x}{\partial z}$ が成立するかどうかで判定する．保存力に対する位置エネルギーは，積分を行ないやすい経路を決めた上で線積分から求めること．また，得られた答を偏微分して (6.23) 式を確かめること．

（1） 保存力．$U = -c_1x - c_2y - c_3z$　（2） 保存力．$U = -\dfrac{1}{2}kx^2$

（3） 保存力ではない．　（4） 保存力．$U = -kxy$

（5） 保存力．$U = mgz$

[6.6] （1） $F_x = -\dfrac{\partial U}{\partial x} = -2axyz^3 - byz$，$F_y = -\dfrac{\partial U}{\partial y} = -ax^2z^3 - bxz$，$F_z = -\dfrac{\partial U}{\partial z} = -3ax^2yz^2 - bxy$

（2） $F_x = -\dfrac{\partial U}{\partial x} = -kx$，$F_y = -\dfrac{\partial U}{\partial y} = -3ky$，$F_z = -\dfrac{\partial U}{\partial z} = -6kz$

[6.7] （1） (x, y, z) における $\boldsymbol{F} = (F_x, F_y, F_z)$ は，位置ベクトル $\boldsymbol{r} = (x, y, z)$ に平行で向きが逆になることより $F_x : F_y : F_z = (-x) : (-y) : (-z)$ と書け，ここから $\boldsymbol{F} = -c(x, y, z)$，$|\boldsymbol{F}| = c\sqrt{x^2 + y^2 + z^2} = cr$ と書ける．ただし，c は原点からの距離 r の変数で方向には依存しない．ここで問題文より $|\boldsymbol{F}|$ が $1/r^2$ に比例するので，c は $1/r^3$ に比例することがわかる．以上より，定数 $C = GMm$ を用いて $\boldsymbol{F}$ は，

$$\boldsymbol{F} = \left(-C\frac{x}{r^3},\ -C\frac{y}{r^3},\ -C\frac{z}{r^3}\right)$$

（2） $F_x = -\dfrac{\partial U}{\partial x} = -\dfrac{Cx}{(x^2 + y^2 + z^2)^{3/2}}$，$F_y = -\dfrac{\partial U}{\partial y} = -\dfrac{Cy}{(x^2 + y^2 + z^2)^{3/2}}$，$F_z = -\dfrac{\partial U}{\partial z} = -\dfrac{Cz}{(x^2 + y^2 + z^2)^{3/2}}$．

[6.8] （1） $\dfrac{1}{2}MV^2 + Mgh = MgH$ より，$H = \dfrac{V^2}{2g} + h$．

（2） $V = 9.8\,\mathrm{m/s}$，$g = 9.8\,\mathrm{m/s^2}$ を代入して，$H \fallingdotseq 5.8\,\mathrm{m}$．

このように，予想値は実際の世界記録に近い (94%)．ただし，実際の記録が理想的条件を仮定している予想値を上回るのは，踏み切る際に選手が跳躍すること，および跳躍後にポールに対して体の位置を持ち上げるなど，運動エネルギーに加えて筋力に蓄えられた化学エネルギーを使うためと考えられる．

[6.9] 腕はそれぞれのおもりに向心力 $|\boldsymbol{F}| = \dfrac{mv_1^2}{r_1}$ を与えており，その力の向き

におもりを引き寄せるので正の仕事をする．その結果，おもりの運動エネルギーは増大して円周方向の速さが増大し，角速度も増大する．

定量的に求めるために，$r_1 \to r_2$ により腕がおもり 1 つにする仕事 W は

$$W = -\int_{r_1}^{r_2} \frac{mv^2}{r} dr \quad \cdots ①$$

であり，v_2 は $\frac{1}{2}mv_2^2 = \frac{1}{2}mv_1^2 + W$ から求まることに注意する．ただし，① の被積分関数に含まれる v は r の関数であり，$v(r)$ は求めようとしている変数そのものである．そこで，以下のように少し工夫して解く．

任意の r から微小変位 $\Delta r (< 0)$ だけ縮めて $r \to r + \Delta r$ とするときに腕がなす仕事は $\Delta W = -m\frac{v^2}{r}\Delta r$（マイナス符号に注意．① のマイナスも同様）．この際，おもり 1 つの運動エネルギー

$$K(r) = \frac{1}{2}mv^2(r) \quad \cdots ②$$

の増大分 ΔK は ΔW に等しいので $\Delta K = -m\frac{v^2}{r}\Delta r$，つまり，$\Delta K = -2K\frac{\Delta r}{r}$ または $\frac{\Delta K}{K} = -2\frac{\Delta r}{r}$．② より K は r の関数だから，両方を $r_1 \to r_2$ で積分できる．つまり，$\int_{K(r_1)}^{K(r_2)} \frac{1}{K} dK = -2\int_{r_1}^{r_2} \frac{1}{r} dr$．これを計算すると，$[\log_e K]_{K(r_1)}^{K(r_2)} = -2[\log_e r]_{r_1}^{r_2}$．つまり，$\log_e\left(\frac{K_2}{K_1}\right) = \log_e\left(\frac{r_1}{r_2}\right)^2$ を得る．したがって，$\frac{K_2}{K_1} = \left(\frac{r_1}{r_2}\right)^2$．さらに，② および $v = r\omega$ より $\omega_2 = \left(\frac{r_1}{r_2}\right)^2 \omega_1$ を得る．

このように，回転の角速度は半径の 2 乗に逆比例して増大する．この結果は例題 7.3（p. 124）で示すように，第 7 章で述べる角運動量の保存則を用いることでより簡単に導ける．

第 7 章

[7.1] 時刻 $t\ (0 < t < t_1)$ における燃料を含めたロケットの質量を M，速度を v とすると，運動量は $P(t) = Mv$ である．時刻 t から微小時間 Δt の間にロケットは質量 $\beta\Delta t$ のガスを後方に噴出するのでロケット質量は $M - \beta\Delta t$ に減少し，速度は $v + \Delta v$ に増大する（Δv は未知数）．また，噴射された燃料ガスの質量は $\beta\Delta t$ で速度

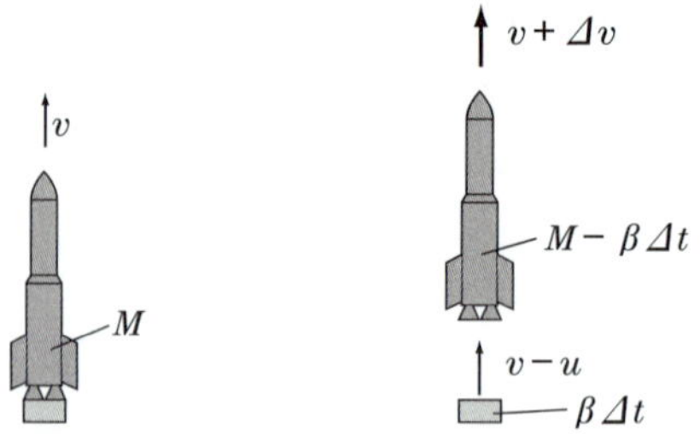

は $v-u$. したがって全運動量は $P(t+\varDelta t)=(M-\beta\varDelta t)(v+\varDelta v)+\beta\varDelta t(v-u)$ である．全運動量は燃料噴射では変化しないが，重力によって変化するので，

$$\lim_{\varDelta t\to 0}\frac{\{(M-\beta\varDelta t)(v+\varDelta v)+\beta\varDelta t(v-u)\}-Mv}{\varDelta t}=-Mg$$

整理して，$\dfrac{dv}{dt}=-g+\dfrac{\beta u}{M}$ を得る．さらに，$M=M_0-\beta t$ より，$\dfrac{dv}{dt}=-g+\dfrac{\beta u}{M_0-\beta t}$ となる．

（1）上式を時間で積分し，初期条件 $v(0)=0$ を考慮して，$v=-gt_1+u\log\dfrac{M_0}{M_0-\beta t}$ を得る．

（2）時刻 $t=0$ において $\dfrac{dv}{dt}>0$ であるために，$\dfrac{dv}{dt}=-g+\dfrac{\beta u}{M_0}$ より，$\beta u>M_0 g$ の条件が必要である．

（発展）燃焼によって消費される燃料の質量が，燃焼で生じるガスの質量に等しいと仮定したが，これは厳密には正しくない．燃焼の化学反応エネルギーの分だけ，相対論的効果で質量欠損が生じるからである．しかし，質量欠損は相対論的効果であり，相対論を考慮するなら慣性質量が速度によって変化することも考慮しなければならない．現実には，ロケットのガス噴射速度 u は光速に比べてはるかに小さく，どちらの効果も無視して差し支えない．

[7.2]

① $\boldsymbol{A}\times\boldsymbol{B}=(A_yB_z-A_zB_y,\ A_zB_x-A_xB_z,\ A_xB_y-A_yB_x)$
$\quad=-(B_yA_z-B_zA_y,\ B_zA_x-B_xA_z,\ B_xA_y-B_yA_x)$
$\quad=-\boldsymbol{B}\times\boldsymbol{A}$

② $\boldsymbol{A}\times\boldsymbol{A}=(A_yA_z-A_zA_y,\ A_zA_x-A_xA_z,\ A_xA_y-A_yA_x)=(0,0,0)=\boldsymbol{0}$

③ $(\boldsymbol{A}+\boldsymbol{B})\times\boldsymbol{C}=(A_x+B_x,\ A_y+B_y,\ A_z+B_z)\times(C_x,\ C_y,\ C_z)$

$$= ((A_y + B_y)C_z - (A_z + B_z)C_y,\ (A_z + B_z)C_x - (A_x + B_x)C_z,\ (A_x + B_x)C_y - (A_y + B_y)C_x)$$
$$= (A_yC_z - A_zC_y,\ A_zC_x - A_xC_z,\ A_xC_y - A_yC_x) + (B_yC_z - B_zC_y,\ B_zC_x - B_xC_z,\ B_xC_y - B_yC_x)$$
$$= \boldsymbol{A} \times \boldsymbol{C} + \boldsymbol{B} \times \boldsymbol{C}$$

④ $\boldsymbol{A} \times (\boldsymbol{B} + \boldsymbol{C}) = (A_x, A_y, A_z) \times (B_x + C_x, B_y + C_y, B_z + C_z)$
$$= (A_z(B_y + C_y) - A_y(B_z + C_z),\ A_x(B_z + C_z) - A_z(B_x + C_x),\ A_y(B_x + C_x) - A_x(B_y + C_y))$$
$$= (A_zB_y - A_yB_z,\ A_xB_z - A_zB_x,\ A_yB_x - A_xB_y) + (A_zC_y - A_yC_z,\ A_xC_z - A_zC_x,\ A_yC_x - A_xC_y)$$
$$= \boldsymbol{A} \times \boldsymbol{B} + \boldsymbol{A} \times \boldsymbol{C}$$

⑤ $\boldsymbol{A} \times (c\boldsymbol{B}) = (A_ycB_z - A_zcB_y,\ A_zcB_x - A_xcB_z,\ A_xcB_y - A_ycB_x)$
$$= c\,(A_yB_z - A_zB_y,\ A_zB_x - A_xB_z,\ A_xB_y - A_yB_x)$$
$$= c(\boldsymbol{A} \times \boldsymbol{B})$$

⑥ $\dfrac{d}{dt}(\boldsymbol{A} \times \boldsymbol{B}) = \dfrac{d}{dt}(A_yB_z - A_zB_y,\ A_zB_x - A_xB_z,\ A_xB_y - A_yB_x)$
$$= \left(\frac{dA_y}{dt}B_z + A_y\frac{dB_z}{dt} - \frac{dA_z}{dt}B_y - A_z\frac{dB_y}{dt},\ \frac{dA_z}{dt}B_x + A_z\frac{dB_x}{dt} - \frac{dA_x}{dt}B_z - A_x\frac{dB_z}{dt},\ \frac{dA_x}{dt}B_y + A_x\frac{dB_y}{dt} - \frac{dA_y}{dt}B_x - A_y\frac{dB_x}{dt}\right)$$
$$= \left(\frac{dA_y}{dt}B_z - \frac{dA_z}{dt}B_y,\ \frac{dA_z}{dt}B_x - \frac{dA_x}{dt}B_z,\ \frac{dA_x}{dt}B_y - \frac{dA_y}{dt}B_x\right) + \left(A_y\frac{dB_z}{dt} - A_z\frac{dB_y}{dt},\ A_z\frac{dB_x}{dt} - A_x\frac{dB_z}{dt},\ A_x\frac{dB_y}{dt} - A_y\frac{dB_x}{dt}\right)$$
$$= \frac{d\boldsymbol{A}}{dt} \times \boldsymbol{B} + \boldsymbol{A} \times \frac{d\boldsymbol{B}}{dt}$$

⑦ $\boldsymbol{A}\cdot(\boldsymbol{B} \times \boldsymbol{C}) = (A_x, A_y, A_z)\cdot(B_yC_z - B_zC_y,\ B_zC_x - B_xC_z,\ B_xC_y - B_yC_x)$
$$= A_x(B_yC_z - B_zC_y) + A_y(B_zC_x - B_xC_z) + A_z(B_xC_y - B_yC_x)$$
$$= A_xB_yC_z - A_xB_zC_y + A_yB_zC_x - A_yB_xC_z + A_zB_xC_y - A_zB_yC_x$$

$(\boldsymbol{A} \times \boldsymbol{B})\cdot\boldsymbol{C} = (A_yB_z - A_zB_y,\ A_zB_x - A_xB_z,\ A_xB_y - A_yB_x)\cdot(C_x, C_y, C_z)$
$$= (A_yB_z - A_zB_y)C_x + (A_zB_x - A_xB_z)C_y + (A_xB_y - A_yB_x)C_z$$

カッコを外すことによって両者が同じことがわかる.

⑧ $\boldsymbol{A} \times (\boldsymbol{B} \times \boldsymbol{C}) = (A_x, A_y, A_z) \times (B_y C_z - B_z C_y, B_z C_x - B_x C_z, B_x C_y - B_y C_x)$

$= \{A_y(B_x C_y - B_y C_x) - A_z(B_z C_x - B_x C_z), A_z(B_y C_z - B_z C_y) - A_x(B_x C_y - B_y C_x), A_x(B_z C_x - B_x C_z) - A_y(B_y C_z - B_z C_y)\}$

$= (A_y B_x C_y - A_y B_y C_x - A_z B_z C_x + A_z B_x C_z, A_z B_y C_z - A_z B_z C_y - A_x B_x C_y + A_x B_y C_x, A_x B_z C_x - A_x B_x C_z - A_y B_y C_z + A_y B_z C_y)$

$= \{(A_x C_x + A_y C_y + A_z C_z)B_x, (A_x C_x + A_y C_y + A_z C_z)B_y, (A_x C_x + A_y C_y + A_z C_z)B_z\} - \{(A_x B_x + A_y B_y + A_z B_z)C_x, (A_x B_x + A_y B_y + A_z B_z)C_y, (A_x B_x + A_y B_y + A_z B_z)C_z\}$

$= (\boldsymbol{A}\cdot\boldsymbol{C})\boldsymbol{B} - (\boldsymbol{A}\cdot\boldsymbol{B})\boldsymbol{C}$

[7.3] $\boldsymbol{i} = (1, 0, 0)$, $\boldsymbol{j} = (0, 1, 0)$, $\boldsymbol{k} = (0, 0, 1)$ より，$\boldsymbol{i} \times \boldsymbol{j} = (1, 0, 0) \times (0, 1, 0) = (0, 0, 1) = \boldsymbol{k}$, $\boldsymbol{j} \times \boldsymbol{k} = (0, 1, 0) \times (0, 0, 1) = (1, 0, 0) = \boldsymbol{i}$, $\boldsymbol{k} \times \boldsymbol{i} = (0, 0, 1) \times (1, 0, 0) = (0, 1, 0) = \boldsymbol{j}$.

[7.4] $\boldsymbol{A} = (A, 0, 0)$, $\boldsymbol{B} = (B\cos\theta, B\sin\theta, 0)$ と書けるので，

$$\boldsymbol{C} = \boldsymbol{A} \times \boldsymbol{B} = (A, 0, 0) \times (B\cos\theta, B\sin\theta, 0) = (0, 0, AB\sin\theta)$$

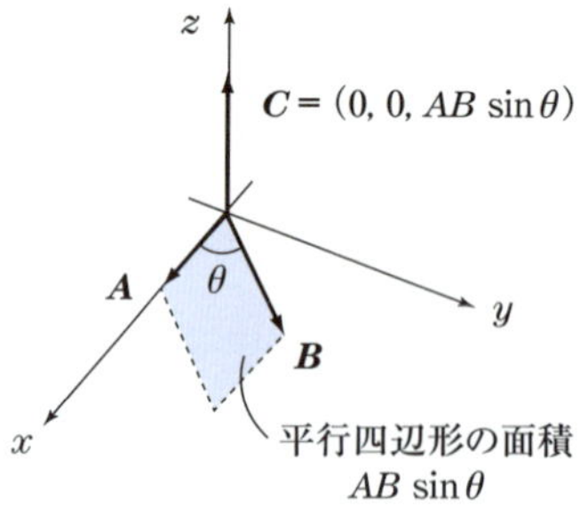

[7.5] 質点の位置は $\boldsymbol{r} = (x, y, z) = (vt + x_0, h, 0)$，速度は $\boldsymbol{v} = (v_x, v_y, v_z) = (v, 0, 0)$ (x_0 は初期位置) である．したがって，

$\boldsymbol{L} = \boldsymbol{r} \times m\boldsymbol{v} = (vt + x_0, h, 0) \times (mv, 0, 0) = (0, 0, hmv)$ より $|\boldsymbol{L}| = hmv$ となり，大きさが一定である．

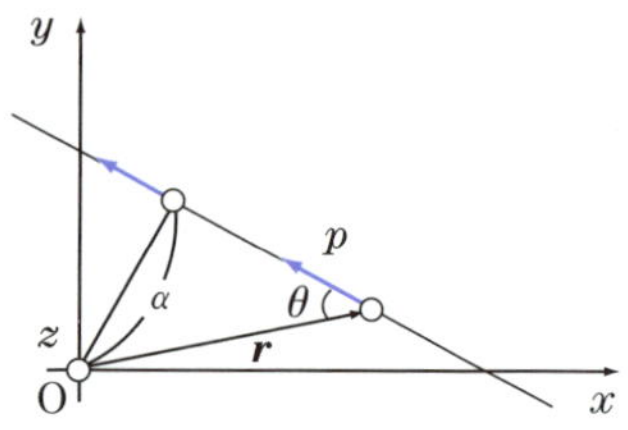

[7.6] (1) 質点の位置ベクトルを $\boldsymbol{r}$ として，

$\boldsymbol{L} = \boldsymbol{r} \times \boldsymbol{p}$.

$\boldsymbol{L}$ の向きが $+z$ 方向であることは明らか．

$|\boldsymbol{L}| = rp\sin\theta$，一方，$r\sin\theta = a$ より，$|\boldsymbol{L}| = ap = amv =$ (一定).

（2） $\boldsymbol{r} = (x, y, 0)$，$\boldsymbol{p} = (p_x, p_y, p_z) = (m\dot{x}, m\dot{y}, 0)$ から $\boldsymbol{L} = (L_x, L_y, L_z)$ として，$\boldsymbol{L} = \boldsymbol{r} \times \boldsymbol{p}$ より

$$\begin{cases} L_x = 0 \\ L_y = 0 \\ L_z = mx\dot{y} - my\dot{x} \end{cases}$$

つまり，$\boldsymbol{L}$ は z 軸方向である.

（3） 図のように $y = -bx + d$ と x 軸のなす角度を θ とすると，$\boldsymbol{r} = (x,\ -bx + d,\ 0)$，$\boldsymbol{p} = (-mv\cos\theta,\ mv\sin\theta,\ 0)$ より $\boldsymbol{L} = \boldsymbol{r} \times \boldsymbol{p} = (0,\ 0,\ xmv\sin\theta + (bx + d)\,mv\cos\theta)$.

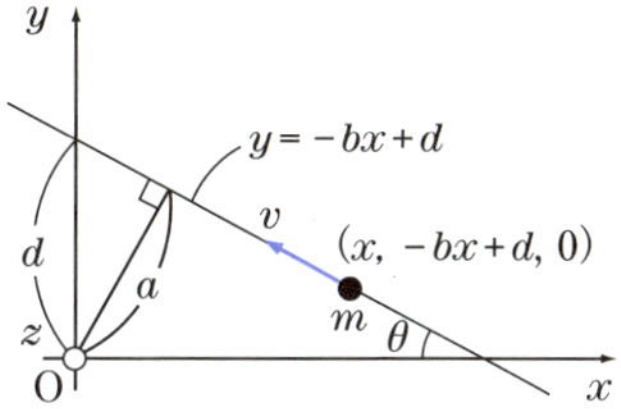

これに，$\cos\theta = 1/\sqrt{1 + b^2}$，$\sin\theta = b/\sqrt{1 + b^2}$，$d\cos\theta = a$ を代入して整理すると，$\boldsymbol{L} = (0, 0, amv)$ よって，z 軸正の向きに，大きさ $|\boldsymbol{L}| = amv$.

[7.7] （1） $\boldsymbol{L}$ は重心の原点周りの角運動量 $\boldsymbol{L}_{\mathrm{G}}$ と，重心の周りの角運動量 $\boldsymbol{L}'$ の和である．$\boldsymbol{L}_{\mathrm{G}}$ の向きは $-z$ 方向で，その大きさは，$|\boldsymbol{L}_{\mathrm{G}}|\ (= |\boldsymbol{r}_{\mathrm{G}} \times 2m\boldsymbol{v}_{\mathrm{G}}|) = 2mR^2\omega_2$．$\boldsymbol{L}'$ の向きは $+z$ 方向で，その大きさは $|\boldsymbol{L}'| = 2mr^2\omega_1$．よって，$\boldsymbol{L} = \boldsymbol{L}_{\mathrm{G}} + \boldsymbol{L}' = (0, 0, 2m(r^2\omega_1 - R^2\omega_2))$.

（2） $r^2\omega_1 = R^2\omega_2$

[7.8] （1） 床に固定された xyz 座標軸をとり，車輪と人（およびターンテーブル）の合計による全角運動量を考える．はじめの状態では人（およびターンテーブル）は静止していて角運動量がゼロであり，車輪による y 方向の角運動量が全角運動量 $\boldsymbol{L}_0 = (0, L_y, 0)$ を与える．角運動量の z 方向成分は存在しない.

次に，車輪の軸の向きを鉛直向きに変化させた後も全角運動量は $\boldsymbol{L}_0$ から変化しない．なぜなら，変化の過程で人間が車輪に加える力（のモーメント）は内力（による力のモーメント）であり，全角運動量が保存するからである．ところが，車輪は z 軸方向の軸の周りで回転するので z 方向の角運動量をもつため，その角運動量を打ち消すために，人（とターンテーブル）が車輪と逆向き（時計回り）に回転する．（ちなみに，水平方向の角運動量成分が消失したように見える．実際には，ターンテーブルを設置した地球まで含めて考えなければならない．正しく考えると，人（とターンテーブル）と地球が最初の車輪の回転による L_y を打ち消すように逆向きに（極めてゆっくり）回転する.）

（2） 車輪の角運動量 $\boldsymbol{L}_0$ の向きを水平 (y) 方向から鉛直 (z) 方向に変えるために，人は車輪に対して $+z$ 方向の力のモーメント $\boldsymbol{N}$ を加えている．作用・反作用の法則によって，逆に車輪は人に $-z$ 方向のモーメント $-\boldsymbol{N}$ を加える．そのために，人は時計回りに回り出す．

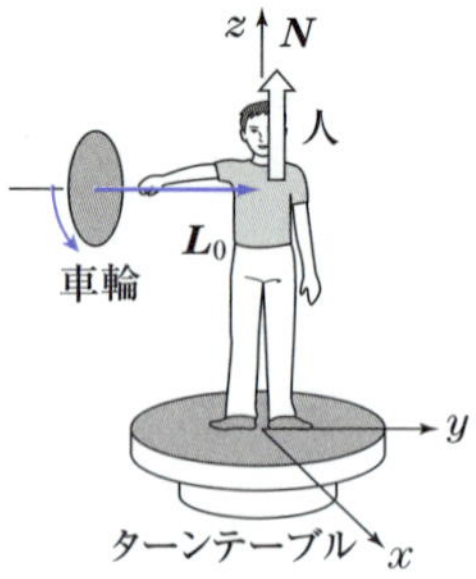

[7.9] （1）小球の運動を水平面上の極座標で表すと，動径方向の向心力としてひもの張力 S がはたらき，円周方向の力はゼロ．したがって，運動方程式 (2.12)，(2.13) より，角速度を $\omega(t) = d\theta/dt$ として，

$$m\left(\frac{d^2r}{dt^2} - r\omega^2\right) = -S \quad \cdots ①, \qquad \frac{d(r^2\omega)}{dt} = 0 \quad \cdots ②$$

が得られる．おもりに対する運動方程式は，おもりの高さが $h(t) = h_0 + r(t)$ (h_0：小球が穴の位置にあるときの高さ) なので，

$$M\frac{d^2r}{dt^2} = -Mg + S \quad \cdots ③$$

となる．おもりに対するひもの張力は，摩擦力がないので小球に対する張力 S と大きさが等しいことに注意する．数学的には ①～③ の連立微分方程式を解いて 3 つの変数 (r, ω, S) を求めることができるが，以下では r だけに着目する．

① と ③ から S を消去すると $(m + M)d^2r/dt^2 - mr\omega^2 = -Mg$ を得る．さらに，② から小球の角運動量 $L = mr^2\omega$ が保存することがわかる．つまり，

$$L_0 \equiv m{r_0}^2\omega_0 = mr^2\omega \quad \cdots ④$$

は運動の定数である．④ を用いて ω を消去し，r だけを含む微分方程式を得る．

$$(m + M)\frac{d^2r}{dt^2} = \frac{{L_0}^2}{mr^3} - Mg \quad \cdots ⑤$$

（2） おもりが $t = 0$ で下降し始めるためには，$r = r_0$ のときに $d^2r/dt^2 < 0$ ならばよい．⑤ より，$({L_0}^2/m)/{r_0}^3 < Mg$ だが，$L_0 = mr_0v_0$ により L_0 を消去して $r_0 > m{v_0}^2/Mg$ を得る．つまり v_0 が与えられたとき，r_0 は閾値(しきいち)

$$r_{\mathrm{th}} \equiv \frac{m}{Mg}{v_0}^2 \quad \cdots ⑥$$

より大きくなければいけない．これは，おもりの重力が小球の遠心力より大きくなる条件と同じである．

（3） ⑤ の意味を定性的に考察する (図を参照)．最初は $d^2r/dt^2 < 0$ のためにおもりは速度が負 ($dr/dt < 0$) となり降下 (r が r_0 から減少) する．⑤ より r の減少 (おもりの降下) とともに加速度 (d^2r/dt^2) は正の方向に増大し，ついに $d^2r/dt^2 = 0$ に達するが，そこでもおもりは降下し続けるので，r は減少を続ける．そのた

め，⑤より $d^2r/dt^2 > 0$ である．そのため，おもりは上昇をはじめ，もとの位置 $(r = r_0)$ に戻って，以後，同じ運動を繰り返す．この間，小球は回転運動を続けるが，その円周方向の速さ v は④と $v = r\omega$ より $v = (r_0/r)v_0$ に従って変化する．

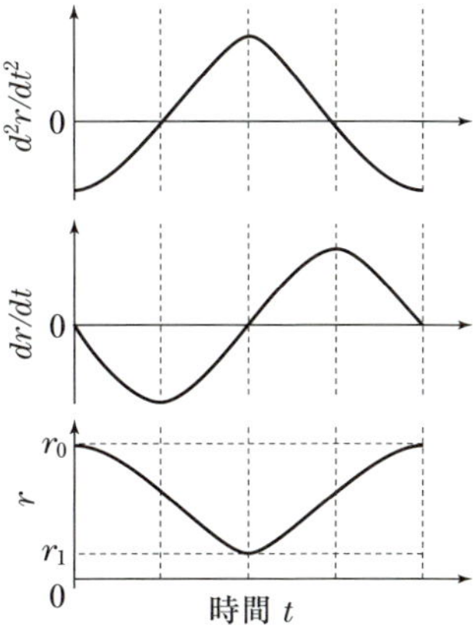

（4） $E = \dfrac{1}{2}m(r\omega)^2 + \dfrac{1}{2}(m+M)\left(\dfrac{dr}{dt}\right)^2 + Mg(h_0 + r)$

から角運動量の保存

$$L_0 \equiv mr_0^2\omega_0 = mr^2\omega$$

を用いて ω を消去すると，

$$E = \frac{L_0^2}{2mr^2} + \frac{1}{2}(m+M)\left(\frac{dr}{dt}\right)^2 + Mg(h_0 + r) \quad \cdots ⑦$$

となる．時間微分した，$\dfrac{dE}{dt} = -\dfrac{L_0^2}{mr^3}\dfrac{dr}{dt} + (m+M)\left(\dfrac{dr}{dt}\right)\dfrac{d^2r}{dt^2} + Mg\dfrac{dr}{dt}$ に⑤を代入すると，$\dfrac{dE}{dt} = 0$ となることがわかる．

（5） 最高点 (r_0) と最下点 (r_1) でのエネルギーは⑥で $dr/dt = 0$ に注意して，

$$E(r_0) = \frac{L_0^2}{2m}\frac{1}{r_0^2} + Mg(h_0 + r_0), \qquad E(r_1) = \frac{L_0^2}{2m}\frac{1}{r_1^2} + Mg(h_0 + r_1)$$

となる．$E(r_0) - E(r_1) = 0$ の両辺を $r_0 - r_1$ で割ることにより，r_1 に対する2次方程式 $\dfrac{2mMgr_0^2}{L_0^2}r_1^2 - r_1 - r_0 = 0$ を得る．式を見やすくするために $L_0 = mr_0v_0$，および⑥を用いると $\dfrac{2}{r_{\rm th}}r_1^2 - r_1 - r_0 = 0$ に変形でき，解 $r_1 = \dfrac{r_{\rm th}}{4}\left(1 \pm \sqrt{1 + \dfrac{8r_0}{r_{\rm th}}}\right)$ を得る．根号にマイナスが付く解は r_1 が負となり除外される．よって，答えは $r_1 = \dfrac{r_{\rm th}}{4}\left(1 + \sqrt{1 + \dfrac{8r_0}{r_{\rm th}}}\right)$ となる．

第 8 章

[8.1] おもりに加わる向心力は（回転軸の周りの）力のモーメントをもたない．したがって，（回転軸の周りの）角運動量は保存する．$r_1^2\omega_1 = r_2^2\omega_2$ より，$\omega_2 =$

$\left(\frac{r_1}{r_2}\right)^2 \omega_1$ が得られる．

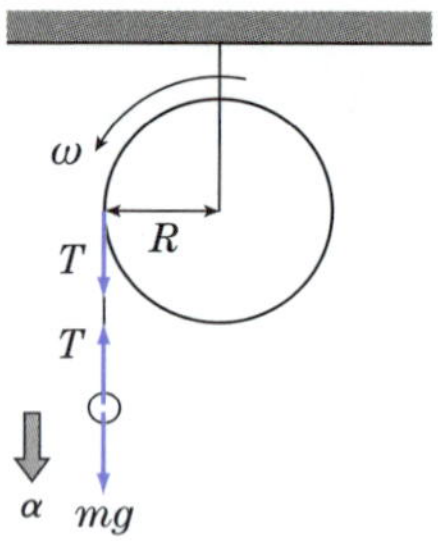

[8.2] 滑車の回転の角速度を ω（反時計回りを正にとる）とすると，

小球の運動方程式：　$m\alpha = mg - T$

滑車の回転運動の運動方程式：　$I\frac{d\omega}{dt} = RT$

この２式から T を消して $\frac{d\omega}{dt}$ が得られる．

$\alpha = R\frac{d\omega}{dt}$ を使って，$\alpha = \frac{mgR^2}{mR^2 + I}$，さらに $T = \frac{Img}{mR^2 + I}$ を得る．

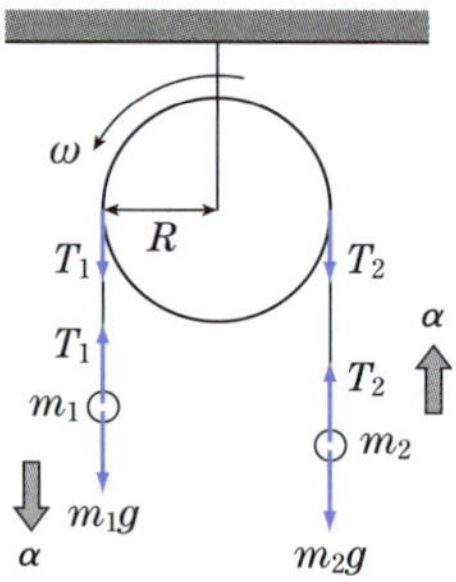

[8.3] （１）等しくない．糸の両端に質量の異なるおもりが付いており，糸と滑車との間に摩擦があるため滑らないから，また，滑車が有限の慣性モーメントをもつからである．

（２）小球１の加速度 α を鉛直下向きにとり，滑車の回転の角速度を ω（反時計回りが正の向き）とする．

小球１の運動方程式：　$m_1\alpha = m_1 g - T_1$

小球２の運動方程式：　$m_2\alpha = T_2 - m_2 g$

滑車の回転運動の運動方程式：

$$I\frac{d\omega}{dt} = RT_1 - RT_2$$

束縛条件：　$\alpha = R\frac{d\omega}{dt}$

以上，４個の連立微分方程式を解いて４つの変数を求めると

$$\alpha = \frac{(m_1 - m_2)gR^2}{m_1R^2 + m_2R^2 + I}, \qquad \frac{d\omega}{dt} = \frac{(m_1 - m_2)gR}{m_1R^2 + m_2R^2 + I}$$

$$T_1 = \frac{(2m_2R^2 + I)m_1 g}{m_1R^2 + m_2R^2 + I}, \qquad T_2 = \frac{(2m_1R^2 + I)m_2 g}{m_1R^2 + m_2R^2 + I}$$

となる．

[8.4] それぞれの質点の重心との距離は $a_1 = \frac{m_2}{m_1 + m_2}a$，$a_2 = \frac{m_1}{m_1 + m_2}a$．

（１）質点 m_1 と m_2 からの寄与はそれぞれ $L_{z1} = m_1 a_1^2 \omega$，$L_{z2} = m_2 a_2^2 \omega$ なので，$L_{z1}/L_{z2} = m_2/m_1$．$m_1 < m_2$ なら $L_{z1} > L_{z2}$ である．

（２）$\boldsymbol{L}_G$ を重心の運動による角運動量，$\boldsymbol{L}'$ を重心の周りの角運動量とすると，

全角運動量は $\boldsymbol{L} = \boldsymbol{L}_G + \boldsymbol{L}'$ である．題意より重心は動かないので基準点をどこに選んでも $\boldsymbol{L}_G = \boldsymbol{0}$．したがって，$\boldsymbol{L} = \boldsymbol{L}'$ だが題意の構成では明らかに $\boldsymbol{L}'$ は z 方向成分のみをもつ．

さらに，より直接的な確認のために，z 軸上で重心 G から距離 h 離れた原点 O の周りの角運動量を考えてみる．xy 平面内の成分 L_y の大きさはそれぞれ $hm_1a_1\omega$ と $hm_2a_2\omega$ と等しく，また向きが逆なので打ち消し合う．

[8.5] （1） 弾丸と円板の衝突による力は内力なので，弾丸と円板の全運動量は保存する．衝突後の円板の速度 V の向きは弾丸の初速度の向きと同じ．大きさは $mv = \dfrac{1}{2}mv + MV$ より，$V = \dfrac{m}{2M}v$.

（2） （1）と同様に，$mv = (m + M)V$ より $V = \dfrac{m}{m + M}v$.

（3） （1）での衝突後の運動エネルギーは $\dfrac{1}{2}m\cdot\left(\dfrac{v}{2}\right)^2 + \dfrac{1}{2}M\cdot\left(\dfrac{m}{2M}v\right)^2 = \dfrac{1}{2}mv^2\left(1 + \dfrac{m}{M}\right)\Big/4$．さらに，題意より $V < \dfrac{v}{2}$ だが，これと（1）の結果より $m < M$ とわかる．そこで，上の式において，$\left(1 + \dfrac{m}{M}\right)\Big/4 < 1$ より，運動エネルギーが衝突により減少している．上問（2）での衝突後の運動エネルギーは $\dfrac{1}{2}(m + M)\left(\dfrac{m}{m + M}v\right)^2 = \dfrac{1}{2}mv^2\left(\dfrac{m}{m + M}\right)$．$M$ によらず $\dfrac{m}{m + M} < 1$ なので，運動エネルギーは衝突により減少している．それとともに，運動エネルギーの減少分は弾丸と円板との摩擦によって熱に変わる．

（4） 弾丸と円板の衝突による力は内力なので全運動量と全角運動量が保存し，弾丸と円板の重心 G は，衝突の前後を通して図の y 軸上にあり，速さ $v_G = \dfrac{m}{m + M}v$ で等速直線運動する．合体後は，G の並進運動に加えて弾丸および円板が G を通る鉛直軸の周りで回転する（$+z$ 方向から見て反時計回り）．ここで，図の座標原点の周りの全角運動量 $\boldsymbol{L}$ を考えると，$\boldsymbol{L} = \boldsymbol{L}_G + \boldsymbol{L}'$（p. 163 のまとめを参照）と書けるが，題意より $\boldsymbol{L}_G = \boldsymbol{0}$ であるため，$\boldsymbol{L} = \boldsymbol{L}'$ が成り立つ．また，

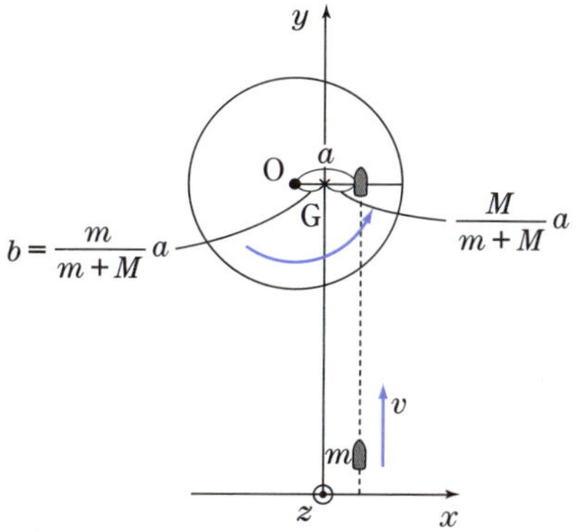

角運動量保存則より衝突前後においても全角運動量は変化しない．以上より，合体後のGの周りの角運動量 $\boldsymbol{L}'$ を知るには，衝突前の $\boldsymbol{L}$ を求めればよいことがわかる．したがって，$\boldsymbol{L}'$ の z 成分は $L'_z = L_z = (a-b)mv$ である．（ここで，角運動量は z 成分だけをもつので，z 成分のみを表記した．また，$b = \dfrac{m}{m+M}a$ は合体後の重心Gの円板中心からの距離を表す．）これらより，弾丸＋円板の重心Gを通る鉛直方向周りの慣性モーメントを I' とすると，回転の角速度 ω は $\omega = L'_z/I'$ となる．

（5） 衝突後の全運動エネルギーを T で表すと，p. 163 のまとめより T は重心の運動エネルギーと重心の周りの回転運動エネルギーの和で書け，

$$T = \frac{1}{2}mv^2\left(\frac{m}{m+M}\right) + \frac{L'^2_z}{2I'} \quad \cdots ①$$

と書ける．ここで L'_z は（4）より，

$$L'_z = (a-b)mv = \frac{M}{m+M}amv \quad \cdots ②$$

である．また I' は円板の中心から b ずれた点の周りの慣性モーメント I'_b と弾丸の慣性モーメント I'_m の和なので，

$$I' = I'_b + I'_m \quad \cdots ③$$

である．次に I'_b は円板の中心軸の周りの慣性モーメント $\dfrac{1}{2}MR^2$ と，円板の中心Oに全質量 M が集まった場合のGの周りの慣性モーメントの和なので，

$$I'_b = \frac{1}{2}MR^2 + Mb^2 = M\left\{\frac{R^2}{2} + \left(\frac{m}{m+M}a\right)^2\right\} \quad \cdots ④$$

である．また題意より

$$I'_m = (a-b)^2 m = \left(\frac{M}{m+M}a\right)^2 m \quad \cdots ⑤$$

ここで，④，⑤を③に代入し，その③と②を①に代入すれば，$T = \left\{\dfrac{r(\alpha^2+1/2)}{r(\alpha^2+1/2)+1/2}\right\}\dfrac{1}{2}mv^2$ を得る．ただし，$r = m/M$，$\alpha = a/R$ とした．このことから，運動エネルギーが減少すること $\left(T < \dfrac{1}{2}mv^2\right)$ がわかる．

[8.6] 糸巻きの重心の速度を v_{G}（右向きが正），角速度を ω（時計回りが正）とし，糸巻きが床から受ける摩擦力を f，時刻を t とする．

並進運動の運動方程式：

$$M\frac{dv_{\mathrm{G}}}{dt} = F_0\cos\theta - f$$

回転運動の運動方程式：

$$I\frac{d\omega}{dt} = Rf - rF_0$$

糸巻きは滑らずに回転するので

$$v_G = R\omega$$

以上より，

$$\frac{dv_G}{dt} = \frac{(R\cos\theta - r)RF_0}{I + MR^2}, \qquad \frac{d\omega}{dt} = \frac{(R\cos\theta - r)F_0}{I + MR^2}$$

$$f = \frac{(I\cos\theta + MRr)F_0}{I + MR^2}$$

よって，

（i） $\cos\theta > \frac{r}{R}$ のとき，$\frac{dv_G}{dt} > 0$ となり，右へ向かう．

（ii） $\cos\theta < \frac{r}{R}$ のとき，$\frac{dv_G}{dt} < 0$ となり，左へ向かう．

($\cos\theta = \frac{r}{R}$ のときは動かない)．

境目の角度 $\cos\theta = \frac{r}{R}$ では，図のように糸の張力の延長線が糸巻が床に接する点を通過する．そのため，この角度より小さい $\cos\theta > \frac{r}{R}$ では，力が床との接点の周りに時計回りの力のモーメントを与え，糸巻きが時計回りに回転して右に動く．$\cos\theta < \frac{r}{R}$ なら逆である．

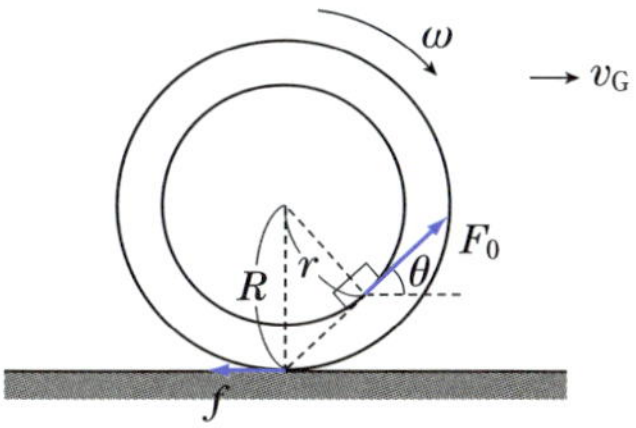

[8.7] 角運動量や力のモーメントを円板の重心の周りで考える．

（1） 図①のように a′a の向きで大きさは $I\omega$.

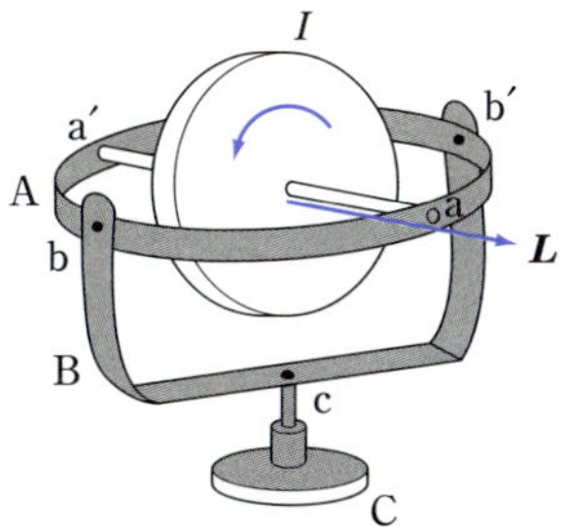

図①

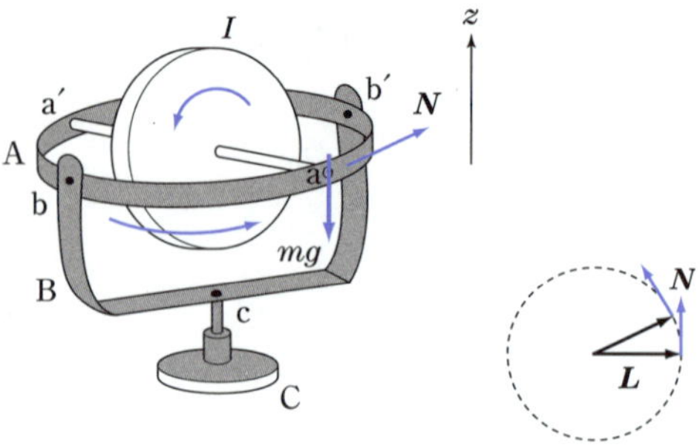

図②

（2） 図②のように，力のモーメント $\boldsymbol{N}$ は大きさ $N = mgX$ で水平方向である．角運動量 $\boldsymbol{L}$ の大きさは変わらず，向きが上（$+z$ 方向）から見て反時計回りに変化する．$\boldsymbol{L}$ の方向が変化することにともなって $\boldsymbol{N}$ の方向も変化するので，$\boldsymbol{L}$ の方向が次々に変化し，軸 a′a が水平面内で回転する（図②の右図）．回転数を ν とすると，微小時間 Δt の間の角運動量の変化 $|\Delta\boldsymbol{L}| = |L|\,2\pi\nu\Delta t$ が $|\boldsymbol{N}|\,\Delta t$ に等しいことから，$\nu = \dfrac{N}{L} = \dfrac{Xmg}{I\omega}$ となる（歳差運動）．

（注意） 本書の本文（コマの歳差運動）ですでに記したように，図の歳差運動にともなう鉛直方向（$+z$ 方向）の角運動量 L_z は，円板の回転軸 a′a が水平面から傾くことで生じる．それがどのように起こるかを理解するために，質量 m のおもりによって歳差運動が開始する際の過渡的現象を定性的に考えよう．おもりを点 a に載せると，歳差運動のために，おもりは枠 A の接線方向（図②の $\boldsymbol{N}$ の向き）に加速度を受ける．そのために図③に示すように枠 A から力 $\boldsymbol{F}$ を受けるが，逆におもりは枠 A に反対方向の力 $-\boldsymbol{F}$ を与える．この力によって枠 A は下向きの力のモー

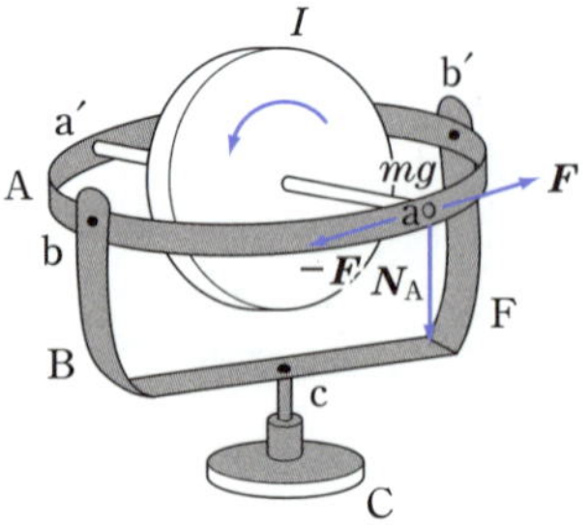

図③

メント $\boldsymbol{N}_{\mathrm{A}}$ (図③) を受けることになり，a′a 軸が傾いて角運動量に下向きの成分が生じるのである．

（3） 地球ゴマの円板を自転車の前輪に見立てると，自転車は図②の左向きに走っている．点 a の上におもりを載せることは，自転車の進行方向に向かって左側に体重を傾けることに対応する．すると前輪の軸 (aa′) の方向が上から見て反時計回りに変化するので，自転車は左へ曲がることになる．これが自転車の運転で我々が無意識に行なっていることである．体重移動なしにハンドルを切ると曲がらずに転倒する．

（4） 枠 B に図④の矢印のように水平に力を加える．力は反対向きでもよい．

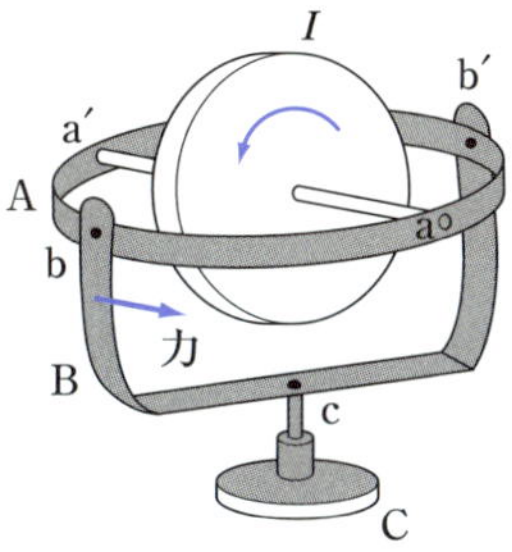

図④

索　　引

イ

1 次結合　49
位置エネルギー　95
位置ベクトル　1
一様な球体による万有引力　34
一般解　47
一般相対性理論　10

ウ

宇宙速度　36
運動エネルギー　85,132,161
運動の第 1 法則　4
運動の第 2 法則　4
運動の第 3 法則　4
運動方程式　5
　—— の積分　84
運動量　5
　—— 保存則　7
　角 ——　112,115

エ

n 階線形微分方程式　46
エネルギーの保存　95
円運動　29
　等速 ——　29
円周方向　20
遠心力　75
円筒座標　72
エントロピーの増大　15

カ

外積（ベクトル積）　115
回転座標系　71
ガウスの法則　35
カオス　15,17
角運動量　112,115,121
　軌道 ——　129
　スピン ——　129
角振動数　39
角速度　29
　—— ベクトル　77
核力　11
加速度　3
　—— 系　67
　—— ベクトル　3
　等 —— 運動　69
ガリレイ変換　69
換算質量　106
慣性系　4
　非 ——　67
慣性質量　9
慣性主軸　156
慣性の法則　5
慣性モーメント　143
慣性力　69

キ

軌道角運動量　129
基本的な力　9

強制振動　46,55
共鳴　63
極座標系　19

ク

グラディエント　100
クーロン力　10

ケ

経路積分　87
決定論　15,16
ケプラーの第2法則　32,120
原子核　11
減衰振動　46

コ

向心力　30
　見かけの——　80
光速　9
剛体　138
固有角振動数　55
固有振動　55
コリオリの力　75

サ

サイクロイド曲線　44
歳差運動　131
作用・反作用の法則　5

シ

時間反転対称性　13
仕事　85
　——率　85
実体振り子　150
質点　1
　——系　1,105
時定数　60
周期　42
重力　10
　——質量　10
　——相互作用　10
　——定数　10
初期位相　40
初期条件　47
真空の誘電率　10
人工衛星　36
振幅　40

ス

ストークスの定理　101
スピン角運動量　129

セ

斉次　48
静止衛星　38
静止質量　9
線形近似　48
線形結合　49
線形微分方程式　46
線積分　87

ソ

双曲線軌道　34
相対論的質量　9
相対論的力学　9
速度　2
　——ベクトル　2
　宇宙——　36
　加——　3
　角——　29

面積 ―― 32
束縛力 89

タ

第 1 宇宙速度 37
第 2 宇宙速度 38
楕円関数 42
楕円軌道 33
単振動 39,54
単振り子 42

チ

力の合成 6
中性子 11
力の場 88
力のモーメント 119
逐次近似 47

ツ

強い相互作用 11

テ

デカルト座標系 19
電磁相互作用 10
電磁気力 10

ト

等加速度運動 69
動径方向 20
統計力学 14
等速円運動 29
同次 46,48
特殊相対性理論 9
特性方程式 50
特解 52

ナ

ナブラ 100

ニ

2 体問題 105

ハ

万有引力 10
―― 定数 10
一様な球体による ―― 34

ヒ

非慣性系 67
非斉次 48
非周回軌道 34
非相対論的力学 9
非同次 48

フ

復元力 39,42
複素指数関数 51,170

ヘ

ベクトル 2,3
―― 積（外積） 115
―― の微分 2
位置 ―― 1
偏微分 98

ホ

放物運動 36
放物線軌道 36
保存力 90

マ

摩擦　14
マクローリン展開　43
摩擦力　93

ミ

見かけの向心力　80
見かけの力　68,74

メ

面積速度　32

ヨ

陽子　11
弱い相互作用　11

リ

力学的エネルギー保存則　96
量子力学　9

ロ

ローレンツ力　11
ローレンツ型の曲線　63

ワ

惑星の運動　31

著者略歴

小宮山（こみやま） 進（すすむ）

1947年 東京都出身．東京大学教養学部基礎科学科卒．同大学院理学系研究科相関理化学専門課程修了．ハンブルグ大学応用物理学科助手，東京大学教養学部助教授，同教授，東京大学大学院総合文化研究科教授を経て，現在，東京大学名誉教授，東京大学大学院総合文化研究科広域科学専攻複雑系生命システム研究センター特任研究員，熊本大学工学部客員教授，中国科学院上海技術物理研究所外国人招聘客員教授．理学博士．

竹川（たけかわ） 敦（あつし）

2004年　東京大学教養学部広域科学科卒業．

2006年　東京大学大学院総合文化研究科広域科学専攻修士課程修了．学術修士．専攻は非平衡統計力学．

2007年　高等学校教諭専修免許状取得．

大学生のための　**力学入門**

2013年11月5日　第1版1刷発行

検印省略

定価はカバーに表示してあります．

著作者	小宮山　進
	竹川　敦
発行者	吉野和浩
発行所	東京都千代田区四番町 8-1 電話　03-3262-9166（代） 郵便番号　102-0081 株式会社　裳華房
印刷所	三報社印刷株式会社
製本所	株式会社 青木製本所

ISBN 978-4-7853-2243-4